杭州地区地学实习教程

（第二版）

沈忠悦　李　睿　主编

ZHEJIANG UNIVERSITY PRESS
浙江大学出版社

内容提要

野外地学认识实习是地学教育的一个必要环节。野外认识实习可巩固和加深学生对地学基础理论知识的理解,训练学生掌握野外地学工作的基本方法和技能,锻炼学生观察、分析和解决实际地学问题的能力。

杭州山水秀丽,是举世闻名的风景旅游胜地,更是十分理想的地学实习场所。本教程介绍了杭州及其近郊地层、构造、地质演化史,阐述了杭州地区地貌、水文、气候、土壤、植被等自然地理要素的类型及分布特征,从地学的视野审视了杭州的名水、名山、名洞、名产、名城、名镇等的特点与成因,介绍了野外地学工作的基本技能和方法,编排了 20 多条实习线路。本教程不仅能够帮助普及杭州地区地学知识,而且可以为读者增添寻幽览胜时的兴趣,进而对于杭州的山山水水有比较科学和深刻的了解。

本书可作为高等院校地质类与地理类本科生、研究生的实习教程,也可供户外运动爱好者、地质学与地理学类广大科技人员参考。

图书在版编目 (CIP)数据

杭州地区地学实习教程 / 沈忠悦,李睿主编. —2
版. —杭州:浙江大学出版社,2020.10
ISBN 978-7-308-21005-8

Ⅰ.①杭… Ⅱ.①沈… ②李… Ⅲ.①区域地质—实
习—杭州—教材 Ⅳ.①P562.551-45

中国版本图书馆 CIP 数据核字 (2020) 第 252667 号

杭州地区地学实习教程(第二版)

沈忠悦 李 睿 主编

责任编辑	王元新	
责任校对	阮海潮	
封面设计	周 灵	
出版发行	浙江大学出版社	
	(杭州市天目山路 148 号 邮政编码 310007)	
	(网址:http://www.zjupress.com)	
排 版	杭州青翊图文设计有限公司	
印 刷	广东虎彩云印刷有限公司绍兴分公司	
开 本	787mm×1092mm 1/16	
印 张	14.5	
字 数	349 千	
版 印 次	2020 年 10 月第 2 版 2020 年 10 月第 1 次印刷	
书 号	ISBN 978-7-308-21005-8	
定 价	39.00 元	

前　言

惟学无际,际于天地。兼总条贯,知至知终。

地学是一门实践性极强的科学。如果没有深入野外观察,就难以真正理解一些地球系统的特征和规律。地学实践教学是地学教育质量保证的关键,是地学人才培养的重要环节。野外地学认识实习的开展有利于巩固和加深学生对地学基础理论知识的理解,训练学生掌握野外地学工作的基本方法和技能,锻炼学生观察、分析和解决实际地学问题的能力,培养学生今后从事地球科学的兴趣,为学生更顺利地研修后续课程、完成学业打下基础,为学生将来走向工作岗位和事业发展做好基本准备。

地学野外认识实习是在学习"普通地质学"和"自然地理学"等课程的基础上进行的。实习的任务是使学生获得对地学现象的感性认识,包括对常见矿物和三大岩类的肉眼鉴定、地层剖面及其中的主要化石的认识、褶皱构造与断裂构造的识别、区域自然地理要素类型与组合特征的认识、地学资源与环境保护利用状况的考察等。野外地学认识实习能使学生掌握野外工作的基本技能,包括利用地形地物标志在地形图上标定地质观察点,使用罗盘确定方位、测量产状和坡度,掌握野外地质和地理记录的基本内容、格式和要求,掌握地质素描的基本技巧,地质标本的采集方法和整理,各类地质、地理现象的识别与描述等。实习还能培养学生编写实习报告的基本能力。

杭州市地处长江三角洲南翼,位于浙江省西北部。市域界于北纬 $29°11'\sim30°34'$ 和东经 $118°20'\sim120°37'$。土地总面积 $16850km^2$。杭州市区中心(零公里标志点)地理坐标为东经 $120.16°$,北纬 $30.24°$,位于上城区紫薇园。

杭州受亚热带季风性气候控制,温暖湿润,四季分明,雨量充沛。杭州滨东海拥钱塘江,靠抱西湖,纳苕溪,发端大运河,水色秀丽。杭州生物多样性丰富,从山地森林生态系统到平原湿地生态系统类型兼备。杭州西湖位于平原与丘陵之间,钱塘江"一江春水穿城过"构成了"三面云山一面城"、"一城山色半城湖"的城市景观。

杭州历史悠久,多文化古迹,有距今 10 万~5 万年前的建德人牙洞、8000~7000 年前的跨湖桥文化遗址、5000 年前的良渚古城遗址、举世闻名的大运河以及西湖文化景观等世界文化遗产。

"上有天堂,下有苏杭。"杭州是个举世闻名的旅游胜地。杭州的湖光山色和名胜古迹融为一体,交相辉映,令人心驰神往。这里留下了竺可桢、李四光等地学大师的足迹,留下了一代又一代地学工作者、地学爱好者的身影。

杭州地区大地构造处于扬子准地台钱塘台褶带,古生代地层发育齐全,晚中生代岩浆作用频繁,地质构造复杂,地貌类型多样。杭州西湖山区中出露的地质现象十分丰富,尤其是它的地质构造,相当典型。有些现象是如此直观,以至于对于初学者也能一指即明,使之折服于地质学家的精辟论断;而另一些现象却又隐独特规律于错综复杂之中,即使是那些训练有素的地质工作者也不失对其研究的兴趣。当然,杭州西湖山区的魅力还在于它的构造现象表现,既集中而又有整体性,并且就在秀丽的风景区内。不仅整个西湖风景区正好组成一个独立完整的复向斜构造系统,而且几乎每一个风景点都有其特定的地质内涵。因此,地质考察可寓于风光旅游中进行。在一个不太大的工作范围内,一面观赏大自然风光,一面获得诸多地学知识和系统完整的区域构造概念。如此绝妙的实习场所是国内少见的。

多年来,浙江大学地球科学系的师生们一直以杭州及其近郊作为认识实习的场所。本教程是在我系历年的普通地质认识实习和地理认识实习指导书的基础上重新组织编写的,其目的在于给学生提供一份在杭州及其近郊进行认识实习的比较全面而系统的教材。本教程涵盖了杭州西湖山区与杭州近郊景区地质与地理,内容丰富。

本教程有机融合了地质类和地理类学生实习的内容,适用于"地质认识实习"和"地理认识实习"的实践教学,体现了通识教育、大类培养的教学理念。

本教程共分7章,其中第1章由沈忠悦、王兆梁、张福祥编写;第2、3章由李睿编写;第4章第1节由沈忠悦、王兆梁编写,第2节由李睿编写,第3节由沈忠悦、李睿编写;第5章第1~15、22节由沈忠悦编写,第16至21节由李睿编写;第6章由沈忠悦据南京大学夏邦栋主编的《宁苏杭地区地质认识实习指南》中的第3章修编;第7章为若干常用地质符号与工作规范,由沈忠悦、李睿选编。最后由沈忠悦负责全书的修改、统稿。

本教程的出版得到了浙江省实验教学示范中心建设项目的资助,谨致谢忱。

由于编者水平有限,教程中难免会有疏漏与不足之处,敬请读者指正。

沈忠悦 李 睿
2020 年 7 月

目　录

第1章 杭州西湖山区地质

1.1 地 层

杭州西湖山区的地层单元属钱塘江地层分区的杭州——开化小区,主要出露有上古生界地层,其次为中生界侏罗系上统的火山岩层,群山外缘尚出露有志留系,山麓、沟谷和城区平原地带则为第四系覆盖。杭州西湖山区出露的地层见表 1.1。

表 1.1 杭州西湖山区地层简表

界	系	统	地层名称		代号	厚度(m)	岩 性 特 征
新生界	第四系	全新统	滨海组		Q_4b	3～50	亚砂土、粉细砂、淤泥质亚黏土、黏土及薄层泥炭等。
		上更新统	莲花组		Q_3l	2～20	黏土、亚黏土("硬土层"),砂砾石夹黏土、亚黏土。
		中更新统	之江组		Q_2z	4～20	网纹红土夹碎石、砂砾石层、砂砾石层夹黏土、亚黏土,风化严重。
中生界	白垩系	下统	朝川组下段		K_1c^1	＞34	凝灰质砂砾岩、细砂岩、砂质泥岩,夹辉石安山岩、安山岩。
	侏罗系	上统	黄尖组		J_3h	＞800	角砾凝灰岩、凝灰岩、熔结凝灰岩,夹凝灰质砂砾岩,具多期喷发旋回;向上赭色碧玉含量增加。
古生界	二叠系	下统	茅口组	丁家山段	P_1m^2	＞159	黑色薄层状硅质岩、含磷结核页岩、炭质页岩、砂质页岩。产腹菊(*Gastrioceras sp.*)及腕足类、瓣鳃类等化石。
				灰岩段	P_1m^1	98	硅质灰岩与生物屑微晶灰岩互层、含燧石生物屑灰岩及薄层状硅质岩、产拟䗴(*Parafusullina sp.*)、格子䗴(*Cancellina sp.*),费氏虫等化石。
			栖霞组		P_1q	146	黑色富有机质含燧石结核微晶生物屑灰岩,下部具"燧石条带",上部含燧石团块。产米氏䗴(*Hisellina*)、南京䗴(*Nankinella sp.*),多壁珊瑚(*Polytheealis sp.*),笛管苔藓虫(*Fistuliproa*)及腕足类、三叶虫等化石。

续表

界	系	统	地层名称	代号	厚度(m)	岩 性 特 征
古生界	石炭系	上统	船山组	C_3c	144	下部灰黑色微晶生物屑灰岩,产麦粒䗴($Triticites$ $sp.$)化石群;中上部浅灰色微晶生物屑灰岩,产半纺锤䗴($Henifusulin\ sp.$)、球希瓦格䗴($Sphaeroschwagerina$)等化石及船山球
		中统	黄龙组	C_2h	185	浅色块状结晶灰岩。底部为白云岩;上部含白色燧石条带或团块,产小纺锤䗴—纺锤䗴($Fusulinella$-$Fusulina$)化石群及犬齿珊瑚($Caninia\ sp.$)等。
		下统	叶家塘组	C_1y	46	含砾石英砂岩、长石石英粗砂岩夹泥质粉砂岩、炭质页岩,产线纹长身贝($Linoproductus\ sp.$)等腕足类及瓣鳃类化石
	泥盆系	上统	珠藏坞组	D_3z	50	下部紫红色泥质粉砂岩、长石云母粉细砂岩与黄白色石英砂岩间互组成韵律层,上部黄绿色不等粒砂岩与杂色泥岩互层、产似榕树痕根托($Stigmalia\ ficoides$)。
			西湖组	D_3x	230～310	灰白色、乳白色石英粗砂岩、含砾石英中粗砂岩、石英砂砾岩、偶夹薄层泥质粉砂岩、产鳞孢穗($Lipidostrobus\ sp.$)、星芦木($Asterocalamites\ sp.$)。
	志留系	上统	唐家坞组	S_3t	432～805	下部黄绿色岩屑石英砂岩与粉砂岩、粉砂质泥岩组成韵律层;中部灰黄色岩屑石英砂岩;上部紫红色中细粒岩屑石英砂岩、含长石石英砂岩、产鱼类化石。
		中统	康山组	S_2k	469～822	底部灰绿色含磷细砂岩及中细粒石英砂岩;中部砂岩、泥质粉砂岩及泥岩组成韵律层;上部黄绿色岩屑石英细砂岩、石英岩屑细砂岩夹粉砂质泥岩。
		下统	大白地组	S_1d	225	灰白色厚层状岩屑中细粒砂岩,夹中—薄层状粉砂岩、泥岩。
			安吉组	S_1a	160	下部灰黄—黄绿色中薄层状粉砂质泥岩;上部中厚层状粉砂岩、细砂岩。

1.1.1 志留系(S)

杭州西湖山区地层中的志留系主要分布于群山西部的最外缘,以泥岩、粉砂岩、中粗粒岩屑石英砂岩为主。根据岩石组合、粒度变化及化石特征,将其划分为上、中、下三统。

安吉组(S_1a) 分布于杭州老焦山、长埭、大诸桥等地,出露面积约 $3km^2$。该组地层化石丰富,厚度稳定。据岩性及古生物特征,可分出两个岩性段。杭州小和山—平峰山剖面具有代表性(见图 1-1)。上部以灰黄、灰绿色中厚层状粉砂岩、细砂岩夹泥岩和粉砂质泥岩为主,夹有泥质条带。下部为灰黄—黄绿色中薄层状粉砂质泥岩、泥质粉砂岩及泥岩,常见交错层理和水平纹层。底部为黄绿色中—薄层状砂质泥岩。产腕足($Dolerorthis\ sp.$)、三叶虫($Encrinuroides\ sp.$)、腹足($Naticonema\ sp.$)以及海百合茎、海林檎等化石。本组地层厚 160.9m。

本组地层与下伏地层上奥陶统文昌组(O_3w)灰白色中厚层状岩屑细砂岩夹泥质粉砂岩整合接触。

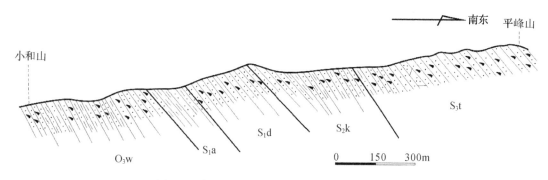

图 1-1　杭州留下小和山—平峰山志留系剖面图

（据浙江省地质调查院,2004 修编）

大白地组(S_1d)　分布于杭州老焦山、大清里、龙门岭及大诸桥等地。本组主要岩性为灰白色厚层状岩屑中细粒砂岩,夹中—薄层状粉砂岩、泥岩及具泥质条带的粉砂岩。下部产腕足类(*Eospirifer minor*、*E. Sinensis*)等化石。厚度 200～250m。杭州小和山—平峰山剖面露头连续,层序清楚(见图 1-1),地层厚为 225.54m。

康山组(S_2k)　命名地点在浙北安吉县康山村。分布于西北端的老东岳、平峰山、龙驹坞、屏风山,西南端的梅家坞一带。其岩性为:底部灰绿色、青灰色、灰黄色含磷含砾细砂岩或中细粒石英砂岩;中部为灰黄、灰绿色中—薄层泥岩、砂岩、泥质粉砂岩及泥岩组成韵律层,局部含砂泥岩条带;顶部以紫红色、灰黄色中层—厚层—块状层细砂岩、粉砂岩及粉砂质泥岩为主,厚度 311.84m 不等。代表性剖面见图 1-1。

唐家坞组(S_3t)　命名地点在富阳唐家坞,主要出露于杭州市将军山、六和塔至云栖寺、天竺山等地。本组地层被上泥盆统西湖组假整合覆盖。唐家坞组是一套以中—细粒陆源砂屑沉积为主的长石岩屑砂岩—石英长石砂岩组合。根据岩石组合、沉积特征及地层垂向变化,岩性大致可分为三部分:下段主要为黄绿色不等粒岩屑石英砂岩、细砂岩、粉砂岩、粉砂质泥岩,组成韵律层,有时可夹一些紫色或灰色成分,野外常以紫红色泥岩(或粉砂质泥岩)为标志层与康山组划界;中段为灰黄色厚层至块状岩屑石英砂岩,夹少许泥质粉砂岩、粉砂质泥岩、石英岩屑砂岩之韵律层,局部见低角度交错层理及波状层理,冲刷面少见,层面多为平直。有正粒序和反粒序层理呈不对称的半韵律旋回分布。在老焦山一带底部夹厚 1.2m 的沉凝灰岩;上段为紫红色中厚层状含砾岩屑石英砂岩、中细粒含长石石英砂岩,向上石英碎屑含量增高,上部含少量砾石,发育交错层理,流水波痕,冲刷面常见,冲刷面上偶见赤铁矿结核,层面一般呈宽缓起伏。向上单层厚度趋大,成分成熟度增高,粒度变粗,并以灰紫色叶片状泥质粉砂岩为顶界与泥盆系上统西湖组分开(见图 1-2)。

本区唐家坞组中,除 1960 年潘江曾在六和塔附近的紫红色砂岩滚石中发现过鱼化石碎片外,在南星桥、萧山等地的唐家坞组下部产有微古植物化石,以壳体具螺旋状纹饰的 *Moyeria*、*Strophomorpha* 及具棱形或纺锤形的 *Eupoikilofusa*、*Leiofusa*、*Leiovalia*、*Nauifusa* 和壳面光滑的 *Leiosphaeridia* 等为主。这些微体单细胞生物多系海洋浮游生物,分布于海相地层中。在邻区(如安吉栾家坞和安徽宁国畈村)中下段的紫红色细砂岩中曾采

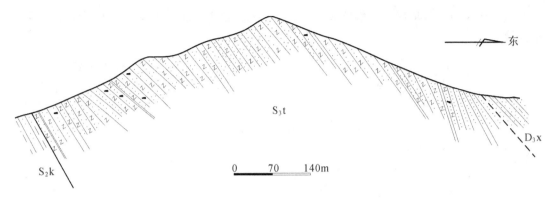

图 1-2　杭州大清—梅家坞唐家坞组剖面

（据浙江省地质调查院，2004 年修编）

获畈村宁国鱼（*Ninguoiepis faucunensis*）、畈村中华棘鱼（*Sinocanthus faucunensis sp.*）和栅棘鱼类化石。

　　唐家坞组的上部无微体古植物化石资料，拟从沉积物特征和沉积相序分析，其垂向相序正常，为连续沉积，时代暂作上志留统处理。唐家坞组的上限时代是否跨入泥盆纪，目前尚难定论。

　　唐家坞组与下伏康山组呈整合接触。本区唐家坞组厚度为 600 多米，主要出露于西湖群山外围的高山地带，如老和山—北高峰—美人峰一线的西北坡、天竺山、五云山、九溪十八涧（见图 1-3）及六和塔、南星桥车站一带。

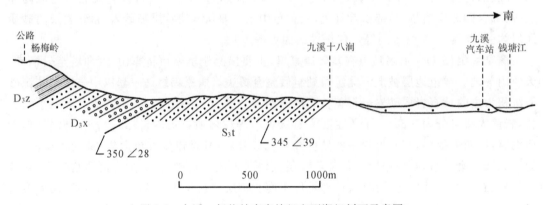

图 1-3　九溪—杨梅岭唐家坞组和西湖组剖面示意图

1.1.2　泥盆系（D）

　　泥盆系地层均为陆源碎屑沉积，分布较广，见有上统西湖组和珠藏坞组，中下统缺失。

　　西湖组（D_3x）　为陆源滨海—三角洲沉积相，陆屑石英砂砾岩建造，岩性单一，主要为一套白色中厚层状中粗粒石英砂岩、含砾石英砂岩、石英砂砾岩及石英质砾岩，其间偶夹薄层状泥质粉砂岩，顶部可夹少量含云母石英细砂岩、绢云母泥质粉砂岩。可分三个岩性段：下段为含砾石英砂岩夹石英砂岩，以含滚圆度较高的乳白色脉石英砾石（一般以砾径小于 3cm 的细砾居多）为独有色彩。有时也含滚圆度较差的黑色燧石细砾；中段石英砂砾岩以砾石含量高、碎屑粒度粗为特征；上段以细粉砂岩和粉砂质泥岩夹层较多为特征。以钱江一桥铁路路堑剖面为代表（见图 1-4），地层厚 285.9m。

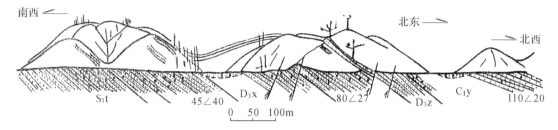

图 1-4 　钱江一桥北路堑边坡唐家坞组上部——叶家塘组下部地层剖面图

（据《杭州幅区测报告缩编》）

S_3t：志留系上统唐家坞组；D_3x：泥盆系上统西湖组；

D_3z：泥盆系上统珠藏坞组；C_1y：石炭系下统叶家塘组

西湖组上部的泥质粉砂岩中产有鳞孢穗（*Lepidostrobus sp.*）、星芦木（*Asterocalamites sp.*）、反楔叶类的茎芽等植物化石，可与江苏的五通组对比。

西湖组与下伏唐家坞组呈平行不整合接触，并以白色含砾石英砂岩或石英砂砾岩为底界与后者分开。

西湖组石英砂岩岩性坚硬，质地较纯，抗风化能力强，往往基岩裸露，怪石嶙峋；举目可辨，多构成群山外围及西湖周围高山的骨架，如老和山、北高峰、美人峰、天马山、棋盘山、鹰咀崖、虎跑山、大慈山、白塔山、凤凰山等。

珠藏坞组（D_3z）　零星分布于杭州钱江一桥北铁路路堑剖面（见图 1-4）、龙井、凤凰山、中天竺等地。岩性为含云母石英砂岩、砂砾岩、夹紫红—灰黄色泥岩、泥质粉砂岩，沿层面普遍含有丰富的云母片，砾石磨圆度及分选性比西湖组差，并有较多的紫色泥岩、粉砂质泥岩，为一套陆相—滨海相的杂色砂泥岩建造。可分两段：下段为浅灰色中—厚层状石英砂岩，局部为石英砂砾岩，夹有多层紫红色、酱紫色薄—中层状长石云母粉砂岩、细砂岩、砂质泥岩，与黄白色石英砂岩间互组成韵律层，以砂岩为主。产植物化石 *Lepidostrobus sp.*、*Asterocalamites sp.*、*Stigmaria ficoides*（似榕树痕根托）。上段为灰白色、黄绿色中厚层状石英中粗粒砂岩，云母长石石英细砂岩与紫红色、黄绿色等杂色页岩互层，夹薄层鲕状赤铁矿，以泥页岩为主。细砂岩中常见交错层理发育。

本组地层与西湖组为整合接触，以紫红色粉砂质泥岩与西湖组分开，厚约 50～60m。珠藏坞组是陆相—滨海滩过渡相的沉积。

1.1.3　石炭系（C）

石炭系地层在西湖周围山区广泛出露。

叶家塘组（C_1y）　命名地点为浙江开化叶家塘村，为一套陆相—滨海相含煤砂泥岩沉积，主要由灰白色含砾石英砂岩、长石石英含砾粗砂岩和黑色含炭质页岩、炭质页岩及灰紫色粉砂质泥岩组成，中上部长石石英粗砂岩中常含少量黄铁矿等铁矿物，遭风化淋滤可呈褐铁矿假象。在黑色含炭质页岩中有时产腕足类：线纹长身贝（*Linoproductus sp.*）、舌形贝（*Lingula sp.*）；瓣鳃类：小海浪蛤（*Posidoniella sp.*）等。浙西本组地层中常含煤，本区未见有煤层出露,仅在青龙山等地偶见煤线。

下石炭统地层岩性松软,极易遭受风化剥蚀和流水侵蚀。因此在区内多构成低矮的丘峦,如南山公墓—八卦田一带的贺家山、金家山、马儿山,月桂峰北坡的吉庆山,老和山下的石虎山等;或成为低洼谷地(次成谷),如灵隐谷地,天竺溪下游谷地、满觉陇—虎跑谷地等;以及山间垭口,如玉皇山—九曜山之间的梯云岭等。

叶家塘组是陆相—滨海滩过渡相的沉积。

本组与珠藏坞组呈整合接触,通常以含砾石英砂岩为底界,地层厚 46～110m。

黄龙组(C_2h) 命名地点在南京龙潭黄龙山,本区黄龙组岩性比较稳定,以浅色的浅海相厚层至块状泥晶—亮晶灰岩为主,一般底部为一层厚 4～8m 不等的浅灰色块状白云岩或砂质白云岩(亦称白云岩段);中上部为灰白色、浅灰色至玫瑰红色块状微晶灰岩、生物屑灰岩,含白色燧石条带及团块,产丰富的小纺锤䗴—纺锤䗴(*Fusulinella-Fusulina*)动物群化石,如薄克氏小纺锤䗴(*Fusulinella bocki*)、假薄克氏小纺锤䗴(*F. Pseudobocki*)、希瓦格䗴状小纺锤䗴(*F. Schwage-rinoides*)、假史塔夫䗴(*Pseudostaffella sp.*)等,以及犬齿珊瑚(*Caninia sp.*)、腕足、鹦鹉螺、腹足类化石。

本区黄龙组与叶家塘组呈假整合接触,厚155m左右,多分布在各石灰岩山岭的山麓部位,如将台山、玉皇山、万松岭、九曜山西北侧(见图1-5)、满觉陇南高峰的东南侧、翁家山、龙井寺、飞来峰西南端等地。从横向上看,黄龙组灰岩自东部往西,厚度略有增大的趋势。由于断层或第四系覆盖,往往出露不全,在上段石灰岩中有时可见规模不大的喀斯特洞穴发育。

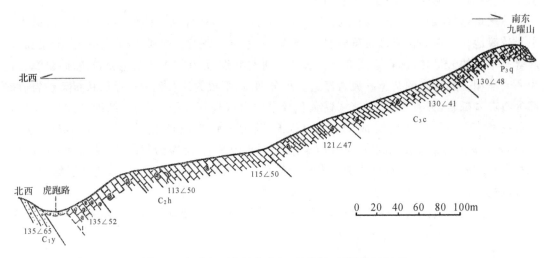

图 1-5　九曜山西北坡黄龙组至栖霞组下部地层剖面

黄龙组下部以厚层至块状砂质、白云质灰岩为主,为局限海台地相沉积,中上部主要以厚层至块状微晶—细晶生物屑灰岩为主,为开阔海台地浅滩相,潮间高能生物滩沉积环境,缺少广海性化石。

船山组(C_3c) 命名地点在江苏句容县船山,为浅海相含核形石的厚层石灰岩。本区大致可分三部分:下部主要为灰黑色、浅灰色块状微晶、亮晶、泥晶生物屑灰岩和夹砂屑、虫屑、硅质团块灰岩,产丰富的麦粒䗴(*Triticites sp.*)化石群,不含"船山球",常以深黑色块状灰岩为底界与黄龙组分开,有时近底部可见一层石灰质砾岩,砾石直径为 10～5cm,呈次圆至次棱角状,方解石胶结,厚约 3m,如翁家山、将台山等地可见;中段为浅灰色厚层至块状微晶生物屑灰岩,产半纺锤䗴(*Heniusulina sp.*)、中华麦粒䗴(*Triticites chinesis*)、球希瓦格䗴(*Sphaeroschwagerina*)等化石,以含"船山球"为特征,一般自下而上逐渐增多;上段为深灰色厚层至块状微晶、泥晶生物屑灰岩,岩石中往往含有硅质燧石团块、产䗴(*Eoparafusulia tenuitheca*、*E. cansca*、*E. consobrina*、*Schwagerina sp.*、*Pseudofusulina sp.*)、有孔虫(*Cribrostomum sp.*)等化石。

本组地层与黄龙组呈整合接触(见图 1-5)。厚度在 140～200m。分布范围与黄龙组相同,但一般位置较高,多占据石灰岩山体的山腰部位。船山组灰岩质地较纯,与黄龙组灰岩相比方解石结晶较粗大,结构不如后者致密;又多出露在地下水动力条件比较有利的山坡地带,因而常遭受十分活跃的岩溶作用,是区内喀斯特现象发育最佳的层段。西湖山区的一些大型溶洞,如玉乳洞、烟霞洞、紫来洞等主要处于该层灰岩中,石芽、溶沟等地表喀斯特现象也以该层灰岩表面最典型,如吴山十二生肖石、瑞石洞、栖云山等地均发育于船山组灰岩中。

船山组反映的是开阔海—台地边缘生物滩相的沉积,以厚层至块状微晶灰岩、亮晶生物屑灰岩为主,中部主要为开阔海台地相环境,潮间高能生物滩—藻滩沉积,厚层至块状藻结核(船山球)灰岩为主,局部藻结核可达 40%～50%,化石少,缺乏广海型底栖生物化石。上部为开阔海—台地滩间海湾相,潮下低能台坪的沉积环境。

1.1.4　二叠系(P)

二叠系在本区只发育下统,分为两组,主要分布于杭州玉泉、丁家山、南高峰、玉皇山、周浦仁桥等地,出露部位往往构成向斜的核部,如飞来峰向斜、南高峰向斜、玉皇山向斜等,岩性主要为含硅质条带、燧石结核、局部含磷结核的灰岩、夹泥质灰岩、泥岩等,产丰富的䗴科化石及腕足、菊石、珊瑚等化石。

栖霞组(P₁q)　命名地点在南京栖霞山,主要为灰黑色、中至厚层状海相含燧石结核的微晶生物屑灰岩及生物屑微晶灰岩,以颜色深黑、有机质(沥青质)含量高、锤击之常散发出难闻的臭鸡蛋或臭大蒜般的气味及众多拳头般大小的黑色燧石为特色。在下段石灰岩中燧石多顺层面分布,剖面上呈条带状集中分布,故称"燧石条带"(透镜状燧石层);在上段灰岩中燧石数量相对减少,多散布在岩石当中而成燧石团块(见图 1-6)。本组地层中化石相当丰富,种类有喀劳德米斯䗴(*Misellina claudiae*)、苏伯特䗴(*Schubertella*)、南京䗴(*Nankinella sp.*)、栖霞希瓦格䗴(*Schragerina Chisiaensis*)等;还有珊瑚类,如亚曾珊瑚(*Yatsengia sp.*)、原米氏珊瑚(*Protomichelinia sp.*)、多壁珊瑚(*Polythecalis sp.*)、早坂珊瑚(*Hayasakaia*)等;以及苔藓虫类,如笛管苔藓虫(*Fistulipora*)、网格苔藓虫(*Fenestella*)等,以及戟贝(*Chonetes*)、费氏虫(*Phillipsis*)等腕足类化石。

本组与下伏船山组为假整合接触,一般以灰黑色泥质粉砂岩为底界与后者分开,在玉皇山紫来洞口见有一层浅灰—淡黄色的薄层状硅质岩(<50cm)。本组地层厚 146m。栖霞组地层主要分布在南高峰、玉皇山、将台山等石灰岩山体的顶部及其倾向西湖的山坡地带,以及九曜山东南坡、南屏山、吴山、三台山、玉泉山等地。本组灰岩中亦常见喀斯特洞穴发育,但规模及典型程度均远逊于船山组灰岩,且多出现在与船山组灰岩接触的底界附近(如紫来洞)或发育层间断层的部位(如千人洞)。

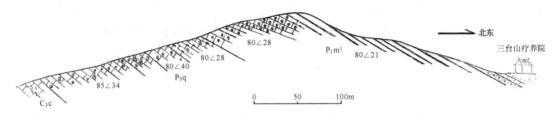

图 1-6　三台山栖霞组(P_1q)和茅口组灰岩段(P_1m^1)剖面

(据浙江省地质调查院,2004 年修编)

早二叠世栖霞组沉积时继续为开阔海台地内浅滩相的沉积,沉积了深灰色生物灰岩、含燧石条带灰岩并夹硅质、泥质灰岩,产鏟、珊瑚、腕足等化石。

茅口组(P_1m)　包括下部灰岩段和上部丁家山段两个部分。

茅口组灰岩段(P_1m^1)　为一套灰色、深灰色中至厚层状的硅质灰岩,底部以硅质灰岩和生物屑微晶灰岩互层与栖霞组划界,中部为含生物屑燧石灰岩或含燧石生物屑灰岩,顶部夹灰白色偶可见微细层理的薄层状硅质岩(见图 1-6),产拟纺锤鏟(*Parafusulina sp.*)、格子鏟(*Cancellina sp.*)、费氏虫等化石及苔藓虫、腕足类化石碎片,厚 86m,主要分布在南高峰、三台山、丁家山、南屏山、夕照山、海军疗养院、吴山等地。

茅口组丁家山段(P_1m^2)　创名地点在杭州刘庄丁家山,为一套黑色薄层状的硅质岩、泥质灰岩、砂质页岩、含磷结核页岩(见图 1-7),以硅质页岩及含磷结核为特征,通常亦称其为"含磷硅质层",其中磷结核可供磷化肥用料。"含磷硅质层"也是浙西重要的磷矿层位,产腹菊石(*Gastriocersas sp.*)及腕足类(*Marginifera sp.*)、瓣鳃类、海绵骨针等化石,厚 74m,仅见于西湖边的低丘,如丁家山、三台山、长桥、云居山等地出露。现除杭州杨公堤空军疗养院门口新开挖的边坡上可见较好的露头外,已难观察到完整的剖面。

早二叠世晚期的丁家山段沉积为开阔海台地内浅海盆地相的沉积环境,沉积了黑色硅质岩、硅质泥岩、泥质灰岩和页岩。

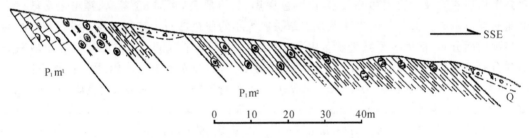

图 1-7　丁家山茅口组丁家山段(P_1m^2)剖面图

(据浙江省地质调查院,2004 年修编)

1.1.5　侏罗系(J)

马涧组(J_2m)　最初命名地点为兰溪市马涧村分布于萧山湖头陈和汀湖徐家坞,出露面积不足 0.3km²,超覆不整合于志留系、泥盆系之上,未见顶,出露厚度大于 60m。主要岩性为灰色砾岩和砂砾岩,砾石直径一般为 5～10cm,少数可达 25cm;砾石成分主要为石英砂岩、石英砂砾岩和岩屑砂岩,砾石呈次棱角至半滚圆状,分选性差,大致与建德马涧组下部对比。

黄尖组（J₃h） 本区西湖西北侧葛岭、宝石山、弥陀山和栖霞岭以西的乌石峰（紫云洞）及其向西沿浙大附中、东山弄直至浙江大学玉泉校区邵逸夫科学馆一带出露一套巨厚的火山碎屑岩层，在浙江大学玉泉校区（如图书馆下、邵逸夫科学馆周围）的许多钻孔中，城区平原的第四系之下几乎均见此类火山岩层，在吴山山麓亦有类似情况。就其岩性上看似与浙西寿昌、桐庐等火山岩盆地中的黄尖组（J₃h）比较接近，主要为酸—中酸性火山碎屑岩夹少量沉积岩。根据岩性组合特征和构造格局（见图 1-8），这套火山碎屑岩至少包含三次喷发旋回。

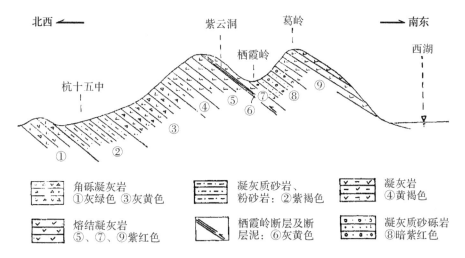

图 1-8 葛岭火山碎屑岩地层剖面示意图（垂直比例尺夸大 1.5 倍）
①为第一喷发旋回顶部；②—⑦为第二喷发旋回；
⑧—⑨为第三喷发旋回（宝石山强熔结具碧玉条带凝灰岩）
（据张福祥，1982）

第一次喷发旋回（J₃h¹）位于浙江大学玉泉校区邵逸夫科学馆—里东山弄一带。由于第四系覆盖，看不到完整旋回剖面，浙江大学玉泉校区邵逸夫科学馆前小山坡的主体部分为紫灰色、暗紫色英安质含角砾岩屑晶玻屑熔结凝灰岩，可见压扁的浮岩屑（长 1~3cm，厚小于 0.5cm）明显地呈定向排列，似为火山灰流相堆积，底部见有含火山基底岩石（D₃x 的石英砂砾岩）的角砾凝灰岩，并见有基底涌流相的火山豆（豆状凝灰岩），其东在钻孔中见有未熔结的晶屑凝灰岩及凝灰质粉砂岩，所以很可能本身就构成一个独立的喷发旋回。里东山处为灰绿色、紫灰色流纹英安质角砾凝灰岩，角砾均为刚性岩屑，未见定向排列的浮岩屑，近顶部（位于西湖区公证处东侧）火山碎屑物质明显构成定向排列的条带，因风化严重，成分难辨。

第二喷发旋回（J₃h²）位于浙大附中—栖霞岭一带。底部为紫红色、暗褐色及青灰色凝灰质砂岩、粉砂岩，系为喷发间歇的湖盆相沉积；下部为灰黄—紫红色英安质弱熔结角砾凝灰岩，以含多量细粒黑云母碎片为特征；中部为浅紫红色、灰黄色粗安质晶屑凝灰岩，不含黑云母碎片；上部为紫红色、紫灰色英安质强熔结凝灰岩，见明显的舌焰状（火焰石）假流动构造，含分散的碧玉（俗称宝石）团块，亦为一期火山灰流堆积。

第三喷发旋回（J₃h³）位于紫云胜境—葛岭—宝石山一带。底部位于紫云胜境处，为灰紫色、暗褐色中厚层状凝灰质砾岩、粗砂岩、细砂岩，组成韵律层，并可见到斜层理，砾岩中由火山碎屑物质构成的砾石明显经搬运滚圆，显然为火山喷发间歇的河湖相沉积；中部位于葛岭,为紫红色英安质含碧玉熔结角砾凝灰岩,亦见黑云母碎片;上部位于宝石山,为紫红色英安质具碧玉条带强熔结角砾凝灰岩,红色的碧玉如骨牌状密集成排定向分布于岩石中,系为火山喷射出的浆屑(浮岩屑),由高度流动悬浮的岩浆碎屑(浮岩屑)从富含气体的流体中喷射堆积而成。显然中、上部均为火山灰流相堆积。

侏罗系上统火山岩系不整合覆盖在上古生界之上,厚度大于630m。

1.1.6 白垩系(K)

朝川组(K_1c) 为一套紫红色、紫灰色、杂色中—粗粒凝灰质砂砾岩、含砾凝灰质粉细砂岩、砂质泥岩,泥岩中钙质较高,局部含钙质结核、灰岩或泥灰岩透镜体。斜层理和交错层理发育。砾石成分较杂,含较多的灰岩、砂岩、火山岩砾石,砾石大小一般在3~10cm,凝灰质和砂质胶结。在钻孔中尚可见到本组夹有多层的中基性火山熔岩和火山碎屑岩,构成两个以上的火山喷发旋回。仅见于钱塘江边九溪口徐村、梵村一带,与下伏老地层为不整合接触。

朝川组构成粗杂陆源碎屑系列的磨拉石建造。在富春江—钱塘江断陷盆地中,由南西向北东,朝川组厚度渐大,陆源碎屑物质粒度渐细。

1.1.7 第四系(Q)

第四系(Q)广泛分布于西湖周围的平原、钱塘江边、山麓及沟谷之中,仅发育中、上更新统和全新统。

中更新统之江组(Q_2z) 为棕红色具灰白色网纹状黏土的碎石、砾石层,在山麓地带主要为坡积相或坡积——洪积相,如浙江大学玉泉校区第六教学大楼南水泵房处为碎石亚黏土层和夹多层单层厚10~20cm的碎石层。后者顺坡倾斜构成坡积层理。碎石呈棱角状,直径一般在2~3cm,主要为石英砂岩碎石。碎石层胶结松散,亚黏土层胶结较密实,由风化淋滤作用生成的灰白色虫斑状高岭土密集穿插其间,多垂直坡积层理分布构成网纹状(见图1-9(a))。浙江大学玉泉校区校园区基本就建在由这类坡积层组成的坡积裙之上。

在大型溪沟的沟口地带,如钱塘江边的九溪口、梅家坞沟口以及灵隐涧—天竺溪沟口等为洪积相,一般都具明显的“洪积层理”,并构成洪积扇地貌。在九溪口浙江大学之江校区的操场旁为棕黄色的砂砾层(见图1-9(b)),剖面下部以砂砾石层为主夹透镜状的亚黏土、亚砂土层;上部以砂、黏土层为主夹透镜状的砂砾石层、粗砂层,顶部可为棕黄色的亚黏土层覆盖,砂砾石层多半大小混杂,砾石直径可由3~5cm到30~40cm不等,次棱角到次圆状,几乎均为石英砂岩砾石。

在钱塘江边为冲积相,并沿江伸展构成二级阶地(主要为基座阶地)。在梵村附近的公路边坡上见为棕红—棕黄色的砂砾石层,厚约5m,近水平地不整合覆盖在严重风化的朝川组砂砾岩基座之上,砂层、砾石层交互叠覆。剖面上至少可区分出三个单层厚50~80cm粗细相间的韵律。每一层次内粒度较均匀,分选良好,其中砾石层内,砾石直径以3~4cm者居多,个别者可达5~6cm,圆度、球度均较高,显然为一套加积型的河流冲积物,反映其形成时物质来源较丰富,堆积旺盛(见图1-9(c))。

上更新统莲花组(Q_3l) 本区分布不广,仅见于山前沟口呈窄条带状分布,或沿钱塘江边构成一级阶地。沟口区大体上为一套洪积相砂砾石层或碎石黏土、亚黏土层;钱塘江沿岸

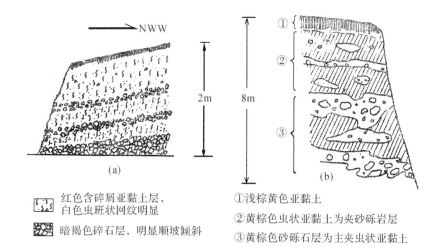

红色含碎屑亚黏土层，
白色虫斑状网纹明显

暗褐色碎石层，明显顺坡倾斜

①浅棕黄色亚黏土
②黄棕色虫状亚黏土层为夹砂砾岩层
③黄棕色砂砾石层为主夹虫状亚黏土

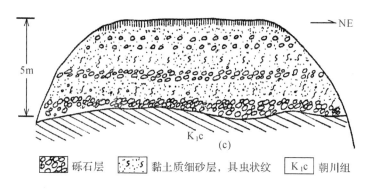

砾石层　　黏土质细砂层，具虫状纹　　K_1c 朝川组

图 1-9　之江组代表性剖面
(a)浙江大学玉泉校区第六教学楼水泵房旁坡积层；
(b)浙江大学之江校区西操场东壁洪积层；
(c)梵村附近杭新公路边坡基座阶地冲积层

则为结构松散的砂砾石层及中粗砂（或细砂）层，上部为河湖相结构稍密实的黏土、亚黏土层（亦称"硬土层"）覆盖，构成了冲积物的二元结构。

全新统滨海组（Q_4b）　全新世由于气候转暖，高纬度冰盖消融，出现全球性的大规模海侵。约距今 7000 年前海侵达到高潮，杭州市区及西湖周围沦为浅海。大约在 2500 年前海水退出，杭州成为陆地及泻湖，海进期间沉积了一套浅海滩涂相的淤泥质亚黏土、黏土层，广布于今山麓线以外的城区平原地带，构成杭州城的基础。海退之后，在城区以外至钱塘江沿岸进一步堆积了滨海相的粉细砂及粉砂质黏土层；在西湖周围及古荡一带则沉积了湖沼相的亚黏土，局部含泥炭层。

1.2　构　造

杭州地区在大地构造上属下扬子准地台区钱塘海西——印支褶皱带的一部分，位于该褶皱带核部东北倾伏端部位,总体上为一由上古生界地层组成的北东向倾伏向斜构造。内部又为次一级褶曲和断层所复杂化,所以一般称本区为杭州复向斜或西湖复向斜。

受复向斜构造的制约,本区主干构造线方向呈南西—北东向,形成一系列北东走向的背斜、向斜和走向断裂,并被一系列同构造期的北西向横断裂共轭交切,组成近于棋盘格状的褶皱—断裂系统,在此基础上燕山期又叠加了北北东向的构造体系,共同构成本区纵横交切、错综复杂的构造图案(见图 1-10)。

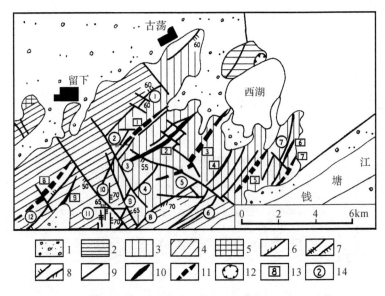

图 1-10　杭州构造纲要示意图(据浙江省地质矿产局,1987 年修改)

1.第四系;2.上侏罗统黄尖组;3.上古生界;4.下古生界;5.前震旦系;6.压扭性断裂;7.直立压性、压扭性断裂;8.张性、张扭性断裂;9.性质不明断裂;10.背斜;11.向斜;12.火山口通道;13.褶皱编号;14.断裂编号

图中的褶皱:(1)飞来峰向斜;(2)天马山背斜;(3)南高峰向斜;(4)青龙山—虎跑背斜;(5)玉皇山向斜;(6)凤凰山背斜;(7)金家山向斜;(8)老焦山向斜;(9)里坞桐背斜;

图中的断裂:(1)韬光断裂;(2)乌石峰断裂;(3)柴窑里断裂;(4)梅家坞断裂;(5)龙井—真珠坞断裂;(6)屏风山—九曜山断裂;(7)凤凰山断裂;(8)云栖断裂;(9)大昌坞断裂;(10)郑家坞断裂;(11)石塘坞断裂;(12)里坞桐断裂

现就本区的褶皱和断裂构造的发育特点简述如下。

1.2.1　褶　皱

西湖复向斜在平面上呈向北东开口的马蹄形,轴向北东 50°左右,区内出露长度约 12km,宽 8km,其西北界在老东岳—龙驹坞一线,东南界达钱塘江北岸;西南大致沿天竺山—五云山一线及外侧梅家坞一带构成弧形圈闭并与西北、东南界相接(见本书最后附图:杭州西湖山区地质图)。

复向斜的核部位置大致在翁家山—南高峰—丁家山一线,主要出露石炭二叠系地层。两翼及西南转折区,从老和山到北高峰—美人峰,经龙门山折向天竺山—文碧山—五云山,再经屏风山折向六和塔—白塔山直达南星桥车站北侧的炮台山,构成几乎封闭的半环带状,主要出露志留—泥盆系地层。

复向斜的枢纽由西南梅家坞一带向东北西湖方向倾伏,扬起端的倾伏角较大,可达 30°

左右;往西湖倾伏端方向倾伏角逐渐减缓。复向斜外围从两翼到转折端,地层总体上呈内倾转折,且北西翼和南东翼的岩层倾角均远较核部陡,因此整个复向斜在空间上又具簸箕状形态。

复向斜内部,由扬起区向北东伸出一系列次一级的背斜和向斜构造,呈裙边状嵌叠在主向斜之上,致使复向斜内部地层呈之字形展布。受主向斜构造的制约,次级褶曲的轴向和枢纽倾伏方向也都为北东向。整个复向斜由 10 个背斜、向斜相间分布的单体褶曲组成(见图 1-11),自西北向东南介绍如下。

(1)北高峰单斜:在区域构造上,它实际只是龙驹坞倒转背斜的南东翼部分,自老东岳至灵隐寺,康山组(S_2k)、唐家坞组(S_3t)、西湖组(D_3x)、珠藏坞组(D_3z)、叶家塘组(C_1y)地层依次呈单斜状排列。除北高峰、美人峰东南坡的局部地段(如韬光寺附近)岩层倒转倾向北西外,其余均倾向南东,倾角一般较陡,多在 70°以上,甚至直立。就龙驹坞倒转背斜的整体而言,轴线略呈弧形、西南段轴向为北东 30°左右。东北段从龙驹坞附近转为北东 50°,轴面歪斜,倾向北西;枢纽向北东倾伏,倾伏端经将军山—老和山插入古荡平原之下;地层敛聚,在灵峰附近尚可见岩层外倾转折现象。由于横断层的切割,整个构造被截成数段,各段轴线以右行错开占优势,整个构造长 7km,宽 2~2.5km;北西被杭徽公路大断裂斜截;南东以灵隐洞走向断层与飞来峰向斜北西翼相接。

(2)飞来峰向斜:核部由船山组(C_3c)灰岩组成,两翼及西南转折端依次为黄龙组(C_2h)、叶家塘组(C_1y)和珠藏坞组(D_3z)。轴向北东 50°,轴面近直立,两翼大致对称,岩层倾角均在 30°左右。由于天喜山走向断层的发育,南东翼缺失黄龙组而不尽完整。枢纽向北东倾伏,倾伏角在扬起端(冷泉向西南)较陡,可达 35°以上,向东北玉乳洞方向变缓。在玉乳洞、青林洞内,可见顶部地层产状平缓,倾角不足 10°(见图 1-12)。地层向南西收敛内倾转折,向北东撒开,故而向斜构造的平面宽度也由北东的 1km 左右向南西缩窄到不足 0.5km,呈现为尖楔状,整个向斜长度约 3km。北西以灵隐洞断层与北高峰单斜相接;南东以天喜山断层与天马山背斜北西翼相接。

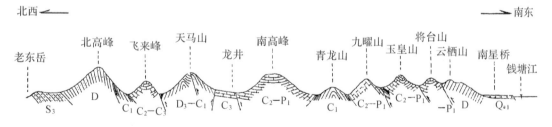

图 1-11　杭州复向斜构造地质剖面图
(垂直比例尺放大一倍)

S_2—中志留世页岩;S_3—晚志留世砂岩;D_3—晚泥盆世砂岩;C_1—早石炭世砂泥岩;
C_2—中石炭世灰岩;C_3—晚石炭世灰岩;P_1—早二叠世灰岩;Q_{al}—第四纪河流沉积物;逆断层

(3)天马山背斜:核部主要为西湖组石英砂岩,南西褶曲扬起方向核部(天竺山附近)出露唐家坞组;两翼及北东转折端为石炭系下统,轴向北东 40°左右,轴面向北西倾斜,两翼不对称,北西翼较缓,岩层倾角小于 30°;南东翼较陡,岩层倾角可达 60°以上,故为歪斜褶曲。背斜顶部宽缓,岩层弯曲的曲率半径较大,略呈圆穹状,枢纽亦向北东倾伏,倾伏角一般较小,不超过20°,但沿轴向有起伏,(至倾伏端处有增大的趋势,约为30°),因而整个构造中地层的收敛、撒开均不显著;外倾转折的曲率也较小。总之,该背斜是一个宽顶的歪斜构造,长度约4km,宽1.5km。背斜的北西翼较完整,以天喜山断层与飞来峰向斜相接;南东翼受棋盘山断层影响;缺失珠藏坞组而出露不全,并以此断层与南高峰向斜北西翼相接。

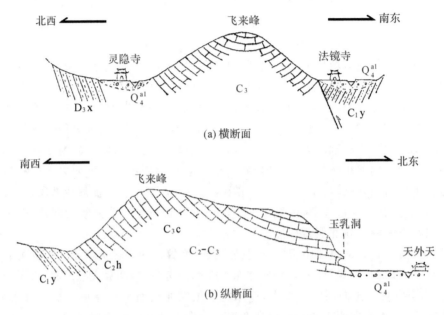

图1-12　飞来峰向斜(引自张福祥,1982)

C_1y:叶家塘组砂泥质岩;C_2h:黄龙组石灰岩;C_3c船山组石灰岩;

Q_4^{al}:现代河流冲积物;＼天喜山断层

(4)南高峰向斜:核部由复向斜中时代最新的茅口组(P_1m)及栖霞组灰岩(P_1q)组成,两翼及西南转折端依次出露船山组、黄龙组、叶家塘组和珠藏坞组,轴向北东50°,轴面近直立,两翼大致对称,但北西翼由于龙井断层、青草台断层的破坏及第四系覆盖,较难见到清晰的倾向南东的岩层产状(尤其在灰岩中);枢纽同样向北东倾伏,亦具有向西湖方向倾伏角变缓的特点;整个向斜的长度约4km,宽度2km,为西湖复向斜内部单体褶曲宽度最大者,转折端也很宽。岩层内倾转折现象在轴面东南半区内表现明显,但转折和缓,曲率较小,从石屋洞经水乐洞、翁家山到龙井村,延伸达2km。西半区由于棋盘山断层的作用,天马山背斜沿该断层向南高峰向斜强烈挤压冲断,而表现不佳。同时转折区部位上出现一组向斜外侧辐散的断裂构造(分别为杨梅岭断层、龙井断层和青草台断层)。此外,在狮子崖处还见有挤压透镜体,凡此加上向斜中新地层出露最完整、厚度最大都说明它是西湖复向斜的核部所在。南高峰向斜北西翼以棋盘山断层与天马山背斜相接;南东翼以石屋洞—赤山埠断层与青龙山背斜北西翼相接。

(5)青龙山背斜:基本上由叶家塘组组成。南西扬起部位核部为西湖组,两翼为珠藏坞组地层。轴向北东40°,轴面微向北西倾斜,北西翼稍缓,地层倾角50°左右。南东翼略陡,地层倾角在60°左右。满觉陇公路旁清晰可见其核部地层虽遭强烈的挤压破碎,但明显呈背斜弯曲的现象(见图1-13),顶角尖锐,并向北东倾伏,表明为一向北东倾伏的尖棱状背斜构造:

两翼均为断层所限,并以杭富路断层与九曜山单斜相接。该构造规模较小,长约 1.5km,宽仅 200～400m。

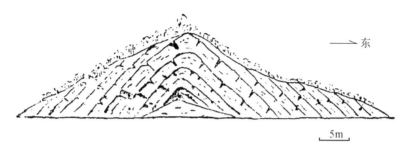

图 1-13　青龙山背斜核部素描图

(石屋洞口东 200m 公路旁)

青龙山背斜西南扬起端为虎跑背斜,其轴向 48°,枢纽倾伏角 10°。核部地层为西湖组石英砂砾岩,两翼为船山组灰岩,两翼倾角在 20°～64°,为斜歪倾伏背斜。背斜形态较完整,核部、翼部多处受北东向断裂左行错位,南西仰起端遭北西向断裂截止。虎跑背斜长 2.5km,宽度 1.5km。

(6)九曜山单斜:该单斜构造以九曜山为中心,向西南伸达动物园,向东北延到南屏山、夕照山,长 3.5km,宽约 800m。主体部分由黄龙组、船山组、栖霞组和茅口组组成。由北西向南东依次单斜排列,均向南东倾斜。南西端出露有面积不大的叶家塘组和珠藏坞组。其原来应为向斜构造,因规模巨大的梯云岭断层的发育,几乎切去了半个构造,因而仅遗留原向斜构造的北西翼,并以此断层与玉皇山向斜的北西翼相接。

(7)玉皇山向斜:这是西湖复向斜中最具代表性、出露最完整的单体褶曲(见图 1-14)。褶曲主体部分的核部由栖霞组下段具燧石条带的灰岩组成,倾伏前缘(玉皇前山的林海亭至海军疗养院后山)核部出露茅口组地层;两翼及转折端依次出露船山组、黄龙组、叶家塘组,局部还包含珠藏坞组地层,轴向北东 45°,轴面微向南东倾斜,北西翼稍缓,倾角在 30°～40°者居多;南东翼略陡,倾角多在 50°～60°,但两翼均见向核部岩层逐渐变陡的现象,及至核部才骤然展缓(似 U 形);枢纽明显向北东倾伏,同样在扬起端倾伏角较大,可达 35°以上,直至

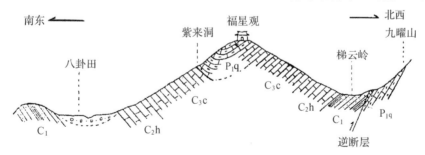

图 1-14　玉皇山向斜地质剖面示意图

C_{1y}:早石炭世叶家塘组砂泥岩;C_2h:中石炭世黄龙组灰岩;C_3c:晚石炭世船山组灰岩;

P_1q:早二叠世栖霞组灰岩

(面对福星观方向是玉皇山东北坡的浅洼沟所在)

(据张福祥,1982 年修改)

倾伏前缘的山麓及莲花峰一带才展缓。岩层内倾转折现象极其清晰。由于玉皇山盘山公路的开挖，几乎可沿公路边坡连续追索，仅转折顶点附近因张性断裂发育而表现不清。可以看出这是个非常典型的簸箕状倾伏向斜构造，为西湖复向斜之缩影！整个构造长达 3.5km，宽约 1km，北西翼以梯云岭断层与九曜山单斜相接，南东翼以慈云岭断层与将台山向斜相连。

(8)将台山向斜：该向斜主体部分许多方面都与玉皇山向斜类同，仅规模略小，长约 1.5km，宽约 500m。翼部、转折端仅出露船山组地层，向斜倾伏前缘方向因于子三墓断层的发育斜切了其大半个构造，而只保留褶曲北西翼很窄的一部分，并以该断层分别与凤凰山背斜的核部（南部）和北西翼（北部）直接斜接。

将台山向斜与玉皇山向斜之间，由于以慈云岭断层相接，给人的直观感觉似乎是缺失了一个背斜构造。其实不然，从慈云岭断层两盘的船山组灰岩大致呈相背倾斜、慈云岭断层产状近似直立等特征上看，断层部位正好是一个背斜，只是背斜核部出露的地层时代比本区其他背斜新而已。与青龙山背斜类似，也是一个尖棱形的窄背斜。因此，慈云岭断层实际上只是发育于背斜核部的岩层折断现象。这里不妨称此背斜为慈云岭背斜。如此，西湖复向斜则应由 11 个单体褶曲所组成，不过一般都并不将其视为背斜构造，计入区内单体褶曲之中。此外，如果进一步考察上述两个向斜构造外围转折部位的地层分布特点，那么可以看到，从大慈山到南山公墓—八卦田间，石炭系下统乃至西湖组地层连贯转折分布，呈环抱中间石炭二叠系灰岩地层的格局，亦即两个向斜共有一个转折端区。因此，玉皇山向斜、将台山向斜及其中间的慈云岭实际上又是一个大向斜中的次一级褶曲，不过将台山向斜沿慈云岭—八卦田一线（即慈云岭断层）相对向北东左行平移错动了一段距离（平移距离在 150～200m）。

(9)凤凰山背斜：核部由西湖组地层组成。轴向北东 30°，轴面向南东倾斜，两翼明显不对称，南东翼岩层倾角小于 40°；北西翼在 60°～70°。同时，南东翼仅出露珠藏坞组和叶家塘组；北西翼及倾伏端则包括区内的全套石炭二叠系，枢纽向北东倾伏，倾伏角在倾伏端方向可达 35°以上。由于于子三墓断层的斜向切割，扬起部位相当一部分被截而表现不全。整个构造从云栖山伸达城隍山，出露长度为 3km，宽大于 700m，南东翼与桃花山向斜北西翼直接过渡。

(10)桃花山向斜（金家山向斜）：此乃西湖复向斜南东翼最外围的单体构造，核部由叶家塘组地层组成。北西翼依次出露珠藏坞组和西湖组，并与凤凰山背斜直接过渡，构成共用翼；南东翼由西湖组和唐家坞组组成炮台山单斜构造，并向北西逆冲于核部叶家塘组之上，从而缺失珠藏坞组，轴向北东 55°，轴面略向南东倾斜。与本区其他向斜不同，它的两翼岩层倾角较陡，南东翼可达 70°～80°；北西翼略缓，也达 50°～60°，同时，核部地层时代也较老，为挤压紧密的向斜构造。枢纽亦显向北东倾伏，由于第四系掩伏，仅残出露长 1.5km，宽约 700m 的一段，就这一段所见，倾伏角 26°，本构造东南即为西湖复向斜的东南边界——钱塘江大断裂。

(11)老焦山向斜：位于西湖复向斜西南部，轴向 52°，枢纽倾伏角 12°，两翼地层倾角 40°～80°，长度约 5km，宽约 4.5km。属直立倾伏褶皱。向斜剖面和平面形态分别属于开阔型和构造盆地。核部地层为唐家坞组和西湖组，西北翼地层出露宽广齐全，自上寒武统超峰群（$\in_3ch$）、下奥陶统留下组（O_1l）至上奥陶统长坞组（O_3c），地层均直立或倒转；文昌组（O_3w）至中志留统康山组（S_2k），地层属正常南东倾斜，东南翼地层由康山组和长坞组组成，由于翼部发育数条北东向压性断裂，使之中间缺失了下志留统安吉组（S_1a）、大白地组（S_1d）和上奥陶统文昌组(O_3w)。向斜仰起端和倾伏端,均受孝丰—三门大断裂错位破坏。

(12)里坞桐背斜:位于西湖复向斜的西南部,老焦山向斜的东面。背斜轴向北东30°,枢纽倾伏角约15°。核部地层为上奥陶统长坞组(O_3c),两翼地层为大白地组(S_1d)。两翼倾角30°~76°,为一斜歪倾伏背斜。其西北翼与老焦山向斜共翼,并呈断裂接触,缺失地层甚多,不完整。背斜倾伏端窄小,仰起端宽广开阔。

老焦山向斜和里坞桐背斜为西湖复向斜外围的两个褶皱构造。

1.2.2　断　层

本区断层十分发育,主要有两个时期,即海西—印支期断层和燕山期断层。

1.海西—印支期断层

此类断层发育于西湖复向斜中,是在产生复向斜的构造应力场作用下,岩层发生挤压褶皱,最后破裂、移位而形成的。因此,它们在时间上与复向斜同属一个构造期;在空间上与复向斜及各个单体褶曲彼此紧密伴生,成为复向斜构造的不可分割的组成部分,并且受后者的控制而呈现有一定的分布规律。按照它们与褶曲轴向或地层的关系,可以分为纵(向)断层、横(向)断层和斜(向)断层,其中以纵断层和横断层最为发育。三组断层纵横交切,构成错综复杂的、近于格网状的断层网络系统。

(1)纵断层:亦称走向断层。它们或者与复向斜或单体褶曲的轴向近于平行,或者与某一区段的地层走向近于平行。总体上与区域构造线方向一致,为区内的主干断裂。此类断层几乎都出现在单体背斜、向斜交替过渡的部位(见图1-10、图1-11、图1-12、图1-14),个别可伸达复向斜的转折扬起处。断层走向上,与轴向平行者变化在北东30°~55°之间;仅与地层走向平行者主要出现在倾伏向斜的内倾转折区,可呈北东东向,乃至南东东向。属于前者的有灵隐洞断层、天喜山断层、天马山断层、棋盘山断层、石屋洞—赤山埠断层、杭富路—虎跑断层、梯云岭断层、慈云岭断层、桃花山断层等;属于后者的有满觉陇断层、黄梅岭断层等。本区西南复向斜转折扬起处内发育有一系列北东向断层,如梅家坞断层、云栖断层、伏虎亭断层、老虎山断层等,与复向斜轴向平行,应归入纵断层之列,但它们大多又与褶皱扬起区的地层走向直交,故又兼有横断层的特点。此外,玉皇山向斜内两翼部各有一条北东向断层发育(紫来洞断层和太婆岭断层)亦有类似的双重性。

本区纵断层的共同特点是:①几乎全为高角度的逆冲断层,其中不少还兼有上盘向北东平移的斜冲性质,断层面倾角通常都在70°~80°之间;断层面倾向:在复向斜内部,北西向和南东向常依次交替出现,而且当呈现这种分布格局时,几乎都表现为向单体背斜的核部相向倾斜;②断层规模一般较大,构成区内主要构造线,断层长度一般都在3km以上,一些贯穿整个复向斜构造者可达6~7km以上,断距往往超过一两百米;③普遍造成地层缺失现象,甚至可缺失半个褶曲;④断层带附近岩石强烈挤压破碎,出现硅化、方解石重结晶、断层角砾岩等现象,个别情况下下盘岩层尚可发生倒转;⑤复向斜内部,此类断层的断层带基本上都发育在下石炭统地层中,明显地表现出岩石强度对断层发育的影响,下石炭统以砂页岩为主,泥质岩成分较高,表现为柔和塑性变形与断裂,褶皱挤压过程中易于循此层滑脱发育逆冲断层;⑥沿此类断层多半有沟谷发育,或为分水岭垭口、地形明显坡折等断层地貌;⑦常被横断层截为数段,沿横断层彼此平移。

现简要介绍其中的几条主要断层。

1)梯云岭断层:属区内规模最大的断层之一,以玉皇山与九曜山之间的梯云岭命名,断层从梯云岭西北端九曜山东南坡坡脚处通过,地形上出现垭口,两边发育深切冲沟。垭口以东梯云岭上出露叶家塘组砂泥岩,倾向115°,倾角34°;而九曜山东南坡则为栖霞组上段含燧石团块灰岩,倾向130°,倾角59°,老地层盖到了新地层之上(见图1-14);同时灰岩中普遍出现方解石重结晶现象,表明遭受过动力变质作用,当属断层无疑,由此向东北延伸至九曜山东南坡采石场下,见黄龙组灰岩盖在栖霞组灰岩之上,并出现宽达3m以上的断层角砾岩带,棱角状的灰岩碎块被粗大的方解石晶体胶结,十分清晰、典型,说明梯云岭断层是一条规模巨大的逆冲断层,测得其走向为北东50°,倾向南东,倾角70°左右。从区域构造关系上看,断层两边分别为九曜山单斜和玉皇山向斜,断层几乎切去了半个单体褶曲构造,以至于断层两盘间的地层缺失可达三套之多(如梯云岭处缺失了黄龙组、船山组、栖霞组)。因此,其断距至少在300m以上,该断层向西南经动物园、真珠坞直伸入复向斜扬起区,并与老虎山断层相连,区内出露长度在7km以上。南西段的断层性质相同,唯断层两盘地层时代依次变老,直到老虎山附近为康山组逆冲于唐家坞组之上。

2)天喜山断层:以上天竺北天喜山命名。由天喜山西北坡向东北延伸达飞来峰东南坡,走向北东45°左右,在法镜寺附近见叶家塘组同船山组上部直接接触,断层面倾向南东、倾角约在60°~70°(见图1-11和图1-12),故此亦为逆冲断层。推测断距在100m以上。由于第四系覆盖,断层角砾岩、断层泥等断层错动现象未能见及。由天喜山向西南,该断层被一系列横断层错移、牵引,走向变化较大,局部可转为近南北向,但总体上仍以北东40°~45°为主,如此可一直延伸到大清里附近,出露总长约6km。与梯云岭断层类似,断层两盘地层的时代向西南亦变老,但因基本上发育在飞来峰向斜内的南东翼中,并受横断层干扰,依次性不如前者典型。

3)棋盘山断层:以龙井寺西北的棋盘山命名。大体从距棋盘山顶东南75m处横切棋盘山脊而过,走向北东40°左右,向东北伸达吉庆山;向西南经狮峰、越琅珰岭可与梅家坞断层相连,其间亦常遭横断层错移,出露总长达7km左右。棋盘山一带见西湖组与叶家塘组直接接触,缺失珠藏坞组,沿断层带石英砂岩强烈硅化;叶家塘组地层倒转,倾向北西,据此并结合天马山背斜为轴面倾向北西的不对称褶曲推断,其断层面亦应倾向北西,倾角不大,为其逆掩性质的逆断层,仅从地层缺失而论,断距似并不大,充其量为100多米,但造成了下盘叶家塘组强烈倒转,说明断层挤压作用仍是非常强的,亦应看做是一条规模巨大的断层,该断层与天喜山断层构成向天马山背斜核部相向倾斜的格局,较好地显示了本区褶曲与纵断层之间的组合关系。

4)慈云岭断层:以玉皇山与将台山之间的慈云岭命名。与上述相比,该断层规模要小得多;地形上亦呈现为山垭口,并发育断层沟谷,慈云宫处见断层走向约北东30°左右,东盘船山组灰岩(120°∠50°)和西盘栖霞组灰岩(330°∠50°)产状相抵(见图1-15),断层面倾向南东,倾角70°以上,故为高角度冲断层,断距不足百米;断层带附近的船山组灰岩中发育有密集的剪节理。由慈云宫向西南方向,断层两盘变为由倾向相背的船山组灰岩构成,断距可能更小;向东北方向,断层的特点与慈云宫处一致,延达孔庙西侧时被于子三墓断层斜截。区内出露长度不过2km,从区域构造关系上看,它处于玉皇山向斜与将台山向斜之间的次一级小背斜部位,可以看做是沿此小背斜轴发育起来的岩层折断现象,故规模不大。

(2)横断层:与区内纵断层相对应,亦有两种不同的构造关系,其中占优势者与区域构造

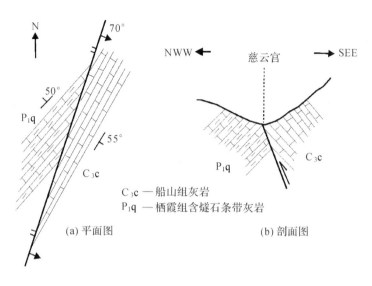

图 1-15 慈云宫附近慈云岭断层

线(褶曲轴线,北东向主干纵断层及区域地层走向)方向近于直交,即呈北西向(300°~315°);另一类与某一区段的岩层走向近于直交,数目不多,照例仅出现在单体向斜的扬起转折区内,并呈向向斜外侧辐散分布,南高峰向斜中尤为典型,其南西扬起区自东而西分布着杨梅岭断层(南北向)、龙井断层(北北东向)和青草台断层(北东向)即为此展布格局,并均横切满觉陇走向断层和黄梅岭走向断层,使它们依次右行平移错断。飞来峰向斜扬起端亦有类似现象。发育于复向斜西南扬起区的横断层(北西向断层)一般与当地地层走向近于平行,亦兼有纵断层的性质。

本区横断层的基本特征是:①发育于复向斜内部者以平移断层(如白乐桥断层、灵峰断层、上天竺断层等)、正断层(如南高峰断层、大麦岭断层、太祖湾断层、九曜山采石场断层等)为主,很少有逆断层。一般正断层的断层面均倾向北东,倾角较缓(50°左右);平移断层的断层面倾向各异,但倾角均较陡;发育于复向斜扬起区者既有平移断层、正断层,也有逆冲断层,后者往往规模较大,兼具纵断层性质(如琅珰岭断层,延伸长度可达 3.5km);②复向斜内部者,断层规模相对较小,断层长度一般不超过 2km;正断层断距一般不超过 50~60m;平移断层的平推距离多半也在 100m 之内,仅灵峰断层平移距离较大,达 500m,可能是由于燕山期火山活动,火山机构扩张向侧方推挤,引起叠加断块错移的结果;③在平移断层的断层带可见磨光镜面、擦痕、剪切挤压片理、透镜体等断层错动现象。沿正断层引张带常有燕山期超浅成相侵入体贯入;④通常错断褶轴、纵断层、地层,并与纵断层构成共轭断裂系统,虽贯穿整个复向斜的大型横断层绝少出现,但全区横断层总体展布格局上却呈现有一定的规律,即大致排列成微微凹向北东(西湖方向)的弧形,与海西—印支期区域构造应力场相适应。同时,复向斜北西翼以右行平移的横断层群为主(灵峰断层同样属于例外);南东翼则以左行为主,表明复向斜两侧翼遭受的挤压应力作用较核部及转折端区更强烈;⑤沿断层除发育沟谷、垭口等断层地貌现象外,常常还呈现明显的山脊错开现象,如美人峰与北高峰、锅子顶与灵峰等。

杭州西湖山区有以下几个主要的横向断裂。

1）韬光断裂：位于西湖复向斜北部。断裂走向 300°，倾向南西，倾角 60°，延伸长约 1.5km，硅化带宽 5～10m。发育棱角状至次棱角状张性角砾岩，角砾大小悬殊，为泥质、铁质胶结。断裂晚期活动形迹尤为清晰，局部地段完全改造了早期构造形迹。发育良好的舒缓波状断面，镜面擦痕及阶步常见，擦痕侧伏角为 90°，沿断面发育 3cm 厚的断层泥。早期角砾岩再次破碎，并发育定向排列的构造透镜体，地层拖曳倒转普遍。韬光断裂具有典型的先张后压特点。

2）柴窑里断裂：断裂走向 320°，倾向北东 50°，倾角 70°，破碎带宽 10～30m，延伸 5km。破碎物呈棱角状，大小悬殊，无定向，泥质、铁质胶结。后期角砾岩再次破碎，具先张后扭的特征。见发育水平擦痕。

3）龙井—真珠坞断裂：位于西湖复向斜构造中部，断裂走向 305°，倾向南西，倾角 55°。断面局部见锯齿状，破碎带宽 5～10m，岩石破碎呈棱角状至次棱角状，角砾大小悬殊，无定向排列，均为泥质或铁锰质胶结。在张性角砾岩中时常可见扭性构造面，发育镜面擦痕，局部有硅化蚀变。断裂延伸约 5.5km。

4）大昌坞断裂：断裂走向 340°，倾向 70°，倾角 60°～70°，破碎带宽 5～20m，延伸 4km。岩石破碎呈棱角状至次棱角状，大小悬殊，无定向排列，为泥质、铁质胶结。后期角砾岩具再次破碎，发育挤压断面及镜面擦痕。具先张后压的特征。

5）石塘坞断裂：位于西湖复向斜的西南端。断裂走向近于 100°，倾向北北东，倾角 65°，延伸约 1km。断面舒缓波状，发育有水平擦痕。破碎带宽约 10m，岩石强烈破碎呈碎裂岩，石英碎屑均波状消光，局部岩石硅化蚀变。带内发育长 0.5～1m 的构造透镜体，排列方向与断面一致。沿断裂两侧发育东西向节理，并切割南北向断裂。

（3）斜断层：本区发育典型，最具构造意义的斜断层是于子三墓（孔庙）断层（又称凤凰山断裂）。

1）于子三墓断层：断层走向呈北东 5°～10°，延伸大于 3.5km，破碎带宽约 10m，岩石普遍破裂，具压碎结构，局部发育构造角砾岩，构造角砾具定向性，岩石多遭受硅化蚀变。断裂切割了凤凰山背斜，使西湖组和黄龙组、船山组和栖霞组直接相顶，东南盘在平面上逆冲抬升，水平断距在 1km 以上。凤凰山断裂既斜切了大半个将台山向斜，也斜切了半个凤凰山背斜，北东端甚至切断作为玉皇山向斜倾伏前缘的南东翼地层，以至于凤凰山背斜轴居然移到了比将台山向斜轴更偏西北的位置上，并且在凤凰山附近造成西湖组冲伏到茅口组之上，仅地层缺失推算，水平断距就可达 1km 以上，其规模堪为本区之冠。在孔庙和太祖湾打靶场均可见很好的断层剖面。在孔庙神像西侧见为珠藏坞组冲伏于栖霞组灰岩之上，断层面向东倾斜，倾角在 70°以上；上盘珠藏坞组和下盘栖霞组的岩性和产状均清晰可辨（见图 1-16（a））；近栖霞组灰岩处见有宽 5m 以上的断层角砾岩带，其中灰岩和燧石均被碾碎成小于 1～2cm 的尖棱状碎块，构成碎裂岩，同时可见几乎全为粗大方解石晶体组成的巨大岩块出露，均示强烈的断层错动作用。由此向南，该断层过神像后垭口循九华山西坡延伸，然后越凤凰山鞍部，到太祖湾靶场，在靶场后壁可见西湖组石英砂岩冲状到栖霞组灰岩之上，接触界面几乎直立，呈现出非常醒目、非常直观的断层接触景象。继而再穿将台山与栖云山之间的垭口（西湖组与船山组灰岩直接接触），经蝙蝠洞旁直达闸口附近的山根；由孔庙向北过万松岭，该断层可伸达云居山下，其出露总长为 3.5km 以上。

于子三墓断层虽然在剖面上表现出逆冲断层的特征，但实际上它还是一条有着巨大水

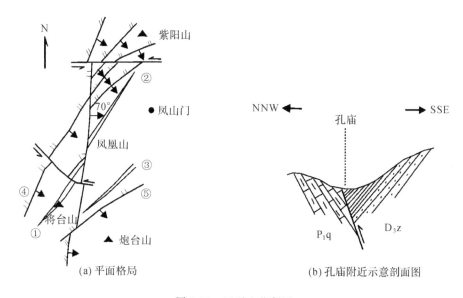

图 1-16　于子山墓断层
①将台山向斜轴；②凤凰山背斜轴；③桃花山向斜轴；④慈云岭断层；⑤桃花山断层
D₃z：珠藏珠组砂泥岩；P₁q：栖霞组含燧石条带灰岩
于子三墓平移断层之羽齿锐角代表本盘运动方向

平推移距离的平移断层。按照凤凰山背斜轴现今所处的位置估算,沿断层在南北方向上的左行平移距离至少在 1.5km 以上,因此可以确定该断层是一条以左行水平剪切为主,兼向北西逆冲的大型逆冲平移断层,属典型的压扭性断裂。由于凤凰山断块向北强烈错移,其前端遭受巨大的挤压应力作用,结果在万松岭孔庙至云居山、紫阳山一带出现了三条叠瓦状紧密排列的逆断层群,并使地层明显缩短,呈现为一个由平移断层派生出的小型推覆体构造,这三条逆断层均呈凸向北西的弧形,与主干断层锐角相交,构成入字形构造,同样指示于子三墓断层具左行平移性质(见图 1-16(b))。

于子三墓断层处于西湖复向斜南东翼、整个复向斜的最外围区域,其巨大规模与复向斜北西翼北高峰、美人峰一带地层强烈倒转及成群出现横断层遥相呼应,均说明复向斜两翼部分遭受到的构造应力作用要比核部强烈得多,唯两翼的表现方式不同而已;而其与区域构造线方向斜交并具压扭性剪切错动的断层性质,显示出它是由北西向和北东向一对共轭应力所造成,其走向恰代表了后者的合力方向,因此也从一个侧面体现了西湖复向斜的构造应力场特征。

2)乌石峰断裂:断裂总体走向东西,延伸约 1km,断面南倾,倾角约 60°。破碎带宽 15～30m,岩石强烈破碎,多为片状、透镜状构造岩(见图 1-17)。构造透镜体长轴 30～70cm,最长为 6m,剖面上呈右行排列,与断面斜交。断裂北盘地层直立,局部倒转,并发生拖曳弯曲,显示南盘上升,北盘下降。该断裂明显切割北东向压扭性断裂。

3)梅家坞断裂:断裂走向北东 45°,倾向 135°,倾角 75～80°,破碎带宽 10～30m,延伸 5km。断面舒缓波状,发育片状、透镜状构造体,见擦痕发育,具压性特征。

4)屏风山—九曜山断裂:断裂走向北东 50°,倾向 140°,近直立。破碎带宽 5～20m,延伸 8km。片状及透镜状构造发育并定向排列,破碎带内石英脉尖灭再现,断裂使玉皇山向斜右

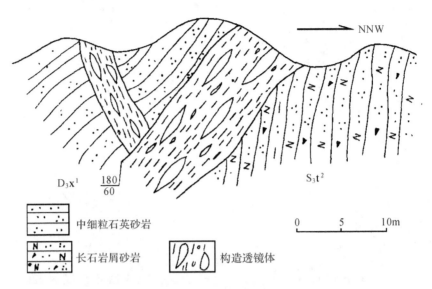

图 1-17　乌石峰东西向断裂切割北东向断裂剖面图

(据浙江省地质矿产局,1987 年修编)

行错位 500m,具压扭性特征。

5)云栖断裂:断裂走向北东 50°,倾向 140°,倾角 70°,破碎带宽 15m,延伸 7.2km。岩石强烈破碎,呈片状、透镜状构造角砾岩。断裂西南段地质界线被右行错位约 4km。具压扭性特征。

6)郑家坞断裂:位于梅家坞西侧 322m 高地,沿南北向山脊展布,延伸 1km,断裂走向 355°,断面倾向东,倾角 70°左右。断面舒缓波状,发育逆冲擦痕。破碎带宽 25m 以上,岩石强烈破碎,发育片状透镜构造角砾岩。破碎带两侧地层呈宽达 100m 之余的陡立岩层带,局部直立倒转。郑家坞断裂受北西向和东西向断裂切割。

7)里坞桐断裂:位于里坞桐背斜与老焦山向斜共翼部位,断裂走向北东 35°,延伸长约 12km。沿走向断面呈舒缓波状,倾向南东,局部北西倾,倾角 65°～80°。断裂面可见擦痕,侧伏角为 75°左右。破碎带宽 5～20m,岩石具压碎结构,岩石被挤压呈薄片状、透镜状产出。断裂西北侧康山组、唐家坞组和西湖组均强烈破碎。东南侧长坞组泥质岩石中发育宽达 100m 的密集性挤压劈理带。受断裂构造作用,地层缺失了上奥陶统文昌组和下志留统安吉组和大白地组。

以上为本区海西—印支期三种基本形式的断层。需要指出的是,有些海西—印支期断层,虽也有一定规模,但由于发育于层间,因而在图面上无从显示,常不为人们所注意。如在南高峰下的千人洞中,可见一层厚为 1.5～2m 的方解石层,全由五色缤纷、结晶粗大的方解石组成,顺栖霞灰岩的层面展布,与千人洞的伸展方向也相吻合,明显控制千人洞的发育,显然它是栖霞灰岩内层间滑动的产物,系层间断层,从其处于复向斜核部、与复向斜倾伏方向一致来看,当是复向斜南西端翘起,引发了顺层滑移所造成,同样有重要的构造意义。

2.燕山期断层

区内目前所揭示的燕山期断层仅见于葛岭山区的侏罗系火山岩层中,远不及海西—印支期断层丰富多彩,似乎也未起到构筑西湖山区构造骨架的作用,甚至看上去还与西湖复向斜格格不入,互不相干。其实不尽然。事实上二者既有明显区别也有某种内在的联系。就燕山期构造作用的意义来说,在本区至少表现有以下两个方面:

其一是形成新的构造系统,即产生了与西湖复向斜构造迥然有别的北北东向(北东 30°左右)断裂系统。目前地表所见属于这一断裂系统的断层主要有乌石峰与葛岭之间的紫云洞断层和葛岭与宝石山之间的葛庙断层,二者均为倾向南东东的逆断层,前者习常也称栖霞岭断层。然而断层并非从栖霞岭处通过,栖霞岭垭口的形成与断层无直接关系,而是由外营力循岩性松软的火山喷发间歇期河湖相砂砾岩层差异侵蚀—剥蚀所形成的。断层实际上在紫云洞的顶板之下(见图 1-18,并见图 1-8),洞壁即为断层上盘,倾向南东(120°),倾角约45°,与洞体的倾斜方向一致;前厅中可见断层带,厚约 0.5m,全由再胶结的断层泥构成,并有发育清晰的挤压片理构造,与两盘坚硬的强熔结凝灰岩有明显的区别,界线十分清晰。很明显,紫云洞的形成与该断层发育有关。事实上栖霞五洞(紫云洞、蝙蝠洞、金鼓洞、黄龙洞、卧云洞)中,除金鼓洞、黄龙洞系人工开挖外,其他大小洞穴几乎连成一线,走向恰好为北东30°,正是在该断层的位置上。在卧云洞下同样见断层泥,便是有力明证。葛庙断层不及紫云洞断层表露清晰,但从岭间垭口和沟谷的发育以及葛岭东南坡呈直线伸展的大断壁等地貌现象,也不难加以确定。

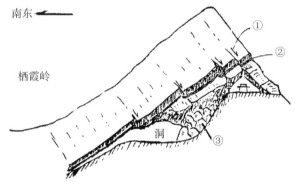

①箭头表示一系列沿节理下错的小型正断层
②挤压片理; ③崩坍的巨大石块

图 1-18　紫云洞剖面素描图(据张福祥,1982)

其二是改造早先形成的复向斜构造。由于本区燕山期构造层出露面积较小,大部分被掩埋在第四系平原之下,故而它与海西—印支期构造的关系以及对后者的改造作用过去很少被人提及,对这个问题的研究也还很不深入。现至少可以指出以下三点:①从西湖复向斜总的构造格局上看,其倾伏前缘环绕今西湖应为马蹄形的盆地(或开阔敞口的洼地),该盆地的轴线大致由南高峰—丁家山连线向今白堤方向延伸,中轴线两边构造表现基本上成镜像对称。由于葛岭宝石山火山岩系的堆积,这一格局遭到破坏;②复向斜北西翼发育一组以右行为主的平移断层,水平推距很少超过 100m,唯灵峰断层例外,平移方向相反,呈左行,推距逾 500m(见图 1-19),与该组断层大相径庭。结合它紧邻区内火山岩系分布区,可以认为:复向斜核部在深部中和面以下处于引张应力环境,发育开口向下的断裂裂隙,燕山期时,深部形成的岩浆自然易于从其底部贯入,这就是海西—印支期构造对燕山期构造的控制作用。岩浆底辟上侵,最后喷出地表势必推挤通道两侧岩块向复向斜外围运动,今灵峰断层呈现的活动方式正是这一运动的一种表现。③今西湖复向斜的边界,北西为杭徽路大断裂,南东为钱塘江大断裂,均为斜切复向斜构造,并构成山地与平原的分野。平原第四系之下钻孔所见又为侏罗系、白垩系地层,故此它们为更高一级的区域性燕山期大断裂,既控制了今海西—印支期构造的出露范围,也改造了后者的面貌。

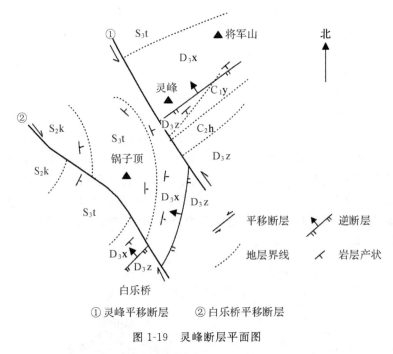

图 1-19　灵峰断层平面图

1.3　岩浆活动

在 1.1.5 节中,我们介绍了在葛岭—宝石山一带发育有巨厚的晚侏罗世火山碎屑岩系,表明本区燕山期发生了强烈的岩浆活动。鉴于本区至今未见有大型侵入岩体出露,因此,本区燕山期岩浆活动的主要形式是大规模的中酸性火山喷发。火山碎屑岩系的岩性特征和相带分布等还反映出有过多次喷发活动,至少出现过三个喷发旋回,这些已在前文中论及,不再赘述。

除火山喷发外,本区尚发现了若干超浅成相的脉状侵入体,主要沿向斜构造中的某些横断层贯入,如龙井寺东北的南天竺附近、南高峰东南坡中、九曜山东南坡采石场、林海亭东北的太祖湾断层中等;或者沿向斜的轴部断裂贯入,如桃花山向斜及云居山西北茅口组地层中等;在龙驹坞附近也见有,出露岩性基本上都为中性—中酸性岩类,如安山玢岩、二长斑岩、英安玢岩、霏细斑岩等,与区内火山碎屑岩的成分一致,系为同源岩浆不同活动方式的产物。

由于风化及残坡积物的掩盖,这些脉岩体多已难见清晰的露头剖面,仅九曜山东南坡采石场及桃花山中可见完好出露。

1.3.1　九曜山东南坡采石场安山玢岩脉

九曜山东南坡采石场上出露有安山玢岩脉,显细晶—隐晶结构。除纤细的长石(已风化为高岭土,约占15%)外,其他矿物肉眼难辨。由于强烈氧化,脉体呈红色,远观似一垛红色的岩墙堵入灰黑色的栖霞灰岩中,十分醒目。栖霞灰岩的地层走向为北东向,倾向南东;脉体走向北西300°,几乎与灰岩走向直交,微向北东倾斜,倾角可达75°～80°,脉体长约150m,宽4m,与围岩界线清楚,二者截然分开,在脉体近接触边界处可见细小的灰岩角砾嵌于其中,砾径多在1cm左右;脉体内部见灰岩捕虏体,直径可达15～20cm,一般呈长圆形,颜色较围岩浅,亦较围岩致密。接触边界附近的灰岩见有轻度褪色现象,岩性变脆,锤之发出清脆声,表明遭轻度热烘烤变质,但无蚀变和交代现象。烘烤带宽度不大,仅20cm左右。脉壁锯齿弯曲,不平整,表明该岩脉是沿横张断裂贯入。脉体边缘还见有与脉体平行的剪切裂隙发育。沿裂隙出现片理化现象和摩擦镜面,说明脉体贯入后曾再度遭受过剪切错动(见图1-20)。

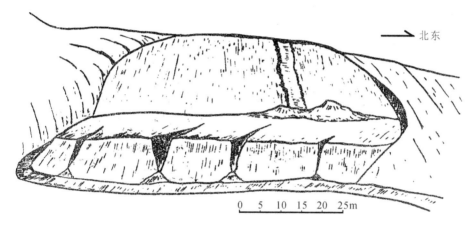

图1-20　九曜山东南坡采石场安山玢岩脉素描图

1.3.2　桃花山向斜轴部霏细斑岩脉

沿桃花山向斜轴部侵入的霏细斑岩脉出露于栖云山东南坡、栖云寺东北,长大于50m,宽8～10m以上,灰白色,风化后为灰黄色,斑状结构为主,斑晶为纤细的长石,多已风化成高岭土,基质均已脱玻,肉眼难辨成分。部分呈隐晶结构,几乎不见斑晶,貌似熔岩。岩脉中散布有不少捕虏体,全为强烈硅化的石英砂岩碎块,方棱块状外形,直径以4～5cm者居多。局部捕虏体富集成群,状如熔浆胶结起来的角砾岩。脉体循向斜轴部断裂贯入,走向北东60°左右,倾角近直立。由于断层错动和岩浆烘烤变质,叶家塘组砂岩构成的围岩亦遭强烈硅化和挤压破碎,致使二者接触边界模糊,呈逐渐过渡状。硅化破碎带宽度大于5m,并构成不高的墙状崖壁。

1.4　葛岭火山机构

葛岭火山机构大致范围:西起浙江大学玉泉校区、东至延安路;北达古荡—展览馆以远,南止于三潭印月。基底为上古生界组成的西湖复向斜,并被下白垩统朝川组(K_1c)不整合超覆。火山机体的地层为黄尖组第三段(J_3h^3),岩性以英安质、流纹质玻屑熔结凝灰岩为主,总厚度大于700m。岩石不含异源碎屑,晶屑含量低,晶形相对完好。黑云母晶屑具有定向排列,反映了岩浆弱喷发的特征。其中,以两层沉积夹层为界可细分为3个亚段(见图1-21和图1-8)。

第一亚段为英安质玻屑熔结凝灰岩,下部含角砾,厚度大于400m。第二亚段为英安质玻屑晶屑凝灰岩和玻屑熔结凝灰岩,厚度105m。岩石富黑云母等含水矿物和钛铁矿、赤铁矿和氧化形成的褐铁矿等铁磁性矿物,锆石晶形完整。本亚段分布于火山机体外围,SiO_2含量66.27%～67.70%。第三亚段以流纹质含角砾玻屑熔结凝灰岩为主,少量流纹质晶屑玻屑熔结凝灰岩、凝灰质角砾岩。岩石普遍含碧玉条带,绝大多数锆石呈歪晶出现,总量增多、种类减少。该亚段分布在火山机体中心地带,SiO_2含量69.77%～70.61%。

葛岭火山机体岩石为贫铁、富钾、富铝的中酸—酸性岩类。早期为钙碱质,晚期演化为弱碱质,显示酸度增大,碱度增强的演化趋势。其原始岩浆氧化程度高,锆石晶体中普遍含有褐红色铁质包体。

据浙江省地质矿产局(1987)研究,葛岭火山机体喷发中心位于断桥一带,并于关岳庙附近发现火山通道。火山岩岩层向通道方向倾斜,航磁异常表现为于断桥附近形成圈闭较好的负异常,布格重力场显示火山岩底界中间深(断桥附近)、四周渐浅,可能表明火山活动中心经历过中心塌陷。

火山通道位于葛岭保俶塔南关岳庙牌坊旁侧,向南延入西湖,出露面积约2000m²。火山通道内岩性为灰紫色熔结集块角砾岩,角砾与集块总含量在50%以上,多呈浑圆和次棱角状。角砾直径为0.5～5cm者占多数,集块含量10%～25%,直径10～25cm,最大达10～80cm。成分为流纹岩和强熔结凝灰岩,显示定向排列,长轴陡立,个别集块呈拖尾朝下的"蝌蚪状",显示通道内物质上涌的特征。关岳庙牌坊处见通道相熔结集块角砾岩与含碧玉玻屑熔结凝灰岩呈切割关系,接触面产状近于直立(见图1-22)。

1.5　地质发展史

在1.1节中我们业已指出,本实习区出露的最老地层为志留系下统安吉组,但本区地质发展历史却并非自志留纪伊始。因为孕育西湖复向斜的钱塘拗陷早在震旦纪初期就开始了它的发育演化过程。

从震旦纪到早古生代末的加里东旋回中,钱塘拗陷区以沉降为主,不时伴有短暂的间歇或上升。地壳表现出强烈而频繁的振荡运动,但始终没有脱离海域环境,其中大部分时期为浅海或滞流海湾,有时海水也较深,甚至达半深海程度;早震旦世时尚有过轻微的海底火山

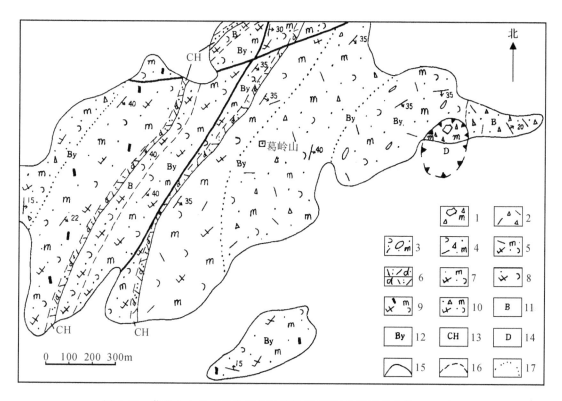

图 1-21　葛岭火山机体岩性岩相分带图(据浙江省地质矿产局,1987 年)

J₃h³⁻³:1.熔结集块角砾岩;2.流纹质凝灰角砾岩;3.流纹质含碧玉团块玻屑熔结凝灰岩;

4.流纹质含角砾玻屑熔结凝灰岩;5.流纹英安质玻屑熔结凝灰岩;6.沉凝灰岩。

J₃h³⁻²:7.英安质玻屑熔结凝灰岩;8.英安质玻屑凝灰岩。

J₃h³⁻¹:9.英安质晶屑玻屑熔结凝灰岩;10.英安质含角砾玻屑熔结凝灰岩。

11.爆溢相;12.沉积相;13.喷发—沉积相;14.通道相;15.地质界线;16.岩相界线;17.岩性界线。

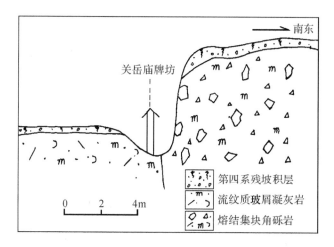

图 1-22　关岳庙火山通道与喷出岩切割关系

(据浙江省地质矿产局,1987 年)

活动。在此或浅或深、动荡不定的海域环境中,形成了巨厚(可达8000m)的韵律性强、碎屑组分高、碳酸盐组分不纯的冒地槽型沉积。相对来说,前期碳酸盐较丰,并且硅质、白云质含量较高;后期以碎屑岩为主,泥质含量较高,并常具类复理石韵律。这套沉积便是紧贴西湖山区外围直至浙西北地区广泛出露的下古生界地层。志留纪末期,华南地区发生了强烈的加里东运动(广西运动),本区也受到深刻的影响,但主要表现为造陆运动,地壳回升,海水渐退,转而成陆。自此钱塘拗陷结束了漫长的以强烈沉降拗陷为主的早期发展阶段。

晚古生代海西旋回中,本区再度遭受地壳拗陷作用,但沉陷幅度远较加里东期为弱,并总体上构成一个比较完整的海退—海进—海退的发展旋回(见图1-23),形成一套地台型的陆源碎屑建造和碳酸盐建造,夹有含煤建造。整个旋回从泥盆系到二叠系下统沉积总厚度约有2000m。加里东运动末期造成的海退,尚余波未消,因此沉积了一套陆相碎屑岩层,其中晚志留世的唐家坞组为内陆湖盆相,在炎热干旱的古气候条件下,形成了以红色为主的类磨拉石建造,主要为石英砂岩和岩屑砂岩、夹砂、泥岩韵律层;由于地壳隆升,缺失了早中泥盆世的沉积。晚泥盆世,本区处于准平原化条件下,气候也开始变冷,堆积了色浅(白色为主)质纯的平原型河流—滨岸滩地相石英砂砾岩层(西湖组)。

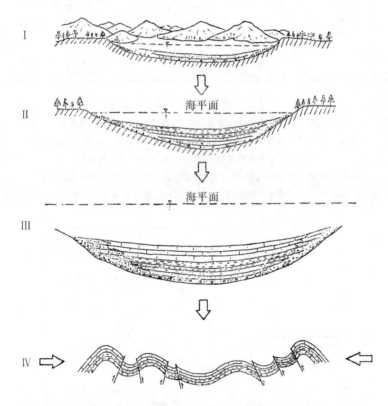

图1-23　杭州地区晚古生代地壳发展过程示意图(引自张福祥,1982年)

Ⅰ—泥盆纪(4亿~3.5亿年前),地壳开始下沉。滨岸带环境。

Ⅱ—石炭纪早期(3.2亿年前),地壳继续下沉。滨海环境。

Ⅲ—中石炭世至二叠纪,地壳下沉至最大幅度,温暖浅海环境。

Ⅳ—三叠纪中期(2.0亿年前),地壳遭水平挤压,岩层褶皱断裂,形成复向斜,并隆起上升为陆地。

海西旋回中期,晚泥盆世至早石炭世时,本区又开始下沉,成为海陆交互地带,但地壳升降频繁,海水时进时退,沉积了一套陆相—滨海相杂色砂泥岩建造,并夹含煤建造,即珠藏坞组和叶家塘组。尔后,总的趋势是向海进方面发展,海域不断扩大。到石炭纪中晚期海侵达到高潮,杭州及整个钱塘区终于又沦为广阔的浅海。这时气候温暖,海洋中生物繁盛,钙质来源丰富,堆积了黄龙组和船山组富含䗴科、珊瑚等海生生物化石的浅海相碳酸盐沉积,早二叠世初期,本区仍为浅海环境,由于生物大量繁衍,有机质来源极为丰富,远处又周期性地搬来硅质物质,以硅质岩或燧石结核的形式淀积其中,于是就形成了栖霞组含丰富有机质、硅质的浅海相生物碳酸盐沉积。

至早二叠世晚期,本区重又发生海退,进入了海西旋回的后期发展阶段。起初海水尚较深,沉积了硅质含量较高的硅质灰岩和硅质层,这就是茅口组灰岩段。后来海水愈来愈浅,形成了一套浅海相含磷、硅、泥质沉积,即茅口组丁家山段含磷结核的硅质、炭质页岩。早二叠世末,强大的海西期地壳运动(东吴运动)波及本区,晚古生代海侵宣告结束,此时杭州地区又隆起成为陆地,直到三叠纪皆无沉积。

在本区以及整个钱塘区的地壳发展中,海西运动乃是一次明显的飞跃,它结束了钱塘拗陷漫长的、以下沉拗陷为主的发育历史,使之从海域沉积环境最终转变为隆起的陆地剥蚀环境。此后,除东部平原地带外,本区再未发生过大规模的海侵作用,与同属下扬子准地台的邻区(浙北、皖南、宁镇等地)相比,这是有明显区别的。在那些地区,东吴运动的影响是短暂的,晚二叠世和早中三叠世曾又遭受大规模海侵作用,而东吴运动对本区的影响无疑要深刻得多。

中生代是杭州大地发生构造变格的重要时期。中三叠世末出现的印支运动,使包括本区在内的钱塘拗陷区,乃至整个下扬子准地台区,从震旦系到所有古生界沉积地层(后者还包括三叠系中下统)同时遭受强烈的挤压褶皱,形成了呈线性延伸并伴有一系列断层生成的造山褶皱带,这就是钱塘褶皱带、下扬子褶皱带和皖浙—太湖过渡褶皱带。西湖复向斜也就是在这场强烈的褶皱造山运动中随着钱塘褶皱带的形成应运而生的。如果说海西运动仅仅起着使本区垂向上地壳运动方式发生变化的话,那么,印支运动则更是一场从根本上改变区域构造性质的翻天覆地的地壳运动。它不仅使本区发生强烈上升,形成高山峻岭,而且使本区在北西—南东方向上遭受强烈的水平挤压应力作用,形成北东走向的复向斜和次一级的褶曲,并伴随一系列共轭交切的纵、横断层的生成,从而奠定了现今西湖山区地质构造格局和地貌发育的基础,同时区域地壳运动方式也自此转变为差异性的断块运动,钱塘区开始了以内陆断陷盆地沉积为主导的地质发展新阶段。因此,印支运动是本区地壳发展中最具本质意义的事件。

中生代后期,从侏罗纪到白垩纪发生了席卷中国东部广大区域的燕山运动,对本区地壳再次产生强烈而深刻的改造。主要表现为地壳的强烈拉张作用,一方面形成拉张—断陷盆地,改造海西—印支期构造格局;另一方面,随着地壳拉张,岩石圈减薄,最后地壳开裂,导致大规模岩浆上涌、喷发,出现惊天动地的火山爆发,堆积了巨厚的中酸性火山碎屑岩系。在西湖山区,后者更为显著,其中晚侏罗世,岩浆上涌和喷发的主要通道很可能是循复向斜轴部发育的基底断裂。因此,火山活动主要出现在复向斜倾伏前缘的马蹄盆地之中,其结果就是堆积在葛岭宝石山一带的火山岩系。与此同时,岩浆还侵入到复向斜构造内部的一些横断层等之中,形成超浅成相的岩脉;早白垩世本区也出现过火山活动,主要循钱塘江大断裂喷发,规模相对较弱,仅在梵村附近的朝川组下段中断续出露有中基性火山岩。

　　燕山运动在本区造成的大规模中酸性火山喷发和新生构造系统,叠加在早先形成的海西—印支期构造之上,不仅使本区构造图像变得更加复杂,而且区域构造的总体面貌和地形起伏的基本轮廓也就此定型。

　　进入新生代以后,本区地壳一直比较稳定,以遭受外力剥蚀为主,几乎再未发生过重大的地壳改造事件,喜马拉雅运动在西湖山区未见其表现的踪迹。晚新近纪以来的新构造运动仅造成幅度不大的抬升现象,在沿江区形成一些阶地、石灰岩山体中发育多层溶洞等。但是新生代构造活动对与本区毗邻的东部沿海平原区却可能造成较大的影响,起到加剧中生代断陷盆地进一步拗陷发展的作用,从而在那里叠加相当厚度的新生代沉积。

　　值得一提的是,第四纪古气候全球性、周期性的变动在本区留有明显的痕迹,对本区地壳发展造成一定程度的影响。其中更新世中期,本区在全球大冰期寒冷气候的制约下,物理风化强烈,降雨集中,泥石洪流频频发生,在山溪沟口堆积了大量洪积物,发育洪积扇;山前坡麓也造成大量坡积碎屑,形成坡积裙。这些冰期时形成的沉积在随之而来的全球气候最适宜期(大间冰期),又进一步遭受强烈的淋滤和湿热红化作用,最终成为本区山麓、沟口地带广泛分布的网纹红土化的之江层。

　　进入全新世时,高纬度冰盖消融,导致冰后期全球性海面上升,距今大约7000年前达到最大高度,那时海水可直拍今山麓线附近,西湖山区成为濒临东海、岬湾交错、岸线曲折的海岸地带。西湖便是夹于葛岭宝石山和吴山之间,以西湖复向斜倾伏前缘马蹄形盆地东南半部为基底的深海湾。这次大规模的全新世海侵,不仅在西湖及城区平原下普遍发育海侵层位,也开始了西湖和城区平原的现代发育过程。此后,强劲的海潮源源不断地把长江输入东海的大量泥沙和钱塘江入海泥沙带到古"西湖湾"岸外堆积,经由湾口砂坝的发育、合围形成泻湖,以及城区以东海涂平原迅速向海推进,终于在距今2000多年之前,一颗光彩夺目的明珠——西湖在杭州大地上跃然诞生了(见图1-24)。

(a)地质历史中的浅海湾　　(b)海湾泥沙沉积沙咀发育　　(c)海水后退泻湖出现

图1-24　西湖形成过程示意图(据韦恭隆,1971年改绘)

1.老和山;2.宝石山;3.飞来峰;4.南高峰;5.南屏山;6.吴山;7.西湖

第2章　杭州的自然地理

　　杭州市地处长江三角洲南翼,位于浙江省西北部,东临杭州湾,南与金华、衢州、绍兴三市连接,西与安徽省交界,北与湖州、嘉兴两市毗邻。市域轮廓略呈西南至东北为长对角线方向的菱形,东西两端最大距离约 230km,南北两端最大距离约 154km。土地总面积16850km²。辖上城、拱墅、西湖、滨江、萧山、余杭、临平、钱塘、富阳、临安 10 个区和桐庐、淳安 2 个县及建德市。市域界于北纬 29°11′至 30°34′和东经 118°20′至 120°37′之间。市中心地理坐标为北纬 30°14′,东经 120°10′。

　　杭州市地貌类别多样。杭州市西部、中部和南部属浙西中低山丘陵,东北部属浙北平原。主干山脉有南北两支,北支有天目山、白际山以及与之直交的昱岭。南支有千里岗和龙门山。诸山山体高峻,沟谷幽深,多座山峰海拔在 1500m 以上。山地和丘陵中常有带状河谷平原分布。东北部的平原地势低平,海拔仅 3～6m,地表江河纵横,湖泊星罗棋布,是典型的"江南水乡"杭嘉湖平原和萧绍平原的组成部分。全市土地面积构成中,山地丘陵占65.6%,平原占 26.4%,江、湖、水库占 8.0%,故有"七山一水二分田"之说。杭州市区处在浙西中低山丘陵向浙北平原的过渡地带,午潮山、老焦山耸立于西,半山、皋亭山蜿蜒于北,屏风山、五云山绵亘于南,钱塘江奔流向东。市区的中部,吴山和宝石山又夹峙西湖。"三面云山一面城""乱峰围绕水平铺",是杭州市区山、水、城融为一体的真实写照。杭州集江(钱塘江)、河(大运河)、湖(西湖)、海(东海)、溪(苕溪—西溪)于一城,面海而栖、濒江而建、傍溪而聚、因河而兴、由湖而名,是一座"五水共导"的城市。

　　杭州市气候温和湿润,光照充足,雨量丰沛,四季分明;地处亚热带季风区,冬夏季风交替明显,春多雨、夏湿热、秋气爽、冬干冷,光温同步,雨热同季;光、热、水的地域分配不均,小气候资源丰富。年平均气温 15.5～17.5℃。全年一月份最冷,平均气温 4.0～5.5℃;七月份最热,平均气温 27.5～29.0℃。无霜期 210～255 天。年平均降水量 1400～1600mm,以春雨、梅雨和台风雨为主。常年梅雨量 350～550mm,约占全年的 25%～31%。杭州的气候条件对多种喜温湿的经济作物如稻、茶、桑、竹、麻以及瓜果蔬菜的生长十分有利。但因季风在进退持续时间和强度上的不稳定性,常导致暴雨、台风、雷击、高温、干旱、洪涝、寒潮、大雪等气象灾害。

　　杭州市江、湖众多,湿地广布,较大河流有钱塘江、东苕溪和大运河。水资源在空间上分配不均,西部山区多,东部平原地区少。径流量年际变化和季节变化较大,枯水年、枯水期城乡用水供应不足,而丰水年、丰水期则洪涝频发。拦截钱塘江上游而建成的新安江水库,是中国东部沿海地区最大的水库,库区面积 570 多 km²,蓄水量达 178 亿 m³。水域内有大小岛屿 1078 个,又称"千岛湖",与杭州西湖同被列为全国重点风景名胜区。钱塘江口杭州湾呈喇叭状,能集聚潮波,平均潮差 4.6m,最大潮差可达 8.9m,可开发的潮汐能装机容量 536

万千瓦,约占全国总量的四分之一。"海面雷霆聚,江心瀑布横""怒涛卷霜雪,天堑无涯"的钱江潮素以其壮观闻名于世。

杭州市的土壤资源以红壤和水稻土为主,黄壤、紫色土、石灰土、粗骨土、山地草甸土、潮土、滨海盐土等也占一定比例。红壤分布在海拔 600~700m 以下的低山丘陵区,质地黏重,呈酸性反应,宜种茶、果、竹,其中西湖龙井茶品质优异,名闻遐迩。水稻土集中分布在东北平原区,该区是粮、油、桑和多种蔬菜的主要产地,也是中国著名的鱼米之乡、丝绸之府。

杭州市动植物种类繁多,从西部中山丘陵到东部平原,由森林类型逐步过渡到以平原和沼泽湿地为主的类型,在全球生物多样性中具有十分重要的地位。市域内有苔藓植物、蕨类植物、裸子植物、被子植物 4 大类群共 2000 多种,其中属于国家一级重点保护的野生植物(第一批)有中华水韭、银杏、南方红豆杉、天目铁木、银缕梅、莼菜等 6 种;二级重点保护的野生植物(第一批)有羊角槭、七子花、黄山梅、野大豆、野菱等 25 种。香樟为杭州市市树,桂花为杭州市市花。脊椎动物中有兽类、鸟类、爬行类、两栖类、鱼类 5 个主要类群共 600 多种。无脊椎动物有许多类群,其中节肢动物的昆虫类有 1853 种。属国家一级保护的野生动物有中华鲟、白鹳、黑鹳、白颈长尾雉、白鹤、白鳍豚、云豹、豹、黑麂、梅花鹿等 10 种;二级保护的有 55 种。从蚕桑到稻米、从兰花到蜡梅、从茶叶到竹子、从游鱼到飞鸟,杭州丰富的生物多样性为人们的衣食住行提供了千姿百态的元素,为自然生态系统的和谐与健康奠定了坚实的基础。

2.1 地 貌

杭州市地跨中国东南低中山大区、浙闽低中山区和东部低山平原大区、华北—华东平原区,大部分地区属浙西中—低山丘陵区,小部分地区属浙北平原区。地势西高东低,最高点在浙皖交界的清凉峰,海拔 1787m,最低处在东北部余杭区的东苕溪平原,海拔 2~3m。市内地貌可以分为山地、丘陵、平原三部分,自西向东地貌结构的层次和区域过渡性十分明显。

2.1.1 山 地

杭州市的山地分两种,即有由泥页岩、沉积碎屑岩和火山岩构成的侵蚀剥蚀山地和由碳酸盐岩构成的喀斯特山地。主干山脉有南、北两支:北支为天目山、白际山以及与之直交的昱岭;南支为千里岗、龙门山。海拔千米以上的山峰大多坐落在北支。介于南、北两支主干山脉之间的为一阔带状的中—低山地,即临安—淳安山地。

1.天目山山脉

天目山山脉位于杭州市西北部,因山"有两峰,峰顶各一池,左右相对,名曰'天目'"(《元和郡县志·卷二五》)而得名,呈北东—南西走向,西起浙皖边界的龙王山(1587m),东止临安、余杭区界的窑头山(1094m),长 40km、宽 20km。其主脉由早白垩世火山岩、火山碎屑岩、燕山期花岗岩及花岗闪长岩构成。山势高大完整,多数山峰海拔在 1000m 以上,西天目峰海拔 1507m,东天目峰海拔 1479m。天目山主体两侧主要为早古生代石灰岩、砂岩和泥质岩构成的丘陵,因石质软弱,易遭剥蚀,山势低矮破碎,海拔仅 200~400m。天目山是众多溪流的发源地,又是长江太湖水系和钱塘江水系的分水岭。在溪流的长期切割下,常出现相对高差600~700m的峡谷。局部地段可见到宽谷、湿地、沼泽甚至泥炭地,如千亩田沼泽海拔1335m,至今还保存着厚约12m、面积约7000m² 的泥炭地。

2. 白际山山脉

白际山山脉位于临安和淳安西部。其北段百丈峰(1344m)处在临安昌化西北角,又独自成为一条北东向的山脉,有龙塘山(1586m)等多座山峰,海拔在1500m以上。全市最高点清凉峰(1787m)就耸立其中。且溪峡谷把白际山北段分为东、西两部分:东部,岩性为早白垩世火山岩和侵入岩,山顶形态和缓;西部,岩性为震旦系—奥陶系不纯石灰岩、泥岩,形成较多山间盆地。白际山中段起始于临安昱岭关,大部分在淳安境内,高度比北段略低,一般海拔1000m左右,较高山峰海拔1200~1400m,如歙岭顶(1265m)、啸天龙(1395m)、老山(1287m)。白际山中段岩性为震旦系、寒武系白云岩和不纯石灰岩,山脊线与区域构造线方向一致。因山体石灰岩层薄而不纯,喀斯特发育微弱,风化层易于剥蚀,一经水土流失,山坡基岩便暴露无遗。同时由于山体长期处于上升状态,深切河曲颇为发育,最典型的是淳安余家南庄武强溪,河道曲线段长达1500m,而直线段仅仅80m。白际山南段已越出杭州市境、伸入开化县。

3. 昱岭山脉

昱岭山脉位于临安、桐庐与淳安的区(县)界线上,是一条北西向的,由震旦系—奥陶系石灰岩、志留系砂岩和燕山期花岗岩构成的山脉。多座山峰海拔在1200 m以上,最高峰昱岭山海拔1489m。昱岭山坡北陡南缓,山势险阻。昱岭关在昱岭西端,为海拔508m的垭口,是杭州市通向皖南山区的咽喉要道。

4. 龙门山山脉

龙门山山脉位于富春江与浦阳江之间,绵延于萧山、富阳、桐庐、建德等地。山脉呈北东—南西走向,大部分由燕山期花岗斑岩、中性熔岩、流纹斑岩和火山碎屑岩构成。主峰为大头湾山(1246m),坐落在桐庐。龙门山海拔1000m以上的山峰有10多座,一般山头海拔500~800m。部分山顶还残留着剥夷面,坳沟源头常有沼泽、湿地。陡坡深谷在龙门山颇为多见,位于龙门山中段北侧的七里泷峡谷有"小三峡"之誉。河谷两侧火山岩或火山碎屑岩若夹有水平产状的页岩时,每每形成风光独特的临江平台,如富春江上的严子陵钓台。龙门山部分山地由粉砂岩、泥岩构成,岩性软弱,经水流侧向侵蚀,河谷变得十分宽阔,如在富春江七里泷出口处。龙门山南段越过兰江后,高度变低(尖坞山977m,仰天山912 m)、宽度变窄(小于15km)。在建德境内有寿昌盆地、大同盆地嵌入,山脉显得很不完整,高度也变得更低。龙门山北段往北东方向延伸时,高程渐次下降,西侧由火山岩构成低山丘陵(直抵钱塘江边);东侧由震旦系—奥陶系白云岩、不纯石灰岩和泥岩构成宽谷和丘陵,如萧山大桥、河上一带所见。龙门山越过浦阳江后,整体降为丘陵,并成为萧山和绍兴两地的自然分界线。

5. 临安—淳安山地

临安—淳安山地主体延伸于淳安、建德境内,地处北东—南西向的复式褶皱带。岩性有泥质岩、碎屑岩,碳酸盐岩、侵入岩、火山岩,地貌形态多样,有中山、低山,还夹有丘陵、盆地。山地主脊为千里岗,中心部位岩性为志留、泥盆系的长石石英砂岩、石英砂砾岩,山石坚硬,山体挺拔,1000 m 以上的山峰为数不少,著名的有磨心尖(1522m)、白石尖(1543m)、东瓜坪(1280m)以及桐庐与淳安交界的紫高尖(1018m)。千里岗以外的广阔山地一般由单一的碳酸盐岩组成,为侵蚀溶蚀低山组合。淳安—建德—桐庐—富阳断续延伸的为石炭、二叠系灰岩构成的低山,喀斯特十分发育。淳安的白马、淡竹、玳瑁岭,建德的李家、石屏、岭后,桐庐的高山,富阳的大山顶,有着形态各异的喀斯特景观,石芽、溶沟、漏斗、溶洞、溶蚀洼地随处可见,著名的淳安方腊洞、燕窝洞,建德的灵栖洞,均在这片石灰岩构成的低山之中。临安—淳安山地局部地段存在软弱岩层,诸如奥陶、志留系泥岩和粉砂岩,顺向坡山体极不稳定,容易发生泥石流或滑坡。

2.1.2 丘 陵

杭州市丘陵分布不甚集中,往往介于山地与平原之间,成为一种过渡类型地貌单元。大多数丘陵由砂岩、页岩、石灰岩等构成,呈北东—南西向延伸,形态随岩性和构造不同而有明显差异。与山地相仿,其分属侵蚀剥蚀丘陵和喀斯特丘陵。

1. 西湖景区外丘陵

临安、萧山等地,丘陵多在奥陶、志留系岩层分布区。临安—於潜—昌化一带有由粉砂岩、泥岩和不纯石灰岩构成的丘陵,丘脊狭窄陡峻,坡度多在 25°左右;龙门山北段东侧萧山境内以及流入新安江水库的众多溪流的两侧,有由页岩、粉砂岩构成的丘陵,丘坡平缓,沟谷宽阔,形态低矮浑圆;建德东南部、富阳中部也有成片的砂页岩构成的缓坡宽谷丘陵。这些丘陵都由剥蚀侵蚀作用形成。

桐庐、富阳的丘陵多在石炭—二叠系灰岩分布区。由于水流的侵蚀溶蚀作用,喀斯特十分发育,如桐庐毕浦、下十管,富阳的渌渚等地。有些溶洞内部,石笋、石柱、石幔等发育,其化学堆积物晶莹如玉,地下暗河长流不息,桐庐的瑶琳洞可为代表。

2. 环西湖丘陵

环西湖丘陵主要分布在杭州老城区西南部,有高丘和低丘两类(见图 2-1)。

高丘,由志留纪、泥盆纪长石石英砂岩、石英砂岩、石英砂砾岩等构成,有老焦山(430m,为西湖群山的最高峰)、天竺山(413m)、午潮山(404m)、龙门山(361m)、皋亭山(361m)、美人峰(355m)、西山(348m)、五云山(345m)、狮峰(327m)、北高峰(314m)、半山(284m)、天马山(275m)、二龙头(259m)、屏风山(254m)等,仅南高峰(257m)为由石炭纪至早二叠世碳酸盐岩构成的高丘。

低丘,可分四亚类:

(1)由晚侏罗世含角砾凝灰岩、熔结凝灰岩等构成的,有葛岭(125m)、挂牌山(123m)、宝云山(118m)、宝石山(78m)、孤山(35m)、弥陀山(23m)等。

(2)由早二叠世硅质页岩、炭质页岩构成的孤立低丘,有丁家山(49m)、夕照山(48m)等。

(3)由奥陶纪—泥盆纪泥岩、粉砂岩、细砂岩、石英砂岩等构成的,有留下、中村一带低丘及棋盘山(243m)、天喜山(204m)、白鹤峰(202m)、石人岭(200m)、将军山(195m)、月桂峰

(187m)、秦望山(168m)、灵峰山(163m)、凤凰山(178m)、老和山(156m)、月轮山(154m)、青龙山(106m)等。

(4)由碳酸盐岩构成的,又可分两种:由寒武纪、奥陶纪白云质石灰岩、泥质石灰岩构成的有望江山(142m)、荆山(101m)等;由石炭纪、二叠纪的石灰岩和生物碎屑石灰岩构成的有玉皇山(239m)、翁家山(216m)、将台山(203m)、九曜山(198m)、石龙山(180m)、飞来峰(167m)、三台山(142m)、大慈山(134m)、灵山(106m)、南屏山(101m)、云居山(98m)、紫阳山(98m)、吴山(63m)、玉泉山(62m)等。

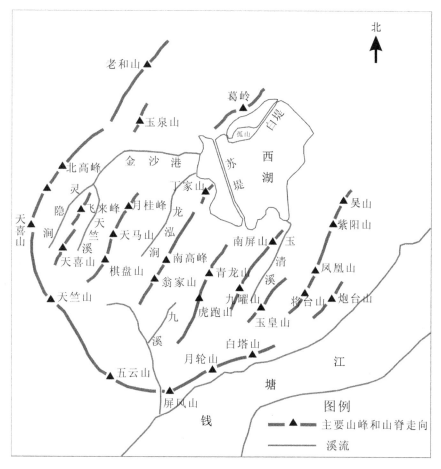

图 2-1　杭州西湖群山主要山峰分布与山脊走向

2.1.3　平　原

杭州市的平原多位于钱塘江、东苕溪、浦阳江附近及其内侧,而较大河流两岸又有带状的河谷平原分布。

1. 滨海平原

滨海平原分布于钱塘江、富春江两岸及钱塘江河口段,分称钱塘江平原和富春江下游平原。这类平原是在海积作用为主,冲积、湖积作用为辅的条件下形成的。由于海水顶托和涌潮影响,泥沙淤积,地势略有增高。余杭临平以南,地面高度可达 4.5～7.5m。表层为全新世中、晚期冲—海积亚黏土、粉砂层。沿江两岸筑有高出地面 2～3m 的人工堤坝。

2. 水网平原

水网平原分布于滨海平原内侧,分称东苕溪平原和浦阳江下游平原,由古代湖沼、河流及海相沉积形成。地面塘荡密布,河流纵横,高度 2～6m,表层为全新世中、晚期冲—湖积亚黏土、黏土层。东苕溪平原已水网化,河网密度 1.42km/km²。

3. 河谷平原

这类平原在钱塘江水系尤为发育,多由自然堤、河漫滩、江心洲、阶地组成。桐庐至富阳有较长的带状河谷平原,其中桐庐县城对岸下杭埠、上洋洲、下洋洲是条自然堤,窄溪的孙家、徐家、罗家是块河漫滩,富阳大小桐洲和外涨沙等是大片小片的江心洲。河流阶地主要分布于新安江、富春江两侧。

山地丘陵中的小块河谷平原见之于天目溪、昌化溪、分水江两岸。

4. 钱塘江河口地貌

钱塘江沿萧山西兴—浦沿—富阳渔山段,呈北东流向,地质构造上受球川—萧山深断裂控制,而市区九溪—萧山闸堰段北西流向,受孝丰—三门湾大断裂控制等影响,故呈"之"字形(见图 2-2)。杭州市区段以下属强潮河口,平面呈喇叭状,口门在海盐澉浦一带,宽约21km。澉浦以下为杭州湾,湾口宽 100 km,形成独特的三角湾海岸。携带较多泥沙的强劲潮流进入口门后,挟沙能力降低,沉积作用加强,从而形成了钱塘江河口沙坎。河床纵剖面上,平湖乍浦至杭州市区闸口段有显著的隆起,江岸束窄,江底变浅,迫使涌入的潮波变形破裂。在海宁大尖山至盐官镇一带(对岸为萧山头蓬至赭山),潮波来势汹涌,形成举世闻名的"钱塘江潮"。

由于钱塘江水动力条件复杂,河口宽浅,由疏松轻亚黏土和粉砂组成的河槽和岸坡极不稳定。据研究,距今 1600 多年以来,钱塘江海岸变迁频繁,河口段由北大门、中小门和南大门记载了钱塘江入海河槽变化,岸线摆动幅度达 20km。4 世纪以前,杭州湾北岸大致在玉盘山—澉浦一线,当时乍浦以南一片沃野,其上坐落三镇多村,如海盐县的故邑和宁海镇、望海楼镇。西段岸线大致在尖山—青龙山—笕桥—古荡一线,在今盐官镇以以南 10km 之余设有海昌都尉,此时青龙山与北岸相连,径流、潮流出入于青龙山、赭山(中小门)之间,西湖尚与海相通。在 17 世纪以前,江槽在赭山—坎山之间的所谓南大门之中。在 17 世纪以后,赭山以北的北大门开通,南大门淤废。可以看出,自公元四世纪以来,河口历史演变过程反映了北岸冲蚀、南岸淤涨的趋势。图 2-2 表示了杭州湾古海岸变迁过程。

唐宋以来,先后修筑了 150km 长的人工堤坝。明清以来,修筑了石塘 100km 之多,是我国重要的水利工程之一。新中国成立后,又经过大规模的围垦造田,修筑堤坝。目前杭州湾和钱塘江两岸大多为人工堤坝所代替,岸线趋于稳定。

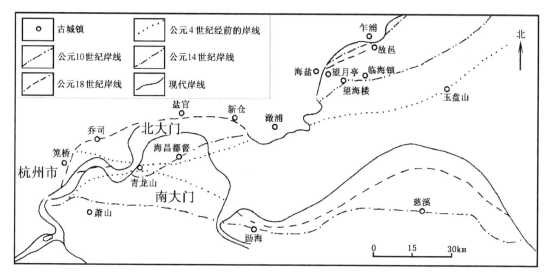

图 2-2　钱塘江口杭州湾古海岸变迁图

2.2　气　候

杭州市地处中国东部沿海,属亚热带季风气候。一年中随着冬夏季风逆向转换,天气系统、控制气团和天气状况均会发生明显的季节性变化,总的特点是季风显著,四季分明,春多雨、夏湿热、秋气爽、冬干冷,光照充足,温和湿润,雨量丰沛,雨热季节变化同步,气候资源配置多样,气象灾害时有发生。

2.2.1　气候特征

杭州市地跨南、北两个热量带,气候特征具有明显的地域特色,同时受山体、水体影响,具有多样的小气候环境。

1.光温同步,雨热同季

杭州市受东亚季风的影响,形成了光、热、水同季且配合良好的气候特征。开春后,太阳辐射逐月增强,气温同步回升,雨量同季增加;6月份由春入夏,降水达到高峰期,气温同步上升;7—8月太阳辐射量达到最高,进入盛夏高温期,同时受副热带高气压控制,降水量较前期减少,进入杭州市的高温伏旱季节;9月份进入夏秋转换季节,光热水同步下降,受热带风暴(台风)和冷空气影响,秋雨来临,伏旱得以缓解;10—11月受大陆冷高压控制,秋高气爽,光照充足,气温日较差大,光温条件优于春季;冬季光热水处于低值期,是一年中最寒冷的季节。

2.气候多宜,资源丰富

杭州市南北地跨 1.3 个纬距,海拔 250m 以下的平原低丘谷地年平均气温相差 2℃,≥

10℃的活动积温相差 600～800℃,山区与平原年平均降水量可相差 300mm 以上,年日照时数相差 150 小时以上。

杭州市西南部的千岛湖湖区、梅城两江小平原、寿昌盆地,四面环山,中间有水体调节,是杭州市降水较多、热量条件最优、无霜期最长、越冬条件优越的区域;东北部的河网平原和滨海平原,地形向北敞口,降水量偏少,光照充足,热量条件较湖区稍差;中部的河谷平原、盆地介于南北之间,气候多宜,降水适中,热量条件较优。

杭州市广大山区,气候垂直差异显著,气温随高度上升而下降,千米以下的山区雨量随高度上升而增加,形成了复杂多样的立体小气候。

3. 气象灾害时有发生

由于冬夏季风交替的不稳定性,杭州市气象灾害时有发生——春季连阴雨、倒春寒、晚霜冻,夏季洪涝、干旱、高温、台风,秋季连阴雨、干旱,冬季的低温冻害等。以杭州市区为例,有的年份酷暑难耐,日极端最高气温达 40.3℃,有的年份寒冷刺骨,极端最低气温达－9.6℃;有的年份 3 月下旬下雪,冻害严重;有的年份久旱不雨,有的年份暴雨成灾;另外台风、强对流天气经常影响本市,危害严重。

2.2.2 气候资源

光、热、水、风是气候资源的基本组成要素,它反映了当地的气候资源状况。

1. 日照时数

杭州的年平均日照时数为 1650～1900 小时,日照百分率为 38%～42%,下半年的日照时数和日照百分率高于上半年。日照时数最多的月份是 7 月和 8 月,除山区外,月平均日照时数为 180～240 小时,日照百分率达 45% 以上;其中 7 月份平原地区日照时数达 210 小时以上,日照百分率达 50% 以上;日照时数最少的月份是 1 月和 2 月,月平均日照时数为 90～120 小时,日照百分率在 35% 以下。但处于 1500m 以上的天目山顶,其日照时数不同月份差异不大,各月的日照时数为 130～180 小时。

从空间分布来看,地形对日照时数的多少影响很大。杭州市东北部平原地区地势平坦,光照充足,为杭州市日照最长的区域,千岛湖湖区、中部河谷平原、盆地及临安市东部的平原地区次之,低丘谷地及山区较少,尤其是山垄窄坞。

2. 年平均气温

杭州市的平原低丘谷地,年平均气温为 15.5～17.5℃。一年中以 1 月份平均气温最低,为 4.0～5.5℃;7 月份的平均气温最高,为 27.5～29.0℃。

从空间分布来看,年平均气温南部高于北部,平原高于山区。南部的千岛湖湖区、寿昌盆地等地年平均气温在 17.0℃ 以上,是年平均气温最高的区域;建德乌龙山以北三江及分水江两岸的河谷平原、盆地及东北部平原地区,年平均气温为 16.5～17.0℃;临安中、西部的河谷盆地及低丘谷地,年平均气温为 15.5～16.5℃;山区年(月)平均气温随海拔高度递增而下降,天目山顶年平均气温只有 9℃ 多,为杭州市年平均气温最低的地区之一;千岛湖湖区受大水体影响,冬季高于其他区域,夏季低于其他区域。

20 世纪 90 年代以来,杭州市各地年平均气温呈上升趋势,增幅较大(见图 2-3)。北部地区年平均气温较 90 年代以前升高了 0.5～0.8℃,南部地区升高了 0.3～0.4℃。就季节来说,冬季升温最为明显,上升 0.8～1.2℃;春秋季次之,上升 0.1～0.9℃;夏季总体上升,上升 0～0.5℃。全球气候变暖的大背景和城镇化进程的加快是造成气温上升的主要原因,城市化进程快的区域升温大于进程慢的区域。

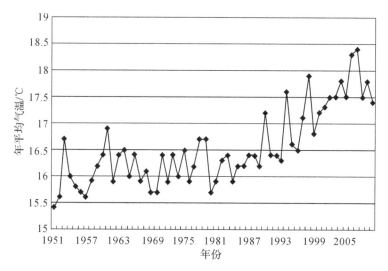

图 2-3　杭州主城区 1951—2010 年的年平均气温年际变化曲线

3. 降水量

杭州市各地年降水量在 1400～1600mm,主要集中在 3—9 月,其间降水量占全年的76%～81%。其中 6 月份受梅雨影响,月降水量为全年最多,占全年降水量的 16%～17%;10—12 月降水最少,其间降水仅占全年降水的 9%～12%。

在空间分布上东北部地区向西南部递增,平原向山区递增,山区平均年降水量一般随高度上升而递增,约在 1100m 以上又随高度上升而递减,且东北、东南向的迎风山垄、山坡常为暴雨中心。据考察,杭州东部滨海平原地区年降水量在 1300mm 左右,杭州老城区、临安、萧山年降水量在 1450mm 以下,桐庐、建德、淳安在 1500mm 以上,北部和南部年降水量相差200mm;天目山站的年降水量比其他站多 200mm 以上。天目山东侧的市岭、太平、百丈一带,是杭州市北部的台风暴雨中心;天目山西部的双石、岛石、桃花村和昱岭东北部的马山、青山殿一带,是杭州市西北部梅汛期和台风暴雨中心;杭州市西南部白际山东侧的樟村、陈家村和千里岗山区的白马、西岭、大坑源一带,是杭州市西南部的梅汛期暴雨中心。

4. 平均风速及盛行风向

杭州市各地年平均风速除山区外,为 1.2～2.1m/s。一年中以 10—12 月平均风速较小,为 1.1～1.9m/s;7—8 月最大,为 1.1～2.2m/s。年平均风速东北部平原地区较大,在1.9m/s 以上,钱塘江两岸的滨海平原年平均风速在 3.0m/s 以上,是杭州市风资源较丰富的区域;低山丘陵、河谷盆地风速较小,年平均风速在 2.0m/s 以下;山垄谷地风速更小,如昌化年平均风速较萧山小一半。天目山山顶年平均风速 6m/s 左右,较平原地区大 2～3

倍。各地风速的大小与地形有密切关系,一般突出的山顶、山冈、迎风山坡的风速较山垄谷地成倍增大。

在中部和北部的平原地区和 1000m 以上的山区,盛行风向随冬夏季风的交替而变化,每年 2—3 月由盛行西北风,顺时针转为盛行偏东风,6—7 月盛行西南风,盛夏的 8 月又转为盛行偏东风,9 月后恢复到冬季盛行的西北风。低山丘陵、河谷盆地往往由于受地形的作用,全年盛行地方性风,如淳安、建德和天目山南麓的昌化,由于北部和西部有山脉阻挡,山脉、水系、河谷都呈东西走向,全年盛行偏东风;临安东部在东西向地形的作用下,春、夏盛行东北和西南风,秋季盛行西南风,1—2 月盛行东北风。

2.2.3 天气现象

天气现象是在一定的气象条件下产生的,反映着大气运动中不同物理过程所产生的现象。

1. 高温低温

杭州是平原低丘谷地,夏季日最高气温≥35℃的高温天数 27～37 天。一年中,7 月份高温天数最多,达 13～17 天;8 月份次之,为 8～13 天;4 月、5 月、6 月、9 月、10 月份均有发生。≥37℃的高温天数,年平均为 8～15 天,基本出现在 7—8 月。高温日总体南部多于北部,出现频数的多少与地形关系密切,盆谷地带、散热较差的城区中心常成为高温中心,地形开阔的平原地区则高温天数较少,高温强度也较低,海拔 1500m 以上的天目山顶无高温天气。

日最低气温≤0℃的低温天数 12～50 天,其中 1 月份最多,达 6～15 天;2 月、12 月次之,为 3～13 天;3 月、11 月亦有出现。≤0℃的低温天数北部多于南部,西北部的天目山区≤0℃低温天数在 100 天以上,昌化一带达 50 天,淳安≤0℃的低温天数明显少于其他地区,仅为 12 天。杭州主城区低温天气也较少,且近 20 年≤0℃的低温天数与前 20 年相比,减少了 9～14 天,1 月、2 月、12 月均减少 2～5 天,冬季变暖趋势明显。

2. 降水量级

日降水量在 0.1～9.9mm 时为小雨,10.0～24.9mm 为中雨,25.0～49.9mm 为大雨,大于等于 50mm 为暴雨。

杭州市各地年小雨天数为 100～110 天,中雨天数为 29～31 天,大雨天数为 11.1～13.3 天,暴雨天数为 3.6～5.2 天,均表现为北部少南部多、平原少山区多的特点。小雨天数 1—5 月及 8 月较多,均在 10 天左右;其他月份较少,在 7 天左右。中雨天数 3 月最多,为 4～5 天;9—12 月较少,为 1～2 天。大雨天数 6 月最多,为 1.8～2.5 天;3—5 月、7—9 月次之,为 0.7～2.0 天;10 月至次年 2 月出现大雨较少。暴雨天数中北部集中在 6—9 月,为 0.3～1.7 天;南部淳安、建德集中在 4—7 月,为 0.2～2.0 天;12 月至次年 2 月极少出现暴雨。

3. 雪

积雪深度 1～2cm 为小雪,3～4cm 为中雪,5～6cm 为大雪,大于等于 7cm 为暴雪。

20 世纪 80 年代,杭州市年均雪日数为 6.3～8.8 天。最早初雪日出现在 1987 年 11 月

28 日;最迟终雪日北部出现在 1998 年 3 月 20—21 日,中、南部出现在 1987 年 3 月 25—26 日。天目山区平均年雪日数 36.5 天,最早出现在 1994 年 10 月 20 日,最迟是 1990 年 5 月 3 日。杭州各地降雪主要出现在 1 月、2 月、3 月、12 月也时有发生。积雪深度达到小雪标准 的次数最多,为 1.1～1.7 天;暴雪次之,为 0.2～0.8 天;中雪、大雪较少,分别为 0.3～0.6 天和 0.2～0.4 天。

杭州地区最大积雪深度为 36cm,出现在 1984 年 1 月 30 日的临安。

4. 雾

杭州市年平均雾日为 15～47 天,南部多于北部,最多的是南部的建德一带,为 47.0 天; 最少的是千岛湖一带,为 15.3 天。除千岛湖外,大雾天数最多的月份是 11 月到次年 1 月, 为 3.7～8.4 天;最少的是 6—9 月,为 0.6～2.8 天。千岛湖一带大雾天数最多的是 3 月、4 月,为 3.6～4.6 天,最少的是 8 月、9 月,无大雾天气出现。天目山山顶年平均大雾天数在 250 天以上,大雾天数夏季多于冬季,与平原低丘谷地相反。

5. 霜

霜有明霜与暗霜两种,以对农作物的影响为依据,以日最低气温≤4℃作为霜的标准。 无霜期为终霜到初霜之间的持续天数,有霜天数是初霜到终霜之间≤4℃的天数。

杭州年有霜天数为 55～90 天,北部多于南部,最多的是临安西部山区,达 90 天左右;最 少的是千岛湖一带,为 55 天。各地无霜期为 210～255 天,南部长于北部,长短相差近一个 半月。无霜期最长的是千岛湖一带,为 254 天;最少的是临安西部山区一带,只有 210 天 左右。

天目山山顶初霜出现在 10 月中旬,终霜期出现在 5 月上旬,有霜期长,无霜期仅 150 余天。

2.3　水　系

杭州市水系发达,河流众多,主要有钱塘江、东苕溪、京杭运河等。

2.3.1　钱塘江

钱塘江是浙江省第一大河,也是中国东南沿海一条独特的河流,以其雄伟壮观的涌潮闻 名古今中外。

钱塘江古名浙江,浙江省因此而得名。三国时始见"钱唐江",当时仅指流经古钱唐县 (今杭州)的河段。进入唐代,为避讳,改称钱塘江。此外,还有制河、渐水、浙江等名称。 其下游古钱唐县(今杭州)附近河段又有钱塘江、罗刹江、之江、曲江等名称。近代遂以钱 塘江统称整条河流。其北源为新安江,南源为兰江,两源均发端于安徽省休宁县,流至建 德梅城汇合后,向东北流出七里泷峡谷,进入有潮汐影响的河口区,继续东北流,注入 东海。

以北源新安江起算,流程在杭州的长度为 319.00km,止于海盐澉浦—余姚西山闸连线,河长 588.73km(其中安徽境内 241.09km,浙江境内 347.64km);以南源兰江上游马金溪起算,止于海盐澉浦—余姚西山闸连线,河长 522.22km(其中安徽境内 24.77km,浙江境内 497.45km,流经杭州长度 220.00km);流域面积(省内部分)44014.50km²,其中在杭州市境内流域面积约 13227km²,约占全市总面积的 80%。

1. 钱塘江干流

钱塘江干流分四个河段,即北源新安江、南源兰江、富春江和钱塘江

(1)北源新安江

新安江源出皖境休宁县六股尖东坡,源头海拔 1350m,北流近 20km 左汇龙溪后称大源,后称率水、浙江,蜿蜒东北流至歙县浦江,左纳练江后开始称新安江;东流折东南流,沿途左纳棉溪、昌源、大洲源,右纳街源,在街口附近进入杭州市淳安县境,续东南流,经淳安、建德两县(市),期间,左纳云源港、东源港,右纳郁川、武强溪、凤林港,穿铜官峡谷(今新安江水库大坝坝址,水库回水可上溯至安徽深渡),右纳寿昌江,流至梅城镇东与南源兰江汇合后称富春江。新安江干流长 359km,比降 3.7‰,流域面积 11674km²,其中安徽和浙江省境内分别为 6025km² 和 5645km²,江西省境内 4km²。

(2)南源兰江

兰江发源于安徽省休宁县青芝埭尖北坡,源头海拔 810m,溪名龙田溪。进入浙江境后,流经开化(称齐溪、马金溪、常山港)、常山、衢州(称衢江)、龙游至兰溪市南郊的马公滩,右纳金华江后始称兰江,经兰溪市折向北流,进入杭州市建德市境,至梅城镇东与北源新安江汇合后称富春江。兰江干流长 303km,比降 2.6‰,流域面积 19468km²。

(3)富春江

新安江与兰江在梅城镇东汇合后,称富春江。从梅城至桐庐间的富春江河段,为高山峡谷地段,称七里泷,又称桐江,现为富春江水库库区,两岸高山,中流碧水,风景绝佳,著名的严子陵钓台即在库区左岸的山崖上。富春江出富春江水库后,在桐庐左纳清渚江、分水江,东北流左纳渌渚江、苋浦,右纳壶源江、大源溪后,继续东北流,经富阳市下行至西湖区东江嘴,全长 102km,比降 0.2‰,区间流域面积 7176km²。

(4)钱塘江

富春江在萧山闻家堰小砾山右纳浦阳江后称钱塘江,江道折向西北,至杭州九溪又折向东北流,形若反"之"字,故这段江道又称"之江"。杭州闸口以下,江道仍循东北方向下泄,过下沙,出杭州市境,在南岸绍兴 97 丘二期围区附近,曹娥江从右岸汇入,续向东北流,经口门入东海。下游钱塘江河段长 207km,区间(含浦阳江、曹娥江)流域面积 17241km²。

钱塘江水系内流域面积 100km² 以上的一级支流,在杭州市境内共 22 条,其中从右岸汇入的有 12 条,在左岸汇入的有 10 条,以浦阳江流域面积为最大(3451.5km²),分水江次之(3444.3km²)。

2. 下游萧山河网

萧山区的河网水系按地理位置和河流特征,可概分为南部、中部和北部 3 个自然区域,相应形成了 3 个既自成体系,又相互关联的河网,统属钱塘江水系。

(1)南部水系

浦阳江,发源于浦江县花桥乡天灵岩南麓岭脚大园湾,东南流至花桥折向东流经安头,经浦江县城、黄宅,转东北流到浦江县白马桥入安华水库,在安华镇右纳大陈江,再东北流至盛家,右纳开化江,北流经诸暨市城区下游 1.5km 的茅渚埠,以下分东西两江。主流西江北流至祝桥,左纳五泄江,经姚公埠至三江口与东江汇合。东江自茅渚埠分流后,北流至大顾家附近小孤山右纳枫桥江,与西江会合后,北流经萧山区尖山镇,左纳凰桐江,经临浦,出碛堰山,折向西北流至义桥,左纳永兴河,流至闻堰镇南侧小砾山注入钱塘江河口段。干流长149.7km,集水面积 3451.5km²。多年平均年径流量 24.6 亿 m³。上游河宽 22～75m,下游河宽 80～120m。主要支流有大陈江、开化江、枫桥江等。

(2)中部水系

中部水系为西江塘以东、北海塘以南的中部河网地区的内河,主要有西小江(又称钱清江)、萧绍运河(又称官河、西兴运河、浙东运河、杭甬运河)、南门江等。

(3)北部水系

北海塘以北的南沙地区和新围垦区全为人工河网系统,呈格子状分布,共有人工开挖的南北、东西向纵横交叉大小河道 326 条,总长约 841.7km。主要人工河道有七甲直河、白洋川、五堡河、永丰直河、方迁楼直湾、生产湾、长林湾、前解放河、后解放河、长山直河、九号坝直河、三官埠直湾、三号闸横湾、先锋河、义南横湾、北塘河、大治河等。

2.3.2　东苕溪

苕溪古名苕水、苕溪水,位于浙江北部,属太湖水系。苕溪有东苕溪、西苕溪两大源流,在杭州市境内的为东苕溪。东苕溪在湖州市白雀塘桥与西苕溪汇合,经长兜港入太湖,东苕溪白雀塘桥以上河长 151km,比降 5.1‰,流域面积 2265km²,其中山区面积1944km²,中下游平原(10m 高程以下)面积 321km²。东苕溪在杭州市境内长度 95.1km,流域面积 1444.1km²。

东苕溪发源于临安东天目山的水竹坞,南经里畈水库,至桥东村,与天目山南部诸溪汇聚,称南苕溪;东流经临安城区后,进入青山水库(青山水库控制南苕溪流域面积 603km²),出库后东流至余杭石门桥,右侧有古代水利工程南湖滞洪区,续东流至余杭镇,集水面积720km²,河长 63km,平均坡降 12.3‰。自余杭镇折向北流称东苕溪,在汤湾渡左汇中苕溪,至瓶窑龙舌嘴左汇北苕溪,中苕溪与北苕溪之间有唐代始建的北湖滞洪工程。

东苕溪自瓶窑东北流折北出杭州市境至湖州德清县城关,沿导流港北流至湖州市白雀塘桥,与西苕溪汇合经长兜港注入太湖。

东苕溪主要一级支流有中苕溪、北苕溪、湘溪、余英溪、阜溪、埭溪、妙西港。其中杭州市境内的两条支流为中苕溪和北苕溪。

2.3.3　大运河杭州段

大运河杭州河网是指东苕溪西险大塘以东的杭州东部平原河网水系,以运河为代表,亦称运河水网。运河水网区杭州市境内面积 726.6km²,地形平衍,地势自西南向东北倾斜。主要接纳余杭及杭州城郊部分径流,经水网调节后,通过运河干流,分别注入太湖和黄浦江,还通过海盐长山闸南排入杭州湾。

杭嘉湖东部平原的南部,沿钱塘江、杭州湾的岸带为高地,在秦汉代就已形成高地独立的上塘河水系,其正常水位比运河水网水位高 1.5m 左右,向运河排涝。上塘河流域沿钱塘江和杭州湾建有海塘防潮御咸。南排工程建成后,上塘河主要涝水通过南排上河闸和谈家埭闸排入钱塘江。西湖原为上塘河之源,20 世纪 80 年代建成运河沟通钱塘江工程后,西湖径流直接排入运河。

1. 干　流

京杭古运河南段,自长江至钱塘江一段又称江南运河,过江苏平望入浙江境后即为浙江段,过桐乡大麻进入杭州市境后称杭州段。京杭古运河杭州段自余杭博陆东经五杭、塘栖、武林头、北新桥、艮山门至三堡船闸,全长 56.1km,又称杭申甲线、东线。其中博陆东至江涨桥为古运河,江涨桥至三堡船闸为 20 世纪 60 年代和 80 年代后期延伸开挖的河道。

2. 支　流

古代杭州主城区河道众多,纵横交错,都属京杭运河支河,由于历史久远和人为因素,主城区河道变迁甚大,原来的市河、茅山河、里横河等今已湮废,横河、浣纱河等河道在 1969—1970 年间被改造为防空坑道和道路,现存的主要河道有古新河、南应加河、余杭塘河、西溪河、东河、沿山河、贴沙河、滩河、新开河、中河、西塘河、登云桥港、瓦窑头港、杭钢河、电厂河、胜利河等,其中前 10 条归城建部门管理,也称市政河道。主城区以北至博陆东平原区的主要支流有良渚港、中塘河、东塘河、郁宅港、鸭来港、栅庄桥港、獐山港、红韶港(杭申乙线、中线)及含山塘等。

3. 上塘河

(1)干　流

上塘河西起杭州施家桥,经余杭临平镇至海宁盐官上河闸,全长 51.37km,流域面积 455km²,其中杭州市境内河长 28.05km,流域面积 283km²,河面宽 30~40m,河底高程 2.1~2.5m。为东部平原河网的高水区,水位比运河高 1.5m 左右,其涝水排入运河,水源补给主要也取自运河。1963 年在海宁盐官镇西面建成谈家埭闸,从此上塘河有了排入钱塘江的口门,1993 年建成南排工程盐官上河闸,进一步增加了上塘河向钱塘江排涝能力。

(2)支　流

上塘河支流众多,彼此连通成网,据调查共有主要支流 38 条。在杭州市境主要有备塘河、笕桥港、机场港、和睦港、乔司港、月牙河、新建河、新华河、幸福河、下沙港等。

2.3.4　湖　泊

杭州市湖泊主要分布在杭州主城区和余杭、萧山的平原地区,历史上曾有稠密的湖泊群,据清雍正《浙江通志》载,在今杭州市境内曾有西湖、临平湖、御息湖、像光湖、石鼓湖、尹公湖、南上湖、南下湖、北湖、阳陂湖、涌泉湖、湘湖、戚家湖、白马湖、瓜沥湖等。由于自然淤积和人类活动,现在或已缩小湮废,如临平湖已成一片平畴,或已成河道一部分,如萧山湘湖,也曾失去湖泊形态及其水文特征再修复。下面介绍历代几处著名湖泊的简况。

1. 西湖

西湖文化景观已被列入世界文化遗产。秀美的自然山水,独特的"三堤三岛""三面云山一面城"的景观整体格局,著名的系列题名景观"西湖十景"……杭州西湖是中外闻名的人间天堂。杭州西湖文化景观肇始于 9 世纪、成形于 13 世纪、兴盛于 18 世纪并传承发展至今。十个多世纪以来,西湖是中国传统文化精英的精神家园,是中国各阶层人们世代向往的人间天堂,是中国历史最久、影响最大的文化名湖,曾对 9 至 18 世纪东亚地区的文化产生广泛影响。

2. 南湖(余杭南湖)

南湖为分泄东苕溪上游水势之滞洪区。东汉熹平二年(173 年),余杭县令陈浑"发民十万",在今余杭区中桥乡一带开上下南湖,上湖周 32 里(16km),下湖周 34 里(17km),共13700 亩。唐宝历年间(825—827 年),县令归珧按旧址重浚。宋崇宁年间(1102—1106年),权相蔡京欲占南湖为其母墓地,县令杨时不畏权势,奏闻宋帝而阻之。后人以陈浑创南湖,归珧复南湖,杨时守南湖,有功桑梓,建"三贤祠"以祀。元时,上湖逐渐淤塞,成为农田。明嘉靖十八年(1539 年)下湖尚存 8162.4 亩。1949 年,南湖面积为 470hm²。1951 年以来,经余杭人民多次整治,南湖蓄水量为 1862 万 m³。1954—1963 年(上游青山水库建成之前),共分洪 29 次。1964—2005 年共分洪 3 次,现在南湖滞洪区面积 4.7km²,当水位11.8m 时,滞洪库容 2400 万 m³。

3. 临平湖

临平湖位于临平区东南,相传三国吴赤乌十二年(249 年)六月,在湖中发现宝鼎,因名鼎湖。西晋咸宁二年(276 年),这个久已湮芜的湖,忽然湖开草无,当地耆老认为预兆太平,因改名为临平湖。

临平湖旧时周长 40 里,湖水直拍临平山麓,有放水闸 4 座,2 座属仁和(今余杭区),2 座属海宁。唐、宋时与西湖同为上塘河地区主要灌溉设施。在元代之前,京杭运河南段以上塘河为主航道时,也是大运河南段的主要水源。后渐淤废,今已成一片平畴,楼宇林立,阡陌纵横,已无湖的痕迹可寻。

4. 北湖(余杭北湖)

北湖,《唐书·地理志》,归珧所开。湖在今瓶窑镇张堰村南、仇山之北。原来湖周 60 里(30km),塘高一丈,广二丈五。湖基原属荒荡,归珧鉴于三条苕溪皆"水流湍急,乃议辟北湖,引苕溪诸水以灌农田",分洪、灌溉两利。嗣后除清光绪十一年(1885 年),粮道廖寿丰派兵在相公庙一带疏浚三年外,未闻浚湖之举。民国五年(1916 年)5 月,浙江省第二测量队测量,认定其界应为东至南苕溪之险塘,东南至西涵陡门,西北至漕桥,西至小横山,北至北苕溪之险塘,南至西山,周围 30km,面积 3553.3hm²,三倍于南湖。因年久失修,北湖大部被淤成平陆或沼泽,1949 年,北湖草荡面积尚存 533hm²。1971 年,余杭县委决定围垦北湖与消灭钉螺同时一举,建立北湖围垦指挥部统一领导,1973 年竣工,现在北湖总面积为 5.3km²,可滞蓄洪水 2050 万 m³(水位 10.4m 时)。1974—2005 年共分洪 9 次。

5. 湘湖

湘湖在萧山区城厢街道西南 1.5km 处。据地质资料分析,在 4000 年前,湖已形成,古称西城湖,后淤成山间洼地。北宋熙宁间(1068—1077 年),县民殷庆等奏请筑湖蓄水,因县内士绅意见不一,未成。政和二年(1112 年)县令杨时(龟山)经查勘后从民所请,动工兴筑。湖成,波光山色,宛若潇湘,故名湘湖。

6. 白马湖

白马湖位于越王城山西北,与湘湖仅一山之隔。分东、西两湖,水面 114.7hm²,其中东湖 48hm²,西湖 66.7hm²,水深 1～3m,最大蓄水量 300 万 m³,正常蓄水量 140 万 m³。

白马湖又作石姥湖,湖畔原有石姥祠,祀石瑰。唐长庆二年(822 年),江潮为患,石瑰奋力筑堤,以抗水势,不幸丧生,唐咸通中(860—873 年)受封潮王。此后他被立庙湖畔、江边,享受人间香火。

长河镇境内的槐河、浦沿镇境内的大浦河等水都汇入白马湖,白马湖又通过两河与湘湖、浙东运河相通,所以白马湖在水利上可解旱涝,在交通上可通舟楫。

白马湖作为旅游景点、湿地保护,与湘湖交相呼应,融为一体。

2.4　水　文

经过几十年的努力,杭州市水文站网已趋向完善,观测项目较齐全,很多水文站已具有 50 年以上的连续观测,有条件对全市水文特征进行全面研究分析,从而掌握全市水文要素的演变规律,为国民经济建设提供有实用价值的基础资料。

2.4.1　河流水位

杭州市境内河流多属山丘区河流,坡陡流急,水位暴涨暴落,最高水位是河流抗洪抢险的一个重要指标,最低水位是河流通航和反映枯水流量大小的一个指标。东部为运河平原水网,其水位高低对平原地区排涝和通航关系极大;钱塘江河口则是世界闻名的强潮河口,潮区界原在桐庐芦茨埠,今在富春江电站大坝下。富春江电站至闻家堰为近口段,河段长 76km,以径流作用为主,水位高低主要取决于径流大小,闻家堰至澉浦段是径流和潮流共同作用的河段。

1. 山丘区河流水位特征

杭州市山丘区 10 个代表站最高、最低水位、变幅大小的特征如表 2.1 所示。钱塘江干流以 1955 年洪水水位最高,分水江是 1969 年"七五洪水"为最大,东苕溪则在 1996 年和 1999 年出现最高水位。水位变幅在 4～15m。

表 2.1　杭州市山丘区主要河流代表站最高最低水位统计表

水系	河名	县(市、区)	站名	集水面积(km²)	历年最高水位(m) 发生日期	历年最低水位(m) 发生日期	水位变幅(m)	统计年份	基面
钱塘江	新安江	建德	梅城	11674	31.24 1955.6.22	21.19 1979.6.28	10.05	1955 1977—2005	黄海
	兰江	建德	三河	18800	27.95 1997.7.10	21.28 1976.6.29	6.67	1976—2005	黄海
	富春江	桐庐	桐庐	32136	18.75 1955.6.22	4.10 2003.10.22	14.65	1955—2005	吴淞
	富春江	富阳	富阳	38317	12.93 1955.6.22	3.64 1989.8.14	9.29	1953—2005	吴淞
	武强溪	淳安	中洲	253	134.65 2001.6.26	130.30 1998.12.29	4.35	1958—2001	吴淞
	寿昌江	建德	源口	687	34.79 1972.8.3	25.20 1971.8.16	9.59	1958—2005	黄海
	分水江	桐庐	分水	2630	41.47 1969.7.5	26.68 2001.10.7	14.79	1952—2001	黄海
东苕溪	南苕溪	临安	桥东村	233	88.64 1996.6.30	84.42 1956.12.9	4.22	1951—1999	吴淞
	南苕溪	余杭	余杭	720	11.21 1996.7.2	3.27 2003.12.23	7.94	1930—1937 1951—2005	吴淞
	东苕溪	余杭	瓶窑	1420	9.18 1999.7.1	1.47 1928.6.19	7.71	1928—1937 1950—2005	吴淞

2. 平原水网区水位特征

全市平原水网区主要代表站水位特征如表 2.2 所示,平原地区代表站水位变幅在 2.5～4.0m,比山丘区河流变幅要小得多。

表 2.2　杭州市平原水网区代表站水位特征表

区域	河名	县(市、区)	站名	历年最高水位(m) 发生日期	历年最低水位(m) 发生日期	水位变幅(m)	统计年份	基面
杭嘉湖平原	京杭运河	拱墅	拱宸桥	5.67 1999.7.1	1.67 1934.8.29	4	1929—1937 1947—2005	吴淞
	京杭运河	余杭	塘栖	5.45 1999.7.2	2.03 1978.9.9	3.42	1955—2005	吴淞
	上塘河	余杭	临平(上)	6.62 1983.7.6	3.27 1994.12.3	3.35	1957—2005	吴淞
	下塘河	余杭	临平(下)	5.40 1999.7.1	2.05 1965.7.23	3.35	1957—2005	吴淞

续表

区域	河名	县（市、区）	站名	历年最高水位(m) 发生日期	历年最低水位(m) 发生日期	水位变幅(m)	统计年份	基面
萧绍平原	萧绍运河	萧山	萧山	7.21 1962.9.6	4.43 1971.8.5	2.78	1962—1995	吴淞
	方迁楼直湾	萧山	方迁楼	6.96 1962.9.6	4.18 1967.8.26	2.78	1961—1980	吴淞
	内河	萧山	临浦	7.60 1962.9.6	4.48 1971.8.3	3.12	1959~2005	吴淞

3. 钱塘江潮水位

钱塘江河口是世界闻名的强潮河口，进潮量大，潮流强，并有雄伟的涌潮。钱塘江河口区分三段：富春江电站至闻家堰为近口段，河段长76km，以径流作用为主；闻家堰至澉浦为河口段，长122km，是径流和潮流共同作用的河段，潮强流急并有涌潮；澉浦以下至口门为杭州湾，长86km，以海洋动力为主。

杭州湾潮波由湾口向湾内传播过程中受喇叭地形收缩影响，高潮位沿程递增，低潮位沿程降低，潮差增大。涌潮在十堡至盐官一带为最高，盐官以上逐渐减少，一般在杭州钱江大桥以上已无涌潮，但当江道刷深，进潮量大时也可以到达闻家堰，当江道淤积时仓前以下即告消失。涌潮高度一般1~2m，最大3m，传播速度最大可达12m/s。钱塘江河口(杭州段)主要站潮位特征详见表2.3。

表 2.3　钱塘江河口(杭州段)主要站潮位特征表

站名	所在县(市、区)	高潮位(m) 历年最高 发生日期	平均	低潮位(m) 历年最低 发生日期	平均	平均历时 涨潮	平均历时 落潮	潮差(m) 历年最大 发生日期	平均	统计年份	基面
桐庐	桐庐	15.27 1997.7.11	6.86	3.98 1999.10.20	6.39	2:33	9:41	2.40 1994.8.22	0.46	1959—2001	吴淞
窄溪	桐庐	13.39 1997.7.11	6.58	3.80 1999.10.20	6.11	2:09	10:06	2.61 1999.10.29	0.47	1951—2001	吴淞
富阳	富阳	11.79 1997.7.11	6.38	3.64 1989.8.14	5.92	2:12	10:09	2.77 1994.8.22	0.47	1957—2001	吴淞
闻家堰	萧山	10.19 1997.7.11	6.39	3.17 1954.8.11	5.88	1:32	10:54	3.17 1954.8.17	0.51	1951—2001	吴淞
闸口	上城	9.94 1997.8.19	6.33	3.07 1954.8.10	5.74	1:30	10:54	3.62 1994.8.22	0.60	1950—2001	吴淞
七堡	江干	9.81 1997.8.19	6.31	3.09 1955.8.14	5.49	1:29	10:56	4.02 1954.8.17	0.82	1953—2001	吴淞
仓前	萧山	9.86 1997.8.19	6.11	2.31 1955.12.25	4.51	1:46	10:40	5.27 1994.8.22	1.59	1953—2001	吴淞

2.4.2　江河流量

1. 洪水

杭州市,洪水灾害时有发生频繁,从水文系统历史洪水调查资料来看,主要有:明嘉靖十八年(1539)钱塘江发生特大洪水,芦茨埠站洪峰流量32000m³/s,为近5个世纪以来的最大洪水;清光绪二十七年五月初五(1901年6月20日)钱塘江又发生大洪水,芦茨埠站洪峰流量26500m³/s,新安江罗桐埠站洪峰流量19500m³/s,都为近百年来序位第二的大洪水;民国31年(1942年)6月21日新安江罗桐埠站洪峰流量20000m³/s,迄今仍是最大值。民国11年(1922)9月2日,南苕溪发生大洪水,桥东村站洪峰流量2120m³/s,迄今仍是最大值;是年同日昌化江青山殿站洪峰流量5580m³/s,为近百年来序位第二的大洪水;是年9月8日东苕溪瓶窑站洪峰流量820m³/s。

1949—2005年发生在钱塘江、东苕溪有实测资料的大洪水主要有:1955年6月22日,钱塘江发生大洪水,芦茨埠水文站实测洪峰流量29000m³/s,为近百年来的最大值。

1956年受"5612"号台风影响,东苕溪桥东村站实测洪峰流量1430m³/s,为历年次大。

1963年9月12日东苕溪发生大洪水,青山水库溢洪闸围堰被冲,下泄流量1080m³/s,下游瓶窑水文站实测洪峰流量753m³/s,仅次于1922年9月18日的历史洪水。

1969年7月5日分水江流域大洪水,青山殿站洪峰流量7200m³/s,为历史最大,分水站洪峰流量10100m³/s(调查)。

主要江河代表水文站实测和调查的最大洪峰流量及洪峰流量模数如表2.4所示。

表 2.4　主要江河代表水文站最大洪峰流量

流量单位:m³/s;模数单位:m³/s·km²

河　名	站　名	流域面积(km²)	实测最大		调查最大	
			洪峰流量洪峰模数	发生日期	洪峰流量洪峰模数	年　份
富春江	芦茨埠	31645	29000 0.92	1955.6.22	32000 1.01	1539
新安江	罗桐埠	10442	13000 1.24	1955.6.18	20000 1.92	1942
进贤溪	百罗畈	180	952 5.29	1969.7.5	1270 7.06	1857
寿昌江	源　口	687	1200 1.75	1970.7.5	3160 4.60	1972
昌化江	青山殿	1429	7200 5.04	1969.7.5	5580 3.90	1922
分水江	分　水	2630	8890 3.38	1996.6.30	10100 3.84	1969
南苕溪	桥东村	233	1430 6.14	1956.8.2	2120 9.10	1922

续表

河　名	站　名	流域面积（km²）	实测最大		调查最大	
			洪峰流量	发生日期	洪峰流量	年　份
			洪峰模数		洪峰模数	
东苕溪	瓶窑	1420	795	1984.6.14	820	1922
			0.56		0.58	

2. 枯　水

各河流的枯水流量在天然情况下，一般与集水面积大小、降雨量大小以及流域内的植被、土壤等情况有关，最小枯水流量都发生在大旱年份。但是在众多大、中、小型水利工程运行情况下，除河源源头外，这种规律已经受到不同程度的改变，有的原来在大旱年尚有一定枯水流量，现则发生断流；有的在大型水库调蓄下，枯水流量有了大幅增加。钱塘江芦茨埠站在新安江水库未建前，1934 年最小流量仅 15.7 m^3/s，而现时则常在 100 m^3/s 以上（在电站运行中个别特殊年份由于调度上的原因，也曾于 1978 年发生最小流量为零的情况）。东苕溪下游受太湖调节，则常发生逆流，瓶窑站由于太湖逆流上溯流量可达 10 m^3/s。

2.4.3　河流泥沙

由于人类活动等多种因素，当暴雨冲刷表土时，会导致泥沙随水流下移。全市各江河多年平均悬移质含沙量在 0.09～0.4 kg/m^3，从东部向西部增大，新安江流域百罗畈水文站附近为一高值区，东部平原和新安江水库库区为含沙量低值区。各江河中，东苕溪瓶窑站多年平均含沙量最小，为 0.087 kg/m^3；新安江流域百罗畈站为最大，达 0.391 kg/m^3。

主要江河多年平均悬移质输沙量，钱塘江为 658.7 万 t，多年平均年侵蚀模数 158 t/km^2；东苕溪（瓶窑站）多年平均年悬移质输沙量为 8.77 万 t，多年平均年侵蚀模数 61.8 t/km^2。

钱塘江河口系感潮河段，河口段泥沙来自长江口海域，最大含沙量 51 kg/m^3，海盐澉浦水文站平均含沙量 3～4 kg/m^3，平均每个潮随潮进出泥沙约 1000 万 t。

2.4.4　钱塘江含氯度

钱塘江下游河口段水体受咸潮影响，含氯度上稀下浓，多年平均最大含氯度闸口站为 0.04 g/kg、七堡站为 0.27 g/kg、仓前站为 0.62 g/kg；七堡站平均每年有 50 天左右氯度超过饮用水水质标准（0.25 g/kg），不能利用的天数占全年的 14%～15%，而闸口站则绝大多数时间不超过 0.25 g/kg，但是遇到台风暴潮、干旱典型时期则也会超标。

1978 年 7 月至 1979 年 2 月连续干旱，富春江电站下泄流量明显减少，咸潮上溯到闻家堰以上，闸口、七堡站含氯度分别高达 2.99 g/kg 和 9.77 g/kg，大大超过国家对饮用水氯化物含量所制定的 0.25 g/kg 为限的标准，使以钱塘江水为水源的杭州自来水不能饮用，时间长达 108 天之久。

含氯度的大小主要决定于天文潮汐和上游径流等水文、气象因素。年含氯度最小值一般出现在 3—6 月，自 7 月始逐渐增大，至 8—10 月出现峰值，11 月至次年 2 月逐渐减小，其年际变化一般而言，枯水年含氯度为大，丰水年含氯度为小。

2.5　土　壤

根据 1979—1985 年的第二次土壤普查[①],杭州市土壤总面积为 150.27 万 hm^2。全市成土环境复杂多变,土壤性质差异较大,共有 9 个土类、18 个亚类、59 个土属及 149 个土种。土壤分布主要受地貌因素的制约,随地貌类型和海拔高度的不同而变化。全市土壤中,红壤分布最广,占土壤总面积的一半以上;水稻土次之,约占土壤总面积的 14.0%;黄壤土、石灰土、粗骨土、山地草甸土、潮土、深海盐土等也占一定比例。

2.5.1　主要土壤种类

杭州市主要土壤种类及其性态特征如下。

1. 红　壤

杭州市红壤土类主要分布在海拔 650～700m 以下的低山丘陵区,面积占全市土壤总面积的 54.8%,占全市山(旱)地土壤面积的 63.8%。该土类母质类型广泛,除紫红色砂砾岩和泥岩、页岩风化母质及全新世沉积母质外,几乎市域内出露的所有母质上均有红壤发育。红壤在其形成和发育过程中,土体经历了强烈的风化淋溶和脱硅富铝化作用,原生矿物被强烈分解,形成了以 1∶1 型高岭石为主的土壤次生黏粒矿物,铁铝物质富集明显。土体的黏粒硅铝率低,一般 2.0～2.5;黏粒中氧化铁含量 10% 左右,赤铁矿化显著,土体一般呈均匀红色。由于盐基物质大量淋失,土壤呈强酸性或酸性反应,pH 值 4.5～5.5。

亚热带常绿阔叶林在红壤形成过程中起着重要作用,但目前全市红壤上残存的原生植被已很少见,基本上是次生森林植被和人工栽培植被。因此全市红壤表层有机质含量不高,大部分为 20～30g/kg,有的甚至更低。腐殖质的分子结构较简单,以富里酸为主,胡富比小于 0.5。

根据地形、母质和附加成土过程的不同,全市红壤土类分为红壤、黄红壤和红壤性土三个亚类。

2. 黄　壤

杭州市的黄壤土类分布在 650m 以上的中、低山地。面积占全市土壤总面积的 8.7%,在山(旱)地土壤中,分布面积仅次于红壤土类。黄壤所处海拔较高,分布在山体的中、上部。在发育上有三个明显特征:一是风化度比红壤低;二是氧化铁普遍水化;三是生物凋落物质多,且分解缓慢,有机质积累较多。全市黄壤土类仅有山地黄泥土一个土属。

3. 紫色土

紫色土土类主要分布在白垩系暗紫色泥岩、页岩和红紫色砂砾岩出露的丘陵山地。面

[①]　富阳为我国南方 13 省市第二次土壤普查试点县。杭州市第二次土壤普查的成果经整理汇编后于 1991 年出版了《杭州土壤》一书。

积占全市土壤总面积的 4.6%,占全市山(旱)地土壤面积的 5.4%。紫色土因母岩的物理风化强烈,其上的植被稀疏,水土流失现象较明显,成土环境很不稳定,致使土壤发育一直滞留在较年幼阶段,全剖面继承了母岩色泽,呈紫色或红紫色。土层厚度受地形部位影响较大,一般山坡中、上部土层很薄,坡麓处土层稍厚。根据母质特性,全市紫色土分为石灰性紫色土和酸性紫色土两个亚类。

4. 石灰(岩)土

石灰(岩)土土类是在各类石灰岩风化的残、坡积体上发育而成的。杭州市石灰(岩)土占浙江省石灰(岩)土土类面积的 71.2%,其中淳安、临安两县(区)的石灰(岩)土就占全省的 49.1%。

因为石灰岩的风化是一个溶蚀过程,所以石灰(岩)土土体和母岩界线清楚,其间基本上无母质层发育。在土壤形成过程中,石灰岩的主要成分碳酸钙被淋溶流失,真正的成土物质是石灰岩中夹杂的一些铝硅酸盐黏土矿物,因此土壤质地一般较为黏重。由于杭州市石灰(岩)土的主要母岩岩性不纯,所以土体中混杂有较高含量的粉砂、砾石。土壤发育普遍处于较年幼阶段。石灰(岩)土含矿质营养较为丰富,有效阳离子交换量多在 20cmol/kg 土以上,保肥性能较好;盐基饱和度超过 90% 乃至饱和。交换性盐基组成中,以钙、镁离子为主。根据发育程度,该土类分为黑色石灰土和棕色石灰土两个亚类。

5. 粗骨土

粗骨土土类主要分布于低山丘陵的陡坡和顶部,母质为志留、泥盆系长石石英砂岩,凝灰岩和砂砾岩等的风化物,面积占全市土壤总面积的 4.5%,占全市山(旱)地土壤的 5.3%。由于成土环境极不稳定,冲刷严重,成土作用微弱,因此,土壤的粗骨性、薄层性及其发育阶段上的原始性均表现得非常突出,土体厚度一般不超过 30cm,土体内砾石含量大多超过 50%,为重石质土。母质层常因侵蚀而出露地表,有的甚至基岩裸露,土壤呈酸性反应,pH 值 5.0~6.0。杭州市粗骨土只有酸性粗骨土一个亚类。

6. 山地草甸土

山地草甸土土类在全市不足 45hm²,仅见于临安境内 1100m 以上的中山夷平面上。所处地形平坦,坡度一般小于 5°;降水充沛,地下水埋藏浅,草本植被生长茂盛。表土层深厚,粗有机质含量常达 100g/kg 以上。阳离子交换量大,盐基饱和度低,土壤呈酸性反应,pH 值 5.5 左右。

7. 潮 土

潮土土类广泛分布于地势低平、地下水埋藏较浅的平原地区和山谷的河溪两旁。面积占全市土壤总面积的 3.4%。母质为河、湖、海相的各种沉积物。该土壤土层深厚,灌溉便利,多已开发利用,种植棉、麻、菜、桑、果、稻、竹等粮食和经济作物,是杭州市一种重要的农业土壤资源。潮土受地下水位升降和地表水下渗的双重影响,铁、锰元素发生频繁的氧化还原交替,土体中出现有上稀下密的铁锰斑纹或结核。土壤反应近中性,pH 值一般为 6.5~7.5。根据土体有无石灰性反应,将潮土划分为潮土、钙质潮土两个亚类。

8. 滨海盐土

滨海盐土土类分布在萧山、余杭境内钱塘江边的滩涂上。母质为浅海及河口交互相沉积物,土层厚达数米。杭州市滨海盐土仅发育有滨海盐土一个亚类,根据受盐分影响程度和土壤发育状况,分为涂泥和咸泥两个土属。

9. 水稻土

水稻土土类是在各种自然土壤的基础上,经长期的水耕熟化、定向培育而形成的一种特殊的农业土壤类型。分布广泛,尤其集中在平原地区,总面积达 21.08 万 hm²,约占全市土壤总面积的 14.0%。

长期的淹水植稻,彻底改变了原来土壤的氧化还原状况,频繁、强烈的干湿交替,使得土壤有机质的组成、结构和分解、累积强度发生了明显变化,并引起了可溶性物质和胶体物质的迁移转化,使土壤形态和性质发生了重大改变,形成了水稻土独有的剖面形态特征。

全市水稻土共分淹育水稻土、渗育水稻土、潴育水稻土、脱潜水稻土和潜育水稻土 5 个亚类,27 个土属,94 个土种,是全市发生分异最复杂的土类。

2.5.2　土壤分布

土壤分布受地表环境的制约,不同环境中,土壤分布具有不同的类型组合特点。

1. 山区土壤

杭州市山地面积较大,海拔 500m 以上的山地土壤占全市土壤总面积的 53.5%。山地土壤的分布规律较明显,一般形成以红壤为基带,以红壤、黄壤为主体的土壤垂直带谱。其中,红壤土类分布在海拔 650~700m 以下,黄壤土类分布在红壤土类之上。当山体植被保存较好时,此界线高度下移;当植被状况较差时,界线高度上推。在山体中、下部的红壤带中,主要出现的是黄红壤亚类,黄红壤下面是红壤亚类,红壤亚类的面积很小。两者界线一般在海拔 150m 左右,但变异较大。由于山体中、下部人为活动影响强烈,植被破坏及土壤侵蚀较严重,土壤分布较为复杂。坡度较平缓处常有耕地(包括水田和旱地)出现,土壤性质受到耕作影响;而坡度陡峭处,则常有粗骨土出现,有的地方甚至出现较大范围的基岩裸露现象。此外,山体下部海拔相对较低处,母岩出露类型较多,常出现有石灰(岩)土和紫色土等;在山体中上部,母质变化及人为活动影响较小,土壤分布规律清楚。局部海拔千米以上的山顶夷平面上,则因湿度大、坡度缓、排水不畅和植被茂盛等原因,分布有小面积的山地草甸土。

2. 低丘缓坡区土壤

杭州市低丘缓坡区面积约占全市土壤总面积的三分之一。该区土壤分布规律不明显,土壤类型繁多,受人为因素影响强烈,多形成以红壤土类和水稻土土类为主的不同形式的自然土壤——耕作土壤组合。在第四纪红土低丘缓坡区,自高而低,在岗背、坡麓和岙垄处,可相应依次出现有黄筋泥、黄筋泥田、老黄筋泥田等;在紫色砂岩分布区,常出现有紫砂土、紫泥土、紫泥砂田组合;在石灰岩分布区,一般也出现有油黄泥或油红泥与黄油泥田的组合形式;在凝灰岩、流纹岩等分布区,主要土壤有黄泥砂土、黄泥土、黄泥田、黄泥砂田等。它们的共同特征是随着母岩类型、地形坡度和人为利用等的变化,土壤呈复区组合形式分布。

3. 河谷平原区土壤

该地貌类型区土壤的出现和分布主要由河流沉积条件决定,土壤质地变化规律明显。河谷地区自然土壤多为沉积层理发育的潮土,多数已辟为水田,土壤组合类型以潮土、水稻土为主。自河床两边向谷地两侧,依次出现有卵石清水砂、清水砂、砂田、培泥砂田、培泥田、半砂田、泥质田、泥筋田等。各类型土壤分布与河流平行,呈条带状。河流从上游至下游,由于水动力条件的改变,沉积物类型、质地等均不相同,土壤类型和组合特点也不一样。上游因山高坡陡,谷狭水急,侵蚀与洪积作用占绝对优势,出现的土种简单,且界线分明;中游因坡降趋缓,谷地趋宽,水流分选性增强,河漫滩开始发育等,土种不断增多,土界逐渐过渡;下游则因水流进一步减缓,河漫滩发育成河谷冲积平原,沉积物深厚,质地匀细,往往出现大面积泥质田,而畈心常因地势低洼,土壤内排水不良等原因,出现有小面积的烂泥田等潜育水稻土种类。

4. 水网平原区土壤

水网平原区地势低平,河湖密布,微地形起伏,洼地众多,母质类型复杂,河湖相、河海相、湖海相及浅海沉积相皆有,且多交互沉积。土壤组合表现出种类多样性、分布复杂性及界线不明显性等特点。多个土壤类型往往呈相互镶嵌和穿插状分布,与微地形的变化及母质类型保持一致。在向滨海平原过渡的狭长地带,地势较高,爽水较好处往往分布有黄松田,反之则多为粉砂田、粉泥田等。在近河道两侧高爽处,一般分布有小粉田,而距河道较远的局部微低洼处,则出现有小粉泥田。水网平原中心稍高处,又常出现黄斑田,而古湖沼遗址和碟形洼地中,主要出现的是属于潜育水稻土和脱潜水稻土的土壤类型。此外,水网平原地区河流两岸常有因人为作用而形成的沿河流狭长分布的堆叠土,有时其面积相当大。

5. 滨海平原区土壤

滨海平原区土壤分布的规律相当明显。土壤一般呈条带状,与海岸线相平行,自海滨向内陆方向依次更替。主要表现为发育程度逐渐提高,盐分含量依次下降,人为影响显著增强。海滨外围尚未脱离高潮位海水倒灌浸渍的未围海涂及土体虽已不再受海水的浸渍,但仍受地下咸水影响的新围海涂,土壤正处于脱盐和返盐交替进行的阶段,形成咸泥土属中含盐量有差异的各土种。再向内陆,咸水影响进一步减弱,土体发育和分异明显加强,土壤逐渐过渡到淡涂泥土属中的流砂板土和潮闭土等土种,各土种一般呈交错分布。

2.6　植被与森林

杭州市复杂多样的地质地貌环境和四季分明、温和湿润、雨量充沛、光照充足、无霜期长等气候条件,促进了多种植物的生长和发育,从而使得植物种类繁多,成分较为复杂。天目山和清凉峰两个国家级自然保护区及一些国家森林公园、风景名胜区、湿地公园有着十分丰富的植物资源,保存着大量世界珍稀、濒危植物,如银杏(*Ginkgo biloba*)、天目铁木(*Ostrya rehderian*)、银缕梅(*Shaniodendron subaequalum*)、夏蜡梅(*Calycanthus chinensis*)等,在全球植物多样性中具有十分重要地位,有不少已被列为国家重点保护野生植物。

　　杭州市处于中亚热带常绿阔叶林植被带,其东半部属钱塘江下游、太湖平原植被片,西半部属天目山、古田山丘陵山地植被片。植被垂直分布是:海拔 500m 以下的丘陵分布有次生常绿阔叶林,多数丘陵为马尾松林及马尾松阔叶树混交林、杉木林、毛竹林,以及茶、桑、果园,平原地区以稻、桑、蔬菜等人工植被为主;海拔 500~1000m 的低山为常绿落叶阔叶混交林和针阔叶混交林,海拔 1000m 以上中山有落叶阔叶林、针阔混交林、黄山松林、矮曲林、山地草甸与沼泽植被。

　　良好的自然条件,孕育了丰富的森林资源。据 2019 年杭州市森林资源及生长状态公告,全市森林覆盖率达到 64%,林木总蓄积量达到 7021.48 万 m^3,其中森林蓄积 6790.19 万 m^3,按用途分为防护林、用材林、经济林和特用林 4 类。

2.6.1　植物种类

1. 种类构成

　　杭州市植物种类繁多。仅西湖山区和西天目山等地就有高等植物 246 科 974 属 2160 种,其中苔藓植物 291 种,隶属于 60 科 142 属;蕨类植物 151 种,隶属于 35 科 68 属;种子植物 1718 种,隶属于 151 科 764 属。

　　总体上,杭州市的植物温带、亚热带区系成分特征显著,热带区系成分占有一定比例,与日本的共有种较多,与华东诸省共有种较多,特有、珍稀植物丰富。

　　种子植物中含大科(50 种以上)5 个,即禾本科(*Gramineae*,291 种)、菊科(*Compositae*,160 种)、莎草科(*Cyperaceae*,76 种)、蔷薇科(*Rosaceae*,75 种)、豆科(*Leguminosae*,70 种);较大科(20~49 种)6 个,即唇形科(*Labiatae*,45 种)、百合科(*Liliaceae*,42 种)、蓼科(*Polygonaceae*,37 种)、玄参科(*Scrophulariaceae*,27 种)、大戟科(*Euphorbiaceae*,20 种)、茜草科(*Rubiaceae*,20 种)。中等科(10~19 种)、小科(2~9 种)、单种科(1 种)数量最多,约占总科数的 90%。

　　种子植物中草本植物种、木本植物种和藤本植物种分别约占 60%、29% 和 11%。而木本植物中常绿乔灌木种和落叶乔灌木种分别约 34% 和 66%。

2. 国家重点保护的野生植物

　　根据 1999 年 8 月国务院正式批准公布的第一批国家重点保护野生植物名录,全国有 264 种重点保护野生植物。杭州市域内共有国家重点保护野生植物 31 种,其中属一级保护的有中华水韭(*Isoetes sinesis*)、银杏(*Ginkgo biloba*)、南方红豆杉(*Taxus chinesis* var. *maire*)、天目铁木(*Ostrya rehderian*)、银缕梅(*Shaniodendron subaequalum*)、莼菜(*Brasenia schreberi*)等 6 种,属二级保护的有水蕨(*Ceratopteris thalictroides*)、金钱松(*Pseudolarix kaempferi*)、华东黄杉(*Pseudotsuga gaussenii*)、榧树(*Torreya grandis*)、长叶榧(*Torreya jackii*)、七子花(*Heptacodtum miconiots*)、羊角槭(*Acer yangiuech*)、连香树(*Cercidiphyllum japonicum*)、台湾水青冈(*Fagus hayatae*)、中华结缕草(*Zoysia sinica*)、

樟树（*Cinnamomum camphora*）、天竺桂（*Cinnamomum japonicum*）、浙江楠（*Phoebe chekiangensis*）、野大豆（*Gtycine soja*）、花榈木（*Ormosia henrk*）、鹅掌楸（*Liriodendron chinense*）、厚朴（*Magnolia officinal*）、凹叶厚朴（*Magnolia biloba*）、莲（*Nelumbo nucifera*）、金荞麦（*Fagopyrum dibotyas*）、香果树（*Emmenopterys henryi*）、黄山梅（*Kirengeshoma palmate*）、野菱（*Trapa mersa*）、长序榆（*Ulmus elongala*）和榉树（*Zelkova schneideriana*）等 25 种。羊角槭和天目铁木为杭州市特有种。在浙江主要见于杭州市的有银杏、银缕梅和黄山梅。

另外，在拟公布的第二批国家重点保护野生植物名录中，杭州市域内属于一级保护的有 4 种，即建兰（*Cymbidium ensifolium*）、蕙兰（*Cymbidium faberi*）、春兰（*Cymbidium goeringii* var. *goeringii*）和扇脉杓兰（*Cypripedium japonicum*）；属于二级保护的有 40 种，即八角莲（*Dysosma versipellis*）、夏蜡梅（*Calycanthus chinensis*）、软枣猕猴桃（*Actinidia arguta*）、中华猕猴桃（*Actinidia chinensis*）、小叶猕猴桃（*Actinidia lanceolata*）、大籽猕猴桃（*Actinidia macrosperma*）、黑蕊猕猴桃（*Actinidia melanandra*）、葛枣猕猴桃（*Actinidia polygama*）、对萼猕猴桃（*Actinidia valvata*）、茶（*Camellia sinensis*）、无柱兰（*Amitostigma gracile*）、白及（*Bletilla striata*）、虾脊兰（*Calanthe discolor*）、镰萼虾脊兰（*Calanthe puberula*）、反瓣虾脊兰（*Calanthe reflexa*）、天目虾脊兰（*Calanthe tsoongianum*）、银兰（*Cephalanthera erecta*）、金兰（*Cephalanthera falcata*）、独花兰（*Changnienia amoena*）、蜈蚣兰（*Cleisostoma scolopendrifolium*）、杜鹃兰（*Cremastra appendiculata*）、高山毛兰（*Eria reptans*）、天麻（*Gastrodia elata*）、小斑叶兰（*Goodyera repens*）、斑叶兰（*Goodyera schlechtendaliana*）、毛葶玉凤花（*Habenaria ciliolaris*）、鹅毛玉凤花（*Habenaria dentata*）、十字兰（*Habenaria schindleri*）、福建羊耳蒜（*Liparis dunnii*）、见血青（*Liparis nervosa*）、长唇羊耳蒜（*Liparis pauliana*）、二叶兜被兰（*Neottianthe cucullata*）、象鼻兰（*Nothodoritis zhejiangensis*）、长叶山兰（*Oreorchis fargesii*）、舌唇兰（*Platanthera japonica*）、台湾尾瓣舌唇兰（*Platanthera mandarinorum* Rchb. f. ssp. *formosana*）、小舌唇兰（*Platanthera minor*）、独蒜兰（*Pleione bulbocodioides*）、绶草（*Spiranthes sinensis*）、小花蜻蜓兰（*Tulotis ussuriensis*）。夏蜡梅为杭州（临安）地区特有种。

3. 古树名木

杭州繁衍孕育并保存有众多的古树名木。据 2002 年的古树名木普查建档统计，全市共有古树名木 22131 株，其中名木 14 株；散生古树 11864 株，古树群 250 个，10267 株，隶属于 55 科 124 属 214 种（含变种、栽培变种）。分布于杭州市 13 个区、（县）市，其中城市 1541 株，农村 16600 株，自然保护区 3920 株，森林公园 52 株。在这些古树名木中，国家一级保护古树 1016 株，二级保护古树 2997 株，三级保护古树 18100 株。其中树龄 500 年以上的 1023 株，1000 年以上的 71 株，树龄最古老的古树是临安区太湖源镇上阳村的圆柏，树龄高达 2000 年左右。

杭州市的古树名木在浙江省具有重要的地位。在数量上，约占全省古树名木总数的 10.35%；在种类上，约占 46.42%。由于地理环境独特，杭州市还拥有一批特有古树，共 37 种 127 株，这些古树在浙江省仅分布于杭州市，其中天目朴、毛柄小勾儿茶、浙江光叶柿等在国内未见古树报道，而天目铁木、羊角槭则在全球仅产于西天目山。

4. 经济植物种类

植物种类按其经济用途分:

淀粉植物约 120 种,大部分为禾本科、壳斗科、豆科、蔷薇科、柿科、无患子科、百合科、天南星科以及蕨类植物的一些种。

药用植物有 1200 多种,有白术、萸肉、党参、杜仲、厚朴、乌药、白沙参、桔梗、栝楼、羊乳、金银花、天门冬、白前、当归、石斛、苍耳、射干、何首乌、七叶一枝花、金樱子、丹参、半边莲、百合、筋骨草、活血丹、地黄、青木香等。

芳香植物有 70 多种,如山鸡椒、薄荷、紫苏、玫瑰、藿香、留兰香、蜡梅等。

纤维植物有 120 多种,主要的有芦苇、芦竹、竹类、龙须草、结香、构树、葡蟠、鸡桑、野苎麻、木槿、紫藤、南蛇藤等,这些植物的韧皮或秸秆、叶广泛应用来作为造纸、编织绳索和袟以及用作纤维板原料。

油脂植物有 350 多种,主要的有油桐、白背叶、漆树、野漆、山胡椒、山鸡椒、乌药、香樟、油茶和乌桕等。

化工原料植物有 100 多种,主要的有化香、金樱子、马尾松、野柿、小果蔷薇、枫香、无患子、椰榆等,可用来作为提取栲胶、染料、松香、糖醛及酚醛塑料填充剂等化工原料。

饲料植物有 90 多种,主要的有桑、苜蓿、田菁、紫云英、美丽胡枝子、鸡眼草、山蚂蟥、早熟禾、狗尾草、马唐、野燕麦以及其他杂草类等,都可用作猪、牛、羊等牲畜的饲料。

野生蔬菜植物 100 多种,如马兰、蕨菜、香椿、荠菜和水芹等。

野生果树植物 100 多种,如猕猴桃、乌饭树、野柿、胡颓子、豆梨、野山楂、薜荔、山莓、银杏、榧、粗榧等。

蜜源植物有 800 余种,主要的有蔷薇科、豆科、十字花科、菊科、唇形科、忍冬科、百合科、樟科、槭树科、虎耳草科、马鞭草科、卫矛科、毛茛科、壳斗科、蓼科、五加科、杜鹃花科、兰科、山茶科、椤科、榆科、冬青科、鼠李科、芸香科、玄参科、猕猴桃科、椴树科一些植物。

野生园林观赏植物有 650 多种,主要有金钱松、银杏、鸡爪槭、栀子、南天竹、蜡梅、玉兰等。

2.6.2 主要植被类型

杭州市地带性植被为中亚热带常绿阔叶林,但由于受人为因素的影响,现存的自然植被大多数属于 20 世纪中后期遭受了严重破坏后逐渐发育起来的次生性植被。根据《中国植被》的分类原则,全市的自然或近自然植被可分针叶林、阔叶林、针阔混交林、灌丛、草丛、草本湿地和水域植被等 6 个植被型组,共 16 个植被型上百个群系。栽培植被可分草本和木本两个植被型组,共 11 个植被型,数十个群系。

1. 自然或近自然植被

全市主要自然或近自然植被类型及其性质与分布状况如下。

(1)针叶林植被型组

1)暖性针叶林植被型

马尾松林。马尾松林是全市分布最广的森林植被,在海拔 750~800m 以下的低山丘陵地区随处可见。林下灌木层多由映山红、檵木以及白栎、枫香等落叶树种的幼苗组成。草本层有芒萁、五节芒和野古草等。成熟的马尾松林较少,主要为中龄林和幼林。

金钱松林。金钱松林是重要的景观林,主要分布于临安的天目山自然保护区,桐庐的岭源、合村、歌舞等乡及富阳的龙门林场。

杉木林。杉木林是全市各地常见的森林植被,主要分布在海拔高 1000m 以下的山地,常与马尾松、毛竹或多种阔叶树混交。在次生的天然杉木林下,常见的灌木有檵木、细齿枹木、乌饭、百两金、硃砂根、石斑木等。草本植物有五节芒,淡竹叶、乌毛蕨、芒萁等,藤本植物有菝葜、鸡血藤、木防己等。

柳杉林。柳杉主要分布于海拔 1200m 以下的中、低山区。西天目山的柳杉林闻名全国,树高林密,干直径粗,胸径在 1m 以上的有 398 株,2m 以上的有 15 株。伴生的落叶阔叶树有枫香、天目木姜子、青钱柳、华东野胡桃、红果钓樟等,也有交让木、虎皮楠、岩青冈等常绿种类。灌木层以华箬竹为最多,其他有毛花连蕊茶、枹木、山胡椒、华紫珠以及岩青冈的幼苗等。草本层以求米草、窄头橐吾、堇菜和一些蕨类植物分布最为普遍。

柏木林。柏木林主要分布于淳安、建德、富阳、临安等地的石灰岩丘陵山地,林相整齐,结构简单,郁闭度不大,林下常见的灌木和藤本有山胡椒、南天竹、云实、小果蔷薇等。

2)温性针叶林植被型

黄山松林。黄山松是中国中亚热带低、中山地分布的常绿针叶树种,一般分布在 800m 以上的山坡或山脊,其下限常与马尾松林相接。临安、淳安等地山地垂直带上的黄山松林,常形成单优势种的纯林。在保存较好的地方,则常混生有一定数量的阔叶树种,如青冈、木荷、交让木等,呈现常绿针阔混交林的外貌特征。灌木层则由马银花、麂角杜鹃、蜡瓣花、石斑木、扁枝越橘等共同构成。淳安南侧的磨心尖,由于受到新安江水库效应的影响,黄山松林分布的海拔高度在 1250~1523m。

南方铁杉林。南方铁杉林分布于清凉峰东峃头海拔 1500~1600m 一带东南坡的山谷中。上木层以南方铁杉为主,树高 8~12m,胸径 25~40m,下木层主要为天女花、安徽杜鹃、野珠兰、具柄冬青、云锦杜鹃等,草本植物稀少。

(2)阔叶林植被型组

1)常绿阔叶林植被型

乔木层主要由壳斗科、樟科、山茶科、木兰科和杜英科常绿树种组成;灌木层大多为杜鹃属、乌饭树属、山矾属、枹木属、山胡椒属、木姜子属的植物;草本层以蕨类植物为主,常伴有莎草科、百合科、禾本科植物。

常绿阔叶林按建群种的不同,主要划分为以下几类:

青冈林。青冈林主要分布于海拔 1000m 以下的沟谷或山地坡麓地带,是一类耐寒的常绿阔叶林,在西湖山区、建德、淳安、临安较为常见。

槠栲林。槠栲林主要分布于低山、丘陵区光照条件较充足的地段。

樟楠林。樟楠林主要分布于海拔 900m 以下的湿润沟谷地带,如建德寿昌林场绿荷塘一带和临安西天目山南坡三里亭到五里亭一带。

木荷林。木荷林常见于一些丘陵和低山的阳坡、山脊。乔木层由木荷占绝对优势或由木荷与青冈、栲类共同形成优势种。木荷常被种植用于防火林带。

小叶青冈、云山青冈林。此类林主要分布于海拔 1000m 附近的中、低山过渡地带。

2)常绿、落叶阔叶混交林植被型

常绿、落叶阔叶混交林为亚热带向暖温带的过渡性地带植被类型,在杭州市是山地植被垂直带谱中的一个重要组成部分,为常绿阔叶林与山地落叶阔叶林之间的过渡林,在清凉峰、天目山、磨心尖等山区均有分布,分布高度可达海拔 1100m 左右。同时,也是亚热带地区石灰岩山地的地带性植被,在西湖山区、临安、桐庐、富阳、建德、淳安的石灰岩山区较常见。主要类型有:

青冈与落叶阔叶树的混交林。包括青冈、枫香林,青冈、麻栎林,青冈、朴树林,青冈、青钱柳、天目木姜子林等。

小叶青冈与落叶阔叶树的混交林。包括小叶青冈、短柄枹林,小叶青冈、蓝果树林,小叶青冈、白乳木林等。

苦槠与落叶阔叶树的混交林。包括苦槠、枫香林和苦槠、麻栎林等。

樟楠与落叶阔叶树的混交林。包括樟、枫香林,樟、麻栎林,樟、槲栎林,浙江楠、麻栎林等。

木荷与落叶阔叶树的混交林。包括木荷、枫香林,木荷、茅栗林,木荷、巴山水青冈林等。

3)落叶阔叶林植被型

落叶阔叶林是山地植被垂直带谱中的一个组成部分,一般分布于石灰岩丘陵山地或海拔 1000~1200m 以上的山坡,也有受人为影响而形成的次生落叶阔叶林。在海拔 800m 以上的落叶阔叶林主要有短柄枹林、茅栗林、锥栗林、四照花林等,并有浙江其他地区少见的台湾水青冈林、领春木林。在海拔 800m 以下主要是由枫香、麻栎、白栎、黄檀、黄连木、化香、椰榆、朴树、枫杨等形成乔木层的落叶阔叶林,片状分布于各地;临安、富阳有数片在华东地区罕见的野生蜡梅林。

根据建群种的不同,主要可分为以下几类:

蜡梅林。主要分布于临安玲珑镇和富阳万市镇海拔 170~420m 的石灰岩坡地上。

黄檀、化香林。主要分布于石灰岩山地,在海拔 400~500m 的山坡较为常见,乔木层以黄檀、化香为主,伴生有麻栎、朴、榆等种类。

枫香栎类林。包括枫香林,枫香、槲栎林,枫香、麻栎林等。常见于各地的丘陵低山区。枫香在乔木层占较大优势,常与槲栎、麻栎形成共优种。

朴树、珊瑚朴林。常见于各地的丘陵低山区。乔木层树高 10~13m,朴树和珊瑚朴占较大优势,伴生种有黄连木、榉树、麻栎、肉花卫矛、梧桐、青冈、黄檀和豹皮樟等。

白栎、锥栗林。主要分布于海拔 1000 米以下的低山丘陵区。林下灌木主要有盐肤木、野鸦椿及白栎幼苗等。

短柄枹林。短柄枹为杭州市常见的落叶阔叶树种,分布范围从海拔 1000m 以下的低山丘陵区至 1000m 以上的中山区皆有。西天目山海拔 1250m 处的短柄枹林平均树高 14m,平均胸径 12cm;伴生树种主要有灯台树、云锦杜鹃、黄山松等。

茅栗林。主要分布于海拔 800m 以上的低、中山区。乔木层除茅栗外,还分别有灯台树、短柄枹、雷公鹅耳枥等共建种,伴生树种有天目械、四照花、椴、化香、枫香、青钱柳等。

锥栗林。多见于千里岗山地,出现高程约 1000m 左右,上层以锥栗为主,一般树高 15~20m,密度不大,但树木冠幅大,盖度达 70%~80%;第二乔木亚层一般高 10m 左右,种类组成复杂,主要的落叶树成分有茅栗、华瓜木、短柄枹、鹅耳枥、合欢、枫香、椴、黄檀、泡花树、野漆、灯笼树等。

台湾水青冈林。主要分布于清凉峰自然保护区迎客峰、百步岭海拔 1000m 以上山坡。

领春木林。主要分布于西天目山西关水库以上海拔 1200m 一带的沟谷中和清凉峰海拔 1650 米的东岙头北坡。乔木层伴生树种主要有化香、柘树、蜡瓣花、紫茎。

4)落叶阔叶矮林植被型

分布在海拔 1200～1400m 以上地带,如西天目山、龙塘山等中山近顶部处。由于山高风大,光照强烈,特别是冻害、覆雪、雾凇、雨凇等气候因素的影响,乔木的顶枝和侧枝都长得畸形弯曲,分枝级数尤多,植物群落高度普遍低矮,形成了具有特殊群落外貌的山顶落叶阔叶矮林。树高一般 4～6m,少数高达 8～9m,树种组成复杂,盖度也大,根据群落种类不同,有白栎、茅栗林,乌冈栎林、野山楂林,圆锥绣球、安徽小檗林,湖北海棠、四照花、秋子梨林,黄山花楸林等。

5)常绿阔叶矮林植被型

常绿阔叶矮林植被型的分布范围和形成原因与落叶阔叶矮林植被型相似。有隔药柃林、小叶青冈林、云山青冈林、云锦杜鹃林等。

6)竹林植被型

竹林植被型的类型众多,常见的有毛竹林、早园竹林、红壳竹林、高节竹林、哺鸡竹林、淡竹林、苦竹林等群系。

毛竹林。广泛分布于海拔 800m 以下的丘陵和低山地区,为全市分布面积最大、经济价值最高的竹林类型。毛竹高达 10～20m,杆粗 8～16cm。竹林覆盖度约 75%～95%,林下灌木稀少、矮小,常见的有继木、柃木、杜茎山、冻绿等;草本层植物有五节芒、狗脊、卷柏等。在半自然状态下的竹林,也常混生一些阔叶树或杉木。

石竹林。主要分布于临安、富阳、余杭、淳安等市(区、县)的丘陵山区。为杭州名产天目笋干的原料植被。常与白栎、麻栎、枫香等阔叶树混生,林下有五节芒、芒萁等草本植物。

淡竹林。主要沿河溪两岸滩地成片生长,或在丘陵山麓坡地连片生长,在余杭区黄湖、百丈、径山和瓶窑等镇分布较多。为双溪竹海漂流景区的标志性植被景观。竹高达 5～8m,杆粗 2～4cm。竹林覆盖度约 80%～95%,林下灌木稀少。

苦竹林。全市皆有分布,生于向阳山坡或平原,为供应制笛竹材及农作物棚架竹材的植被类型之一。竹高达 3～5m,杆粗 1.5～2.5cm。竹林覆盖度约 80%～95%,林下灌木稀少。

玉山竹林。分布于清凉峰海拔 1000m 以上的山冈上,林下常有少量的珍珠菜、地榆、莎草、禾草类等草本植物。

其他野生竹林群系,如水竹林、篌竹林等,对竹笋、竹材供应和自然生态维护也发挥了重要作用。

(3)针阔混交林植被型组

先锋性的针叶林顺行演替,林中逐渐生出阔叶树,而成为针阔混交林。

1)暖性针阔混交林植被型

海拔 800m 以下常见的类型有马尾松、木荷、苦槠林;杉木、毛竹、苦槠林;圆柏、短柄枹林等。

2)温性针阔混交林植被型

海拔 800m 以上主要是以黄山松占优势的针阔混交林,如黄山松、黄山栎林;黄山松、短柄枹林等。

(4)灌丛植被型组

灌木类植物占优势,在全市丘陵山地的不同部位均有分布。绝大部分是由森林受到长期过度樵采所形成的次生植被。经封山育林会逐渐向针叶林或其他先锋性森林植被类型过渡。根据其种类组成的不同,主要可分为以下几个类型。

1)常绿阔叶灌丛植被型

檵木、乌饭树灌丛。分布于红壤丘陵区,灌木层以常绿的檵木和乌饭树为主,并伴生有映山红、马银花、短柄枹、白栎、胡枝子、华东木蓝、算盘子、隔药柃和白马骨等种类。草木层则以芒、五节芒、一枝黄花、三脉叶马兰等为主。藤本植物有葛藤、菝葜、鸡屎藤、海金沙等。

乌饭、马银花灌丛。常见于天目山区海拔 1000m 以下的山地林缘,伴生隔药柃、冻绿等,草本层有芒萁、藜芦等。

2)落叶阔叶灌丛植被型

白栎、短柄枹、茅栗灌丛。主要分布于杭州市西部丘陵山区,灌木层主要由白栎、短柄枹和茅栗等阳性乔木树种砍伐后形成的萌生枝与映山红、檵木、胡枝子、隔药柃、柘树、中华绣线菊、白马骨等灌木种类相伴生。

短柄枹、映山红灌丛。分布广泛,群落中伴生有山胡椒、胡枝子、山鸡椒、中华绣线菊、山蚂蝗、冻绿、白马骨等灌木和山合欢、黄檀、茅栗等乔木种类。

黄荆、胡枝子灌丛。主要分布于石灰岩地区林缘。

映山红灌丛。多呈块状分布在林间空地和平缓的山坡。

悬钩子灌丛。常见于沟谷两侧和林间潮湿的空地,悬钩子种类很多,主要有美丽悬钩子、山莓、插田泡、高粱泡等。

海州常山灌丛。多生于山坡、溪边、路旁、村旁。

(5)草丛植被型组

以高草草丛植被型为主,分禾草、杂类草、蕨类草 3 个植被亚型。

1)禾草草丛植被亚型

禾草草丛植被亚型主要有狗尾草草丛,白茅、芒、野古草草丛,四脉金茅草丛,五节芒、四脉金茅、求米草草丛,五节芒草丛等。

2)杂类草草丛植被亚型

杂类草草丛植被亚型主要有野大豆草丛,蓬、蒿类草丛,苍耳草丛,野苎麻草丛等。

3)蕨类草丛植被亚型

蕨类草丛植被亚型主要有芒萁草丛、蕨草丛、里白草丛等。

(6)草本湿地和水域植被型组

草本湿地和水域植被型组分高草湿地植被型、低草湿地植被型和浅水生植物植被型。

1)高草湿地植被型

高草湿地植被型主要分禾草高草湿地、杂类草高草湿地 2 个植被亚型。禾草高草湿地植被亚型主要有荻、斑茅草丛,芦苇、芦竹草丛,藕草草丛,沼原草草丛等。杂类草高草湿地植被亚型主要有菖蒲草丛,蓼属草丛,玉蝉花草丛等。

2)低草湿地植被型

低草湿地植被型分禾草低草湿地、杂类草低草湿地、蕨类低草湿地 3 个植被亚型。禾草低草湿地植被亚型主要有禾草低草草丛和苔草低草草丛,广泛分布于全市江河滩地、沟渠边、池塘旁、水库消落区或山地沼泽中。杂类草低草湿地植被亚型主要有香附子草丛、牛毛毡草丛、星花灯芯草草丛、蓼子草、习见蓼草丛、旋鳞莎草草丛、三叶朝天委陵菜草丛等。蕨类低草湿地植被亚型主要有中华水韭草丛和毛叶沼泽蕨草丛。

3）浅水生植物植被型

浅水生植物植被型分浮水植物植被亚型、浮叶植物植被亚型和沉水植物植被亚型。浮水植物植被亚型主要有满江红、槐叶萍浮水蕨类植物群落，浮萍类群落，凤眼莲群落等。浮叶植物植被亚型主要有野菱群落、黄花水龙群落、眼子菜群落、喜旱莲子草群落等。沉水植物植被亚型主要有竹叶眼子菜群落、菹草群落、苦草群落、金鱼藻群落、黑藻群落、水盾草群落等。

2. 栽培植被

（1）草本植被型组

草本植被型组分粮食作物、油料作物、棉麻作物、药材作物、蔬菜作物、水果作物和绿化草本植被型。

1）粮食作物植被型

水稻。双季稻一年二、三熟制或单季稻一年一熟或稻麦（油菜）连作一年两熟，主要分布于钱塘江和苕溪两岸的水网平原地带。

旱地谷物。常见的有玉米、小麦、大麦等群系。主要种植于丘陵山区。

豆类。主要有大豆、蚕豆、豌豆等。平原、山区皆种植。

番薯。主要种植于丘陵山区。

2）油料作物植被型

油菜。平原、山区皆种植，山区相对较多。

花生、芝麻。小片状种植于山区旱地。

3）棉麻作物植被型

棉花。少量种植于萧山海涂平原。

麻类。以椴树科的黄麻和锦葵科的红麻为主，少量种植于萧山海涂平原。

4）药材作物植被型

白术、石斛、贰芎、洋甘菊、黑心菊、玄参、贡菊、牡草、薄荷等草本药用植物，在临安昌化和淳安枫树岭、威坪两镇栽培较多。

西红花。主要栽培于三都、莲花两镇。

5）蔬菜作物植被型

蔬菜作物植被型主要分布于城郊。常见的有：

嫩茎、叶、花菜类。如青菜、白菜、甘蓝、芹菜、菠菜、花椰菜、生菜、油麦菜、芦笋等。其中，芦笋在富阳市富春江沿岸沙性土地上栽培较多，闻名全国。

根菜类。如萝卜、胡萝卜等。萧山海涂围垦区所产萝卜较有名，萧山萝卜干为国家地理标志产品。

芋类。如芋头（芋艿）等，常见于水网平原地区。

茄果类。如番茄、茄、辣椒等，在平原、山区广泛种植。

瓜类。如黄瓜、丝瓜、南瓜、苦瓜、葫芦等，在平原、山区广泛种植。其中，苦瓜在建德市栽培较多。

豆类。如蚕豆、豌豆、豇豆、菜豆、荷兰豆等

葱、蒜等。主要有葱、韭菜、蒜等。

水生蔬菜。主要有莼菜、藕、慈姑、荸荠、茭白等,各地浅水环境均产,以余杭、西湖、萧山区等水网平原地区最为集中。

6)水果作物植被型

草莓。为建德市的特色水果。

西瓜。各地均有种植,以萧山、下沙一带较集中。

甘蔗。主要种植于余杭临平、塘栖一带。

7)牧草作物植被型

牧草作物植被型主要有黑麦草、篁竹草等,少量分布于下沙和临安等地。

8)绿化草本植被型

草皮绿化植物群落。常见的有狗牙根、马尼拉草、高羊茅、马蹄金等。

地被植物群落。常见的有沿阶草、山麦冬、吉祥草、鸢尾、草绣球、大吴风草、花叶玉簪、佛甲草等。

湿地绿化水草群落。常见的有睡莲、莲、水烛、香蒲、千屈菜等。

(2)木本植被型组

1)针叶林植被型

水杉林。常见于平原水网地区及库区或河岸湿地。

池杉林。栽培环境基本与水杉相同,但更耐水淹。在青山湖水库形成水上森林景观。

2)阔叶林植被型

景观林。主要有垂柳林、桂花林、梅花林、樟树林、秃瓣杜英林等。柳浪闻莺、满垅桂雨、灵峰探梅、西溪寻梅、超山赏梅等都是杭州代表性的观光景点。

水果。常见类型有梨树林、桃树林、杨梅林、柑橘林、李树林、枣子林、樱桃林、枇杷林、柿树林、葡萄等。主要分布于富春江、新安江和苕溪两岸。其中,塘栖枇杷为国家地理标志产品。

干果林。常见类型有板栗林、山核桃林、香榧林、银杏林等。主要产于临安、淳安、建德、富阳、桐庐等西部山区。其中,以临安昌化的山核桃最为有名。

药材林。主要有山茱萸、杜仲林、厚朴林等。主要产于临安、淳安丘陵山区。

油料林。主要有油茶林、油桐林,产于淳安、建德、临安、富阳、桐庐等西部山区。

桑树林。主要分布于钱塘江和苕溪两岸平原及低丘地带。

竹林。包括笋用竹林,或公园绿化竹林。前者常见的有早园竹、哺鸡竹、红壳竹、高节竹等;后者常见的有花毛竹、金镶玉竹、紫竹、孝顺竹、茶杆竹等。

花卉苗木林。20 世纪 90 年代中后期以后,随着园林绿化对花卉苗木需求的增加,各区、县(市)大量种植樟树、桂花、雪松、柏树、银杏、广玉兰、玉兰、深山含笑、鹅掌楸、红枫等各种园林花木,以萧山最为著名。

3)灌木林植被型

茶园。全市范围低山丘陵的红、黄壤地区均有种植。著名的有杭州的龙井茶、余杭的径山茶、桐庐的雪水云绿、临安的天目青顶、淳安的千岛玉叶、富阳安顶云雾茶、建德严州苞茶等品牌。

灌木药材林。指水栀子林,主要栽培于淳安县枫树岭一带的丘陵山区。

灌木园林绿地。常见的有杜鹃、大叶黄杨、雀舌黄杨、海桐、栀子、八角金盘、红花檵木、金丝桃、黄馨、六月雪、洒金珊瑚、火棘等。

3. 西湖山区植被

西湖山区除了局部地带有少量的农田、茶园、果园等栽培植被之外,森林植被覆盖较广,构成了西湖风景名胜区重要的景观资源和生态屏障。西湖山区的森林植被可划分3个植被型组,6个植被型,数十个群系(见图2-4)。

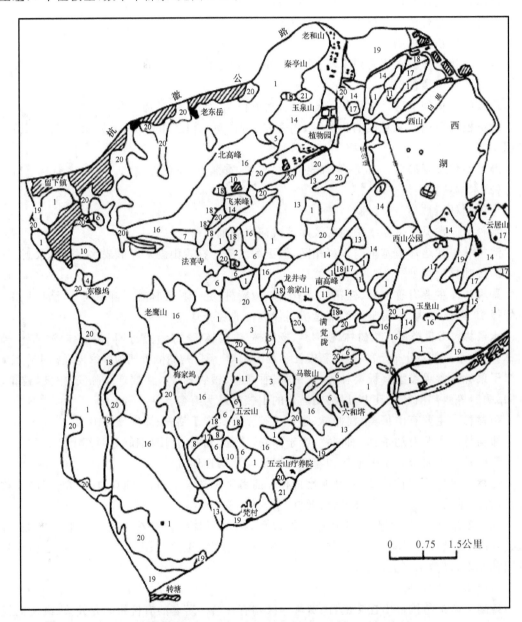

图 2-4　环西湖丘陵植被分布(来源于1995年版《杭州市志(第一卷)》)

亚热带针叶林:1. 马尾松林;2. 黑松林;3. 刺柏林;4. 柏木林、常绿阔叶林;5. 苦槠林;6. 木荷林;7. 青冈林;8. 米槠林;9. 杜英林、常绿落叶阔叶混交林;10. 青栲、紫楠、锥栗为主的混交林;11. 青冈为主的混交林、落叶阔叶林;12. 紫楠、枫香混交林;13. 青冈、苦槠、麻栎、白栎混交林;14. 化香、黄连木、麻栎林;15. 枫香、大叶白纸扇林、针阔混交林;16. 含常绿阔叶树种的针阔混交林;17. 含落叶阔叶树种的针阔混交林、竹林;18. 毛竹林

栽培植被:19. 稻田;20. 茶园;21. 果园

（1）针叶林植被型组

针叶林植被型组仅有暖性针叶林 1 个植被型。以马尾松林为主。在砂岩、火山碎屑岩地区分布区尤为集中，如天竺山、北高峰、万松岭、虎跑山、五云山、葛岭、老和山等地。其余为黑松林、刺柏林和少许柏木林。

（2）阔叶林植被型组

1）常绿阔叶林植被型

米槠、木荷林，在五云山东坡有成片分布。

苦槠、木荷林，主要分布于九溪、虎跑和梅家坞等地。

苦槠林，主要分布于梅家坞、马鞍山、大头山一带。

木荷林，分布较广，在灵隐寺庙后、五云山和梅家坞等地均有较大面积分布。

青冈林，主要分布于黄龙洞、九溪、桃源岭、梅家坞和北高峰一带。

紫楠林，在玉皇山、灵隐寺附近有分布。

浙江楠林，分布于九溪理安寺及云栖一带。

秃瓣杜英林，以玉皇山南坡片颇堪观赏。

毛竹林，分布较广，主要分布于山体下部的村庄附近，在九溪、云栖、龙井等地分布最为集中。

2）常绿落叶阔叶混交林植被型

樟、枫香林，主要分布于玉皇山、九曜山、植物园等地。

樟、麻栎林，主要分布于龙井、飞来峰等地。

樟、槲栎林，分布于植物园。

青冈、朴树林，主要分布于北高峰。

青冈、麻栎林，分布于南高峰的烟霞洞一带。

苦槠、枫香林，主要分布于灵峰附近。

木荷、枫香林，主要分布于茅家埠和五云山一带。

青栲、紫楠、大叶锥栗林，灵隐后山有分布。

紫楠、枫香林，云栖寺前有小片分布。

青冈、苦槠、麻栎、白栎林，在吉庆山、法喜寺、感应桥等地均可见到。

此外，还有竹阔混交林。主要有毛竹＋枫香林和毛竹＋槲栎林。为毛竹林放弃人工经营后，阔叶树种侵入而形成的植被类型，分布于村庄附近。

3）落叶阔叶林植被型

朴树、珊瑚朴林，主要分布于北高峰、龙井及西湖西边的一些小山丘上。

枫香、槲栎林，要分布于栖霞岭、乌龟潭和玉皇山等地。

枫香林，在桃桂山、植物园有较大面积分布。

化香、黄连木、麻栎林，在九曜山、玉皇山、南高峰、龙井寺、飞来峰的灰岩山坡上皆有分布。

枫香、大叶白纸扇林，仅分布于将台山山顶。

（3）针阔叶混交林植被型组

1）含常绿阔叶树种的针阔叶混交林植被型

第一乔木层以马尾松、杉木为主，与木荷、苦槠、石栎等常绿阔叶树混交，并伴有麻栎、野漆树、格药柃、南京椴、白花龙、樟、郁香安息香、珊瑚朴和白檀等。分布于梅家坞、五云山、马鞍山、北高峰等地。

2)含落叶阔叶树种的针阔叶混交林植被型

乔木层常由马尾松、白栎、朴树、化香、梧桐等构成。分布于凤凰山、云居山、宝石山、紫云洞等地。

2.7　野生动物

野生动物是自然资源的重要组成部分,在维护自然生态平衡中具有不可估量的作用。杭州多样的自然环境和温湿的气候孕育了丰富的野生动物资源。根据杭州市湿地资源调查(2005 年)及历史记载,全市有鱼类 178 种,其中国家一级保护动物 1 种,二级保护动物 3 种。根据杭州市陆生野生动物资源调查(2005—2007 年)及历史记载,全市共有陆生野生动物 506 种,属于国家级重点保护动物 74 种,其中国家一级重点保护动物有 10 种,国家二级重点保护动物有 64 种。

2.7.1　区　系

在动物地理区划上,杭州位于东洋界和古北界的过渡地带。兽类、爬行类、两栖类以东洋界种占优势;鸟类以古北界种稍占优势,杭州市区鸟类仍以东洋界种为主。鱼类区系由北方平原、北方山区、江河平原、上第三纪、热带平原、中印山区、海水七个鱼类区系复合体组成。

陆生脊椎动物主要分布于西南山区和临安北部山区。无脊椎动物以昆虫类繁盛。

2.7.2　主要类型

1.种类组成

杭州市脊椎动物中有鱼类、两栖类、爬行类、鸟类、兽类 5 个主要类群。

鱼类有真鲨目、鲟形目、鲱形目、鲑形目、灯笼鱼目、鳗鲡目、鲤形目、鲇形目、鳉形目、颌针鱼目、鲻形目、合鳃目、鲈形目、鲉形目、鲽形目、鲀形目等 16 目,共 44 科 178 种。

两栖类有有尾目、无尾目等 2 目,共 9 科 28 种。

爬行类有龟鳖目、蜥蜴目、蛇目、鳄目等 4 目,共 11 科 43 种。

鸟类有鹏鹏目、鹈形目、鹳形目、雁形目、隼形目、鸡形目、鹤形目、鸻形目、鸥形目、鸽形目、鹃形目、鸮形目、夜鹰目、雨燕目、佛法僧目、䴕形目、雀形目等 17 目,共 66 科 354 种。

兽类有食虫目、翼手目、灵长目、鳞甲目、兔形目、啮齿目、鲸目、食肉目、偶蹄目等 9 目,共 24 科 81 种。

在 2005—2007 年的杭州市野生动物资源调查过程中,共记录杭州市陆生野生动物 316 种(兽类中刺猬科以外的食虫目、翼手目、豪猪科以外的啮齿目和鲸目不属于调查范围)。其中两栖类 2 目 7 科 25 种,分属有尾目 1 科 3 种、蛙形目 6 科 22 种;爬行类有 3 目 10 科 35 种,分属龟鳖目 2 科 2 种、蜥蜴目 4 科 7 种、蛇目 5 科 26 种;鸟类 16 目 46 科 224 种;兽类 7

目 13 科 32 种。同时，调查还发现了凤头鹰（*Accipiter trivigatus*）、林雕（*Ictinaetus malayensis*）、红耳鹎（*Pycnonotus jocosus*）、短尾鸦雀（*Paradoxornis verreauxis*）、棕褐短翅莺（*Bvadypterus luteoventris*）、史氏蝗莺（*Locustella pleskei*）、厚嘴苇莺（*Acrocephalus aedon*）和叉尾太阳鸟（*Aethopyga christinae*）等 8 种浙江省鸟类分布新记录。

除了脊椎动物外，杭州市还有无脊椎动物许多类群，其中节肢动物的昆虫类就有 26 目 213 科 1853 种。

2. 珍稀濒危物种

根据杭州市湿地资源调查（2005 年）及历史记载，全市鱼类中属于国家一级保护动物的仅有中华鲟，但近代已很难见到其踪迹。国家二级保护动物有花鳗鲡、胭脂鱼和松江鲈鱼 4 种，其中花鳗鲡仅在西湖水域有极少量分布；胭脂鱼仅为养殖种；松江鲈鱼在钱塘江口有极少量分布。

根据杭州市陆生野生动物资源调查（2005—2007 年）及历史记载，杭州市陆生野生动物中有国家重点保护动物有 74 种。其中属于国家一级重点保护动物有 10 种，即扬子鳄、东方白鹳、黑鹳、白颈长尾雉、白鹤、云豹、豹、华南虎、黑麂和梅花鹿等，但其中的扬子鳄和虎等甚至可能在全市范围内已经处于野外灭绝状态，而东方白鹳、黑鹳和白鹤亦已多年不见。属于国家二级重点保护动物有 64 种，其中有大鲵和虎纹蛙 2 种两栖类，有卷羽鹈鹕、海南鳽、白琵鹭、黑脸琵鹭、疣鼻天鹅、小天鹅、白额雁、鸳鸯、鹗、黑冠鹃隼、凤头蜂鹰、黑翅鸢、黑鸢、栗鸢、秃鹫、蛇雕、白尾鹞、鹊鹞、凤头鹰、赤腹鹰、日本松雀鹰、松雀鹰、雀鹰、苍鹰、灰脸鵟鹰、普通鵟、大鵟、林雕、乌雕、鹰雕、红隼、灰背隼、燕隼、游隼、勺鸡、白鹇、白枕鹤、褐翅鸦鹃、草鸮、领角鸮、红角鸮、雕鸮、乌雕鸮、毛腿鱼鸮、褐林鸮、领鸺鹠、斑头鸺鹠、鹰鸮、长耳鸮、短耳鸮和仙八色鸫等 51 种鸟类，有猕猴、穿山甲、豺、黑熊、青鼬、水獭、大灵猫、小灵猫、原猫、獐和鬣羚等 11 种兽类。其中卷羽鹈鹕、白琵鹭和疣鼻天鹅等大型湿地水鸟，秃鹫等大型隼形目猛禽，雕鸮、毛腿鱼鸮、鹰鸮和长耳鸮等大中型鸮形目猛禽，以及仙八色鸫和大鲵等已多年未见。

调查期间，在淳安千岛湖发现世界濒危物种、国家二级重点保护动物海南鳽的分布，记录到的累计数量近 30 只，这是迄今该物种在野外发现的最大种群。

另外，杭州市还有省级重点保护动物有 53 种，其中两栖类 2 种，爬行类 7 种，鸟类 36 种，兽类 8 种；省一般保护动物有 157 种，其中两栖类 3 种，爬行类 8 种，鸟类 137 种，兽类 9 种。

在杭州市陆生野生动物资源调查（2005—2007 年）中，只记录到杭州市陆生野生动物 316 种（兽类中刺猬科以外的食虫目、翼手目、豪猪科以外的啮齿目和鲸目不属于调查范围），占应调查物种数的 70% 左右，其中仅鸟类就有 130 种未能在调查中发现。当然，许多陆生野生动物未能在调查中得以记录的原因是多方面的，有调查时间和调查强度的因素，也有因气候变化导致的野生动物区系组成自然变化。但进一步分析这些未记录到物种的生态类型发现，未能记录到的种类大多为大型的两栖爬行类、大型湿地水鸟、猛禽和大型兽类等，其中有不少为珍稀濒危物种。例如，两栖类中的大鲵，爬行类中的扬子鳄和鸟类中的东方白鹳、黑鹳、白鹤、卷羽鹈鹕、白琵鹭和疣鼻天鹅等湿地水鸟；虎在历史上在临安有分布记录，但已近 30 年未见；黑熊只在淳安有分布，梅花鹿仅分布于临安。因此，大量调查物种未能在调查中发现主要是由于陆生野生动物栖息地的质量和面积的变化、资源过度利用,以及人类生产活动对野生动物的直接干扰等多种因素的影响所致。

3. 驯养繁殖

杭州市的野生动物养殖业主要分为两类:一是以观赏、表演、文化娱乐为主的各类野生动物养殖场所,如动物园、公园、野生动物世界等;二是以提供产品为目的所从事的生产经营性养殖,如养鸭场、养蛙场等,饲养种类主要有棘胸蛙(石蛙)、鳄龟、巴西龟、湾鳄、绿头鸭(野鸭)、环颈雉、蓝孔雀、鹌鹑、梅花鹿、野猪等。

第3章 杭州名胜

3.1 名 水

3.1.1 钱江潮

每年农历八月十八,钱江潮汹涌澎湃,潮头可高达数米。海潮来时,声如雷鸣,排山倒海,犹如万马奔腾,蔚为壮观。钱江观潮习俗始于汉魏,盛于唐宋,历经 2000 余年,经久不衰。

钱塘江流经杭州出现的"之"字形弯曲和江口的涌潮,不仅景色宏伟壮观,也是十分有特色的地理现象。

河流弯曲是一种普遍出现的自然现象。在平直河段,主流线一般位于河道的中央。而河湾处,主流线总是偏向凹岸,其结果是使水体向凹岸集中,水面壅高,在河床横断面上产生由凹岸向凸岸倾斜的"横比降"。在横比降和水的重力、弯道离心力、科里奥利力的共同作用下,水就自凹岸向下,经河床底部向凸岸,再经水面回到凹岸,这个过程称"横向环流"。但是,因水在纵向上流动向前,每个环流都不回到原来出发的地点,而是向下游移动了。所以弯道水流实际上是作螺旋形运动的。

螺旋流在凹岸处向下运动,力量较强,因而就不断淘蚀凹岸物质;凸岸处由于水流与重力方向相反,螺旋流带来的凹岸物质就在凸岸堆积。显然,河流弯曲必然要造成凹岸后退,凸岸加积的现象。在六和塔附近,这种现象非常清楚。六和塔处于"之"字形弯曲的凹岸部位,塔下临江处岩石裸露的陡壁就是凹岸侵蚀所造成的;江对岸巨大的滩地凸向六和塔方向,至今仍是不断接受江流泥沙堆积的场所。河流在横向上不断侵蚀凹岸的现象称侧蚀或旁蚀,由于侧蚀作用,凹岸不断后退,凸岸不断伸展,河道变为弯曲,这就是河曲。钱塘江出闻家堰后摆脱了两岸高山的约束,进入由粉砂物质组成的宽阔平原地区,河床可以自由摆动。同时又有南来的浦阳江水汇入,迫使江流弯曲,笔直冲向六和塔一带,遇到那里坚硬的泥盆系石英砂岩,便又折向东流,这样便形成了"之"字形的河曲,在玉皇山顶观察视野极佳。钱塘江自杭州闸口以下属河口区,大尖山以下为杭州湾,像一个巨大的喇叭,张口向着东海,河流下游受海水影响的地段,随着海洋的潮汐涨落,河口区也相应出现潮汐现象。钱塘潮与众不同,其势汹涌澎湃,壮丽宏伟,在世界上是罕见的,正如苏东坡称颂的那样"八月十八潮,壮观天下无"。钱塘潮的涌高一般在 $1 \sim 2m$,最高时可达 2.5m,回头潮高达 20 多米,潮头传播速度每秒 10m 左右,涌潮压力可达每平方米 5~7 吨,它所产生的力量是惊人的,海塘旁一些护塘的混凝土大石块,重 10 多吨,也常被潮头冲走。

钱塘潮是一种涌潮现象。为什么长江、黄河没有这种壮观的涌潮现象?原因在于钱塘江口具有独特的、其他江河所没有的自然条件。钱塘江口是一个典型的喇叭形河口,河口大而河身小。杭州湾出口宽达 100km,澉浦附近江面只有 20km,而澉浦以上到翁家埠一段,江面一下子就收缩到 4~5km,到海宁盐官只有 3km 了,潮水来不及均匀上升,只好后浪推前浪,形成巨大的潮头,终于在大尖山附近出现波澜壮阔的涌潮。喇叭形河口的存在,是钱塘潮形成的首要条件,喇叭形河口是由于地壳下沉,海水浸漫了河口而形成的。但是在钱塘江喇叭口的形成过程中,长江带来的泥沙堆积也起了不小的作用。钱江潮的形成还有一个重要因素,就是在大尖山以内水下发育了巨大的拦门沙坎,它的组成物质主要是分选良好的粉砂。在形态上,为一不对称的水下隆起,外侧陡、内侧缓,在河口有这样一个庞大的堆积体,对潮水有很大影响。当潮水涌入江口到达大尖山时,就像碰到了一堵陡墙,来势汹涌的潮头便一跃而起把潮头掀得高高的。前面的潮水受沙坎的阻力走得慢了,后面的潮水一层一层叠上来,就形成了像墙壁一样屹立于江面的潮峰。

农历八月十六日至十八日,当太阳、月球、地球几乎运行到同一直线上时,海水受到的潮引力最大,潮水也最大。

不同的地段,可赏到"一线潮"、"汇合潮"、"回头潮"等不同的潮景。

3.1.2 中国大运河(杭州段)

中国大运河北起北京(涿郡),南到杭州(余杭),经北京、天津两市及河北、山东、江苏、浙江四省,贯通海河、黄河、淮河、长江、钱塘江五大水系,全长约 1794km,开凿到现在已有 2500 多年的历史。

大运河肇始于春秋时期,形成于隋代,发展于唐宋,最终在元代成为沟通海河、黄河、淮河、长江、钱塘江五大水系,纵贯南北的水上交通要道。在两千多年的历史进程中,大运河为我国经济发展、国家统一、社会进步和文化繁荣做出了重要贡献,至今仍在发挥着巨大作用。京杭大运河是世界上开凿时间最早、规模最大、线路最长、延续时间最久且目前仍在使用的人工运河,与万里长城、埃及金字塔、印度佛加雅大佛塔并称为世界古代最宏伟的四大工程。大运河是中国历代劳动人民和工程技术专家改造自然的智慧和劳动的结晶,是中国灿烂的古代文化的重要象征。

2006 年,京杭大运河被国务院批准列入全国重点文物保护单位名单。2014 年中国大运河入选世界文化遗产名录。

中国大运河世界文化遗产中,杭州段有 11 处遗产点段,包括拱宸桥、广济桥等 6 个遗产点,以及杭州塘段、江南运河杭州段、上塘河段,杭州中河—龙山河、浙东运河主线等 5 条河段。富义仓、凤山水城门遗址、桥西历史街区、西兴过塘行码头。

3.1.3 西 湖

杭州西湖,以其秀丽的湖光山色和众多的名胜古迹而闻名中外,是中国著名的旅游胜地,也被誉为"人间天堂",属于首批国家重点风景名胜区(1982 年)和首批国家 5A 级旅游景区(2006 年),2011 年 6 月 24 日,正式列入《世界遗产名录》。

西湖三面环山,面积约 6.5km²,南北长约 3.2 km,东西宽约 2.8km,绕湖一周近 15km。

西湖平均水深 2.27m，水体容量约为 1429 万 m³。湖水被孤山、白堤、苏堤、杨公堤分隔，按面积大小分别为外西湖、西里湖、北里湖、小南湖及岳湖等五片水面。孤山是西湖中最大的天然岛屿，苏堤、白堤越过湖面，小瀛洲、湖心亭、阮公墩三个人工小岛鼎立于外西湖湖心，夕照山的雷峰塔与宝石山的保俶塔隔湖相映，由此形成了"一山、二塔、三岛、三堤、五湖"的基本格局。

西湖十景：得名于南宋时期，基本围绕西湖分布，有的就位于湖上。分别是苏堤春晓、曲院风荷、平湖秋月、断桥残雪、柳浪闻莺、花港观鱼、雷峰夕照、双峰插云、南屏晚钟、三潭印月。

新西湖十景：是 1985 年经过杭州市民及各地群众积极参与评选，并由专家评选委员会反复斟酌后确定的，它们是云栖竹径、满陇桂雨、虎跑梦泉、龙井问茶、九溪烟树、吴山天风、阮墩环碧、黄龙吐翠、玉皇飞云、宝石流霞。

西湖新十景：2007 年三评西湖十景的结果，它们是灵隐禅踪、六和听涛、岳墓栖霞、湖滨晴雨、钱祠表忠、万松书缘、杨堤景行、三台云水、梅坞春早、北街梦寻。

关于西湖的成因，古代有关书籍记载都较简略。明代《西湖游览志》卷一载："西湖三面环山，溪谷缕注，下有渊泉百道，潴而为湖。"近代学者从地形、地质、沉积及水动力学等方面进行了考证，其中较为普遍的观点认为西湖是由海湾逐渐演变而成。民国九年（1920 年），竺可桢考察西湖地形后发表了《杭州西湖生成的原因》，其称："西湖原是钱塘江左边的一个小小湾儿，后来由于钱塘江泥沙沉淀下来，慢慢地把湾口塞住，变成一个潟湖。"竺可桢还从沉积速率推断，西湖开始形成年代距今一万两千年前（竺可桢，1921）。1924 年，地质学家章鸿钊发表《杭州西湖成因解》，对竺可桢先生的观点又进行了补充：西湖之成，其始以潮力所向而积成湖堤，其继以海滩变迁而维持湖面，二者为形成西湖之重要条件。

但是，潟湖说在现代科学考察中受到了怀疑。1950 年以后，地质部门对西湖湖中三岛和湖滨公园地质钻孔取样分析，认为距今 1.5 亿年的晚侏罗世时，以今湖滨公园一带为中心，曾发生过一次强烈的火山爆发，宝石山和西湖湖底（大部分）堆积下大量火山岩块，由此，曾出现火山口陷落，造成马蹄形核心低洼积水，即西湖的雏形。1979 年，地质工作者对湖滨钻孔采取的岩样作微体古生物分析后著文认为，根据不同化石的组合，西湖的形成过程可划分为早期潟湖、中期海湾、晚期潟湖三个阶段，随着钱塘江沙坎的发育，西湖终于完全封闭。由于西湖所处的地理位置正好是杭州复向斜构造倾伏端，三面环山，周围的积水区面积较大，源源不断地有雨水汇入西湖，水体逐渐淡化，形成现在的西湖。

此外，尚有认为西湖前身是火山堰塞湖（石井八万次郎，1909）。石井八万次郎认为西湖与日本的中禅寺湖相似，西湖之南面的山体均为晚古生代的碳酸岩层，溪水顺山坡北流。宝石山为中生代晚期火山活动喷溢形成的火山碎屑岩组成，火山口在牌坊附近或六公园一带，西湖为北山的火山岩堵塞而成。也有人提出潮沼或盐沼（王宗涛等，1990）及构造湖盆说（沈耀庭，1990）等。还有人提出了陨石撞击坑的观点。显然，这些观点的证据均不足，难以自圆其说。

西湖旧称武林水、钱塘湖、西子湖，宋代始称西湖。西湖的美丽一方面是由于其得天独厚的自然环境，另一方面，人为治理对西湖发展变迁也起了很大作用。唐代，西湖面积约有 10.8km²，比现在湖面面积大近一倍，湖的西部、南部都伸至西山脚下，东北面延伸到武林门一带。自唐代长庆二年（822 年）白居易在杭州做刺史以后，因为每隔若干年湖面就会被蓊草淤塞,几乎要淤积成陆地,必须进行较大的疏浚,其中特别以五代时期(907—932 年)吴越国王钱镠时,宋元祐五年(1090)苏轼在杭州任知州时,明弘治十六年(1503年)及正德三年(1508 年)杨孟瑛在杭州任知府时,及清雍正二年(1724 年)时的几次疏浚工程规模最为巨大。新中国成立后进行过更大规模的疏浚,特别是于 1999—2003 年的大规模疏浚,使得两湖水体平均深度达到 2.27m,西湖湖西综合保护工程的实施,使得西湖基本恢复了 300 年前的面貌。西湖能有今天的秀丽景色,与历代人民的辛勤开发与精心保护是分不开的。

3.1.4 湘 湖

在杭州市萧山区西部钱塘江南岸,是宁绍平原著名的湖泊。此湖首见于郦道元的《水经·浙江水注》,称为西城湖。西城湖原由海湾而成潟湖,又演化为淡水湖。后经沼化及人为影响而湮废。北宋政和二年(1112 年)又废田复湖,因"山秀而疏,水澄而深……若潇湘然",才名湘湖。

湘湖与西湖隔江相望,被称为西湖的"姊妹湖",历来有"西湖美,湘湖秀"之美誉。湘湖有八千年的跨湖桥文化遗址、有距今 2500 年吴越争霸的军事城堡、有"卧薪尝胆"的典故。目前,湘湖已经形成湘浦、湖上、城山、越楼、跨湖桥五大景区,有湘堤卧波等 20 个景点。

9 个世纪以来,湘湖在不同时期分别发挥着不同的功能:自北宋政和年间至明代中晚期约 4 个多世纪,湘湖主要发挥着蓄水、灌溉功能;自晚明至 20 世纪 90 年代中期,也是 4 个多世纪,湘湖发挥着灌溉、垦殖和制作砖瓦 3 种并存的功能;目前正向着旅游度假区的方向发展。

湘湖莼菜是莼菜中的佳品。南宋定都临安后,湘湖莼菜成为朝廷贡品。20 世纪 20 年代,湘湖莼菜出口日本。目前湘湖莼菜远销日本、美国等国家和港台地区。

3.1.5 千岛湖

被誉为"天下第一秀水"的杭州千岛湖,位于淳安县境内,是 1959 年我国建造的第一座自行设计、自制设备的大型水力发电站——新安江水力发电站而拦坝蓄水形成的人工湖。千岛湖景区总面积 982km²,湖内 573km²,水面上荡漾着 1078 个宛若翡翠一般的岛屿,湖畔拥有石林、溪流景观,自然风光旖旎,生态环境绝佳,是首批国家级重点风景名胜区、国家 5A 级旅游景区。

水库大坝设计高度 105m(海拔 115m),坝长 462m,总库容 216.26 亿 m³,有效库容102.66 亿 m³。在正常高水位海拔 108m 时(黄海),坝前水深可达 90m,平均水深 34m,库容178.4 亿 m³,湖区南北长 150km,宽 10km,岸线长度 1406km。控制的流域面积约10442km²,通过湖周 25 条大小溪流、河川汇集入湖,其中以新安江为最大、最长,水量最丰富。千岛湖天晴时能见度最为深达 12m,水质达到国家Ⅰ类地面水标准。

千岛湖从水面到以下 10m 处,水温在 10～30℃来回变动,为变温层,10～25m 为温跃层,水温随深度发生变化,以 7—8 月变化最显著,大约从 26℃降到 10℃,水深每降 1m,水温下降 1℃。1 月水温变化不显著,从水面到 25m 都为 10℃,从水深 25m 至湖底为滞温层,水温常年保持稳定,其中上半年滞温层为 25m 以下,下半年 35m 以下,水温常年保持在 10℃

左右。

　　库区构造线呈北东向,有马金复背斜轴线、印渚埠—开化等断裂通过,山脊线与区域构造线方向一致。库区地貌多为侵蚀剥蚀低山丘陵、喀斯特丘陵,少部分为河谷平原。库底与库床绝大部分为古生界致密不透水岩层,少部分为半致密或黏结的不透水与微透水岩层,局部有不透水的岩浆岩侵入体,它们的出露标高均大于设计回水标高。库区水土保持良好,历年平均含沙量仅 0.248kg/m³,冲积和淤积都不严重,具备比较好的水文和工程地质条件。

　　水库大坝坝址铜官峡。两岸标高海拔各 300m,峡谷河床标高海拔 20～22m,下部陡峻,坡角 30°～40°,峡谷枯水期宽约 180m。左岸岩性为唐家坞组石英砂岩(S_3t),右岸为西湖组石英砂岩(D_3x),河床大部分为唐家坞组砂岩,抗压强度可达 $150\times10^6\ N/m^2$,摩擦系数 0.60,河底无风化层,河床也无大的断裂破裂带,坝址基础稳固。

　　千岛湖水库具有蓄水发电、防洪灌溉、航运交通、水产养殖、水土保持、气候调节、风景旅游等多种经济、生态和社会效益。

3.1.6　青山湖

　　杭州青山湖位于杭州西郊临安市区青山河街道,是以防洪为主,结合灌溉、发电等综合利用的大型水库。水库集雨面积 603km²,水域面积 10km²,总库容 2.13 亿 m³,正常蓄水位 25m。拦河大坝为宽心墙砂壳坝,坝长 575m,坝宽 10m,坝顶高程 36.26m。青山水库作为东苕溪防洪骨干工程,多年来有效地控制了天目山区洪水,直接保护杭嘉湖地区的防洪安全,同时还充分发挥了灌溉、供水、改善下游水环境等功能,社会和经济效能显著。

　　积天目之水形成的青山湖像一块碧玉镶在苍翠群山之中,风光旖旎。湖周围青山合抱,群峰延绵,层次丰富,风姿绰约,茂林修竹,花草果木,四时景色变幻无穷。湖面一碧如镜,有白鹭翩翩,鱼翔清波。北湖更有一片大面积的水上森林,是 20 世纪 60 年代从美国引进的一批池杉树种。树在水中长,船在林中游,鸟在枝上鸣,人在画中行,正是游览青山湖的乐趣。

3.1.7　西溪湿地

　　西溪湿地国家公园位于杭州城区西部,距西湖不到 5km,是一个集城市湿地、农耕湿地、文化湿地于一体的首个国家湿地公园,是在千余年人类渔耕经济的作用下逐渐演变成的、以鱼塘为主并由部分河港湖漾及狭窄的塘基和面积较大的河渚相间组成的近自然湿地生态系统。历史上西溪湿地占地约 60km²,曾与西湖、西泠并称杭州“三西”。现实施保护的西溪湿地面积约 11.5km²。湿地内河港、池塘、湖漾、沼泽等水域面积约占 70%,水道如巷、河汊如网、鱼塘鳞次、诸岛棋布。有“三堤”——福堤、绿堤、寿堤,“十景”——秋芦飞雪、高庄宸迹、渔村烟雨、河渚听曲、深潭会舟、曲水寻梅、火柿映波、莲滩鹭影、洪园余韵、蒹葭泛月。

　　西溪湿地主要因自然因素的作用而形成,但其兴废却伴随着人工化的过程。西溪湿地在地质单元上属于三墩凹陷,下伏白垩系杂色砂岩,上覆厚约 40～50m 的第四系(距今 181 万年以来)亚砂土和亚黏土。第四系上部 25m 厚的亚黏土属全新统(距今 1 万年以来),是浙北地区二次海侵海退交复作用形成的。全新统上层为 5～6m 厚的亚黏土夹黏土层,含腐泥和不连续泥炭层,由全新世中晚期(距今 3500 年前)钱塘江河口、苕溪等水系在地质凹陷区排泄不畅而冲积—湖积—湖沼积形成。在第四纪地质作用下,西溪湿地逐渐演化为河流纵横、具有生物活性的沼泽平原。原生的西溪湿地由苕溪(西溪)及其支流和众多的牛轭湖、泥沼地、沼泽林构成,东汉苕溪筑塘后水源主要以上埠河水系为主。由于人类活动的频繁介入,西溪湿地至近代已完全由自然湿地转化为次生湿地。

西溪湿地历经了汉晋始起、唐宋发展、明清昌盛、民国衰落、当代保护等五个演变阶段。即晋以前的少量居住生活介入,晋至北宋的佛教文化介入,南宋的有限生活和生产介入,明清至民国前期的园林化介入,民国后期至今的废弛毁坏,和20世纪中后期以来的城市化介入。其中南宋至今对西溪湿地及其文化的影响最大。自南宋至20世纪30年代中期,在高强度的渔桑农业的长期改造下,西溪湿地原有的溪流、牛轭湖、泥沼地大面积转化为通航和养鱼为主的河港池塘,区域内几乎全部是农田—鱼塘—塘基—洲渚—溪流系统,沼泽林和其他湿生植物被大面积农田和以桑、麻、柳、柿、桑、梅、竹等为主的人工植被取代。河港池塘周边构筑人工塘基以后,整个湿地的基面抬高,地面标高达到黄海高程 2.0~5.0m,村庄和桑田高出原始地面 1.0~1.5m,路面则高出 4.0m。

据初步调查,湿地内分布有维管束植物 85 科 182 属 221 种,其中蕨类植物 8 科 9 属 9 种,裸子植物 4 科 5 属 5 种,被子植物 73 科 168 属 207 种。水生植物有芦、菱、萍、莲等,两岸栽植的植物有柿、柳、樟、竹、桑、李、桃、榆、鹅掌楸、莲香树、枫杨、木槿等。其中桑、竹、柳、樟、莲等乡土树种在湿地区域内的种植历史较长,尤以芦苇、荻、柿、梅最具景观特色。湿地内动物资源也极其丰富,其中有白鹭、灰鹭、白额雁、绿头鸭、翠鸟等湿地鸟类、平原鸟类、山地鸟类、农田鸟类和城郊鸟类共 12 目 26 科 89 种,占杭州鸟类总数的近 50%。发现兽类有食虫目、翼手目、啮齿目等 3 目 6 科,爬行类有龟鳖目、蜥蜴目和蛇目 3 目 6 科,而鲤、鲫、鳊、鳙、青鱼、草鱼、鳜鱼、黄翅鱼等各种鱼类更是具西溪地方特色的水乡物产。

西溪湿地在生物多样性保护、涵养水源、净化水质、调蓄洪水、美化环境、调节气候等方面具有不可替代的作用,被誉为"杭城之肾"。2009 年,西溪湿地被列入国际重要湿地名录。2012 年,杭州西溪湿地旅游区被正式授予"国家 5A 级旅游景区"称号。

3.1.8 三大名泉

1.虎跑泉

虎跑泉名冠杭州诸泉之首,素有天下第三泉之称,为西湖山区水质最好的泉水,是基岩裂隙泉,泉水出露地层为西湖组石英砂岩(见图 3-1)。

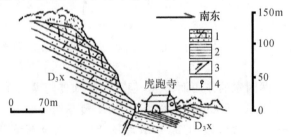

图 3-1　虎跑泉成因示意图(引自张福祥,1982)

1.带有节理的西湖组石英砂岩;2.泥质岩;3.冲断层;4.虎跑泉

　　虎跑泉四周群山环抱,汇成山间集水洼地。周围山顶高程一般在 100～200m,距虎跑泉西约 2km 处的头龙头海拔为 258m,是区内最高峰。所在沟谷切割深度最大超过 200m,给虎跑泉的形成提供了极其有利的地形条件。

　　区内出露地层时代较老,由上古生界陆源碎屑岩组成。自老至新分别为志留系上统唐家坞组(S_3t)石英岩屑砂岩、岩屑砂岩夹粉砂岩、粉砂质泥岩,厚 685～805m,分布在地势最高的头龙头山上;泥盆系上统西湖组(D_3x)石英砂岩、含砾石英砂岩、石英砂砾岩,厚 232～280m,分布在虎跑泉水出露的虎跑山上;泥盆系上统珠藏坞组(D_3z)石英砂岩、砾岩夹粉砂岩、泥岩,厚 65～90m,分布在泉水出露处下方的虎跑山麓及叶家塘组(C_1y)石英砂岩、含砾石英砂岩、石英砂砾岩夹杂色泥页岩,厚 76～110m,分布在地势最低的山间沟谷底部。泥盆系上统西湖组地层,一般多为石英砂岩,分布广、厚度大、颗粒粗、岩性脆,构造裂隙发育,多被黏土、铁锰、硅质所充填,而泉群下方为珠藏坞组之砂泥岩为主地层,构成隔水边界,地层倾角为 35°～49°,岩层倾向与坡向一致,向泉水方向倾斜,为泉水在西湖组石英砂岩裂隙中赋存,尤其在与断裂构造破碎带导水面上富集,创造了良好的储、运环境。

　　虎跑泉位于虎跑背斜东南翼近核部,这里西湖组石英砂岩向南东倾斜,发育着顺层理面的裂隙以及北北东和北西西向节理,同时沿北东方向又伸展一条起着拦蓄地下水作用的虎跑断层。裂隙水循构造节理系统、层面裂隙和虎跑断层汇流后,在前方遇到下伏泥岩地层阻挡,地下水被迫在断层陡崖下涌出,便形成了虎跑泉。

　　虎跑泉的含水层是西湖组石英砂岩,泉水流量为 0.37 L/s,水质纯净,pH 值 5.8,总矿化度仅 26.1 mg/L,总硬度 0.42 德国度,游离 CO_2 含量 30mg/L。属 HCO_3・Cl-Ca・Na 型水。虎跑泉含氡多达 96.2～111.0 Bq/L。由于石英砂岩化学性质稳定,经它"过滤"后虎跑泉泉水颇为纯净,总矿化度小,表面张力极大,水面高出杯口 2～3mm 不溢出。还因为它的纯净,有利于茶叶生化成分溶解浸出,冲泡龙井茶叶的茶汤"香高、味爽、汤亮",受人欢迎,故龙井茶叶虎跑水被誉为杭州"双绝"。

　　南宋咸淳《临安志》(1268 年)最早记载虎跑泉的起名:"旧传性空禅师尝居大慈山,无水,忽有神人告之曰:'明日当有水矣',是夜,二虎跑地作穴,泉涌出,因名。"让虎跑泉的成因蒙上了神秘的宗教色彩。

　　2.龙井泉

　　龙井位于南高峰与天马山之间的龙泓涧上游分水岭附近。这里山色清秀,泉水淙淙,林木茂密,环境幽静,是西湖外围一处闻名遐迩的风景游览地。

　　龙井一带大片出露的石灰岩层都是向着龙井倾斜。这样的地质条件,给地下水顺层面裂隙源源不断地向龙井汇集创造了有利的因素。在地貌上,龙井恰好处于龙泓涧和九溪的分水岭垭口下方,又是地表水汇集的地方。龙井西面是高耸的棋盘山,集水面积比较大,而且地表植物繁茂,有利于拦蓄大气降水向地下渗透。这些下渗的地表水进入纵横交错的石灰岩岩溶裂隙中,最终便沿着层面裂隙流至龙井,涌出地表。由于龙井泉水的补给来源相当丰富,形成永不枯竭的清泉(见图 3-2)。

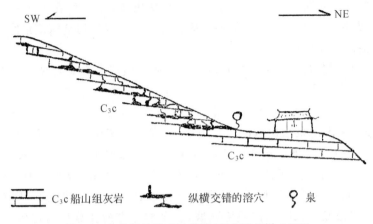

图 3-2　龙井泉的形成示意图(引自张福祥,1982)

龙井泉含水层为石炭系船山组灰岩(c3C),流量 0.5~1L/s,水温 17~18℃,水质洁净,pH 7.2,总矿化度约 280 mg/L,总硬度 14.5 德国度,含游离 CO_2 约 25 mg/L,属 HCO_3—Ca 型水。

由于龙井泉水来源丰富,而且有一定的水头压力,具有一定流速流入龙井,井池边形成一个负压区,原井池中的水在满溢出前,先要向负压区汇聚,由于表面张力的作用,负压区上方的水面就微微高起,与负压区之间形成一个分界,这就是奇特的龙井"分水线",似把泉水"分"成两半,雨后由于泉水补给量大,这现象更加明显。

明正统十三年(1448 年),在龙井发现一枚"投龙简",上面刻着东吴赤乌年间向"水府龙神"祈雨的告文。可见,在三国时期龙井就已闻名了。由于这里有一口泉井,大旱不枯,相传古时每逢干旱,到此求雨,屡验不爽,以为这口井与海相通,其中必有龙,于是便称它为"龙井"(也叫"龙泓"、"龙湫")。井旁有龙井寺,初建于五代后汉乾祐二年(949 年),已有一千多年的历史。龙井附近曾有"八景"之说,现仅存三处。龙井泉旁,斜立一块石灰岩巨石,高约2m,状似游龙,上刻有"神运"两字,故称神运石。在龙井寺下方公路旁,有一块高3m多,颇似云彩的巨石,这就是一片云。一片云东北的公路下面,有一凉亭,原称二老亭,相传是北宋主持龙井寺的高僧辨才出风篁岭迎接苏东坡的地方。

3.玉泉

玉泉位于西湖西北的玉泉山下。从飞来峰、灵隐的山口到玉泉是一片倾斜开阔的坡地,其上覆盖由粗变细的疏散沉积物,即所谓的全新世洪积扇。当来自飞来峰灰岩山区的裂隙水,顺地势向下流动,碰到洪积扇后部粗粒沉积物时,大部分转为地下水,到达洪积扇前缘,遇阻水的细砂或泥质沉积物及黏土透镜体,水位壅高,汩汩涌出地面,形成玉泉(见图 3-3)。玉泉是喀斯特水补给的孔隙泉,含水层为全新世冲洪积砂砾石层,流量 0.5~1.0L/s,水质洁净,pH=7.4,总矿化度约 205mg/L,总硬度 10.4 德国度,含游离 CO_2 约 15mg/L,属 HCO_3—Ca 型水。

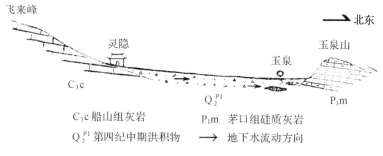

C₃c 船山组灰岩   P₁m 茅口组硅质灰岩

Q₂^{P1} 第四纪中期洪积物   ⟶ 地下水流动方向

图 3-3 玉泉的泉水形成示意图(引自张福祥,1982)

3.2 名 山

3.2.1 玉皇飞云

玉皇山介于西湖与钱塘江之间,海拔 239m,凌空突兀,衬以蓝天白云,更显得山姿雄峻巍峨。每当风起云涌之时,伫立山巅登云阁上,耳畔但闻习习之声,时有云雾扑面而来,飞渡而去。湖山空阔,江天浩渺,此景被命名为"玉皇飞云",以其壮阔、崇高而入选新西湖十景。

玉皇山向斜是西湖复向斜的重要组成部分,喀斯特石林、溶沟、溶洞(紫来洞)发育。由南东山麓向上至山顶,岩性由老至新,依次为中上石炭统黄龙(C₂h)、船山组(C₃c)和下二叠统栖霞组(P₁q)灰岩组成,岩层倾向西北,而由山顶往下至西北麓则岩性由新到老,岩层倾向南东,此为一典型向斜山,并且沿盘山公路由山之南东顺时针转之西北,可见岩层倾向由北西→西→北北西→北北东→北东→东→南东变化,在山之南西面岩层倾向北东,这说明玉皇山向斜向北东倾伏,为倾伏向斜。

玉皇山别名"龙山"。五代时吴越王钱氏迎明州(今宁波)阿育王寺佛舍利于此供奉,始有"育王山"之称。明代创建福星观,尊祀玉皇大帝,位于玉皇山顶,原名玉皇宫,后改建为庭院。"育王山"随之更名"玉皇山"。

山上竹木葱郁,环境宜人。自然景观与人文景观荟萃,有六十四景之称。山顶除福星观外,新建登云阁、江湖一览亭,存留南宋的白玉蟾井、天一池、日月池;山腰有紫来洞、七星缸以及慈云洞、五代石刻等景点。

五代石刻为浙江省重点文物保护单位,位于杭州玉皇山和将台山之间的慈云岭南坡石壁间,为五代后晋天福七年,吴越王钱弘佐创建资贤寺时所雕凿。岩壁造像保存完好,有大小两龛。主龛坐东朝西,龛形横长,宽 10m,高 5.8m。龛内造像 7 尊,弥陀居中,左侧是观世音菩萨,右侧为大势至菩萨,合称"弥陀三尊"。两侧还有菩萨和天王各两尊。小龛坐北朝南,高 2.6m,宽 2.3m。正中雕地藏王菩萨坐像,光头大耳,容貌端严。两侧侍立供养人,龛楣浮雕"六道轮回"。

3.2.2 凤凰山

凤凰山在杭州市的东南面。主峰海拔 178m,北近西湖,南接江滨,形若飞凤,故名。隋唐在此肇建州治,五代吴越设为国都,筑子城。南宋建都,建为皇城。方圆九里之地,兴建殿堂四、楼七、台六、亭十九。还有人工仿造的"小西湖",有"六桥"、"飞来峰"等风景构筑。南宋亡后,宫殿改作寺院,元代火灾,成为废墟。现还有报国寺、胜果寺、凤凰池及郭公泉等残迹。

月岩位于凤凰中峰西南、将台山之东。其岩石由下二叠统栖霞组(P_1q)灰岩组成。由于地表水及其地下水的溶蚀作用,形成石芽溶沟,蚀穿岩石而成穿洞,月岩即为天然形成的穿洞。穿洞近似圆桶形,孔径 34cm,孔长 45cm,孔口朝向东偏南,穿洞与水平面倾角为 40°。每逢日月的地平高度(入射角)和方位与穿洞圆孔之朝向倾角一致时,日、月光线就能穿孔而过,照在地面上,故称为月岩。一般日、月光每年在春分和秋分前后可分别于上午九时许和晚上九时许穿孔而过,形成天下奇观。据《西湖游览志余》记载:"每到中秋,月光以岩孔穿出,幻化成一轮明月,刚好投射于池中,天上地下,相映成双。"故月岩与平湖秋月、三潭印月并称杭州的三大赏月胜地。

3.2.3 双峰插云

南高峰和北高峰,两峰遥相对峙,其间低丘起伏,绵亘约 5km。峰顶时隐时现于薄雾轻岚之中,望之如插云天,因而得名。

南高峰高 257m,由峰顶向北东远望,则西湖美景、城市风光尽收眼底;望北西可见葛岭、宝石山、老和山、北高峰,望南东可见吴山、将台山、玉皇山、九曜山;向南西望则比之更高的天竺山、五云山等如屏。南高峰为西湖诸山中观湖、观城、观山之最佳所在。山体主要由石炭系船山组(C_3c)灰岩和二叠系栖霞组(P_1q)灰岩所组成。南高峰向斜位于西湖复向斜核部,可清楚地看到此复向斜轴部向北东倾伏,看到周围群山向北东倾伏。南高峰喀斯特地貌发育,有众多象形石芽,怪石嶙峋;有天池洞、千人洞等洞穴,其中以千人洞为最大;有法华泉、钵盂泉、刘公泉等泉眼;山顶偏北处,有一溶蚀漏斗。山上多栎树、松树,间有竹林、茶园,植物种类丰富,自然景观优美。

北高峰海拔 314m,有石磴数百级,曲折三十六弯,始达山顶。北高峰由泥盆系西湖组(D_3x)石英砂砾岩等组成,岩石直立,山体突兀,为西湖西南山区之北侧边缘。从山顶向东北、东南俯瞰,灵隐、飞来峰等西湖山水尽收眼底,西北则可俯瞰西溪湿地。山顶有山脊游步道通达灵峰、老和山等。峰顶建有财神庙灵顺寺,山下有缆车直达山顶。在北高峰南麓是巢枸坞,有韬光寺、韬光泉、吕岩祠、石室;西面是美人峰、龙门山,有石笋峰、白沙泉、永福寺、石门、石佛庵(遗址);东面是屏风岭;北面是雷殿山、桃源岭、灵隐,有灵峰寺等名胜古迹,与北高峰共同构成一道天然与人文底蕴相融合的旅游风景线。

3.2.4 飞来峰

飞来峰又名灵鹫峰,也称天竺山,是介于北高峰和天马山之间的一座小山,海拔 167m,飞来峰名称之由来据志书上说,东晋(326 年)时印度慧理和尚看到此处风景奇异,很像印度的灵鹫山,不觉惊讶地叹道:"此乃天竺国灵鹫山之小岭,不知何以飞来",遂得名"飞来峰"。但是从地质角度上看此峰也是与"飞来"两字形似:其与周围的北高峰、美人峰、天喜山、天马山的石英砂岩截然不同,而且在飞来峰的山根也是石英砂岩,这与其表面的岩性不同,飞来峰岩性为石炭系中上统黄龙组(C_2h)和船山组(C_3c)灰岩,并以后者为主。在构造上是一向斜构造,并且向北东倾伏,岩层产状在山体南东侧向北西倾,山体北西侧向南东倾,在山体北东边缘则可见岩层向北东倾斜,近于水平,这种现象在玉乳洞口尤为明显。

飞来峰地区喀斯特地貌较为发育,层理清晰,节理及断层发育,岩石中裂隙纵横,不仅地表发育有石芽、溶沟,而且还形成青林洞、玉乳洞、龙泓洞、呼猿洞等喀斯特洞穴,其中最大的为青林洞。青林洞洞口朝东,标高 40m 左右,洞宽 30～35m,长约 50m,洞高 2～3m;洞顶与洞底均较平整,状若厅堂,洞内有"济公床"、"济公桌",相传与慧理和尚和济颠和尚有关。各洞穴高度由南西向北东降低,而且在北东端洞穴呈近似水平状,此与地层产状有一定关系,为飞来峰向斜的核部。

飞来峰船山灰岩上有许多摩崖石刻,现存五代至明代的佛像 345 尊,很有价值。中国北方地区的石窟造像,从晚唐开始衰落,而南方飞来峰的五代、宋、元、明造像弥补了这一缺憾。尤其是飞来峰的元代造像,大部分仍保存完好。全国现存的大型元代摩崖造像群,现仅存了几处,而飞来峰最具有代表性,在中国石窟造像艺术史上占据着重要地位。危岩崩塌、渗水侵蚀、溶蚀、风化等,尤其是酸雨侵蚀,是困扰飞来峰造像保护的几个因素。管理部门多次采取填补漏洞、加固危岩、构筑冲沟等措施,对造像加以保护。

杭州的石刻不同于云岗、南京千佛岭、四川乐山等石窟那样取材于砂岩,杭州的紫阳山、烟霞洞、慈云岭和飞来峰等地,主要雕琢于石灰岩地层的船山灰岩中,其原因,一是由于船山灰岩软硬适中,易于雕凿;二是灰岩结构致密,雕刻在上面的造像能够比较长期地保存。如果人们不断抚摸,还会越来越光洁,在光洁的石刻表面,往往由于形成了一层草酸钙薄层,对石刻文物起到了良好的保护作用(张秉坚等,2001);三是由于此套岩层在杭州出露较厚。飞来峰植被保护很好,保存了大量的古树、古藤,郁闭度达 90% 以上,这在石灰岩地区非常难得。

3.2.5 吴山天风

吴山位于钱塘江北岸,西湖东南面,是由紫阳、云居、金地、清平、宝莲、七宝、宝月、石佛、骆驼、峨眉等十几个山头形成的西南至东北走向的弧形丘冈的总称。昔时渔民下海捕鱼后在此晒网,称晾网山;春秋时期称吴山;因山有伍子胥庙,又得名胥山或伍山;唐时多称青山;旧因有城隍庙,俗称城隍山。

吴山众峰高皆不过百米,但由于其东北、西北多俯临街市巷陌,南面可远眺钱塘江及两岸平畴,上吴山有凌空超越之感,可尽揽杭州江、山、湖、城之胜,山巅"江湖汇观亭"前楹联沿用明人徐文长题词:"八百里湖山,知是何年图画;十万家烟火,尽归此处楼台。""吴山天风"即由此而得名。

吴山奇岩怪石多。山体主要由石炭系上统船山组(C$_3$c)灰岩构成,喀斯特地貌发育,怪石玲珑,千姿百态,尽露峥嵘。在金地山西南坡通往山顶的道旁平地上有一组形态各异的岩石,清《湖山便览》卷十二:"俊石十二,玲珑瘦削,如山峰离立,各以形象名之,曰笔架,曰香炉,曰棋盘,曰象鼻,曰玉笋,曰龟息,曰盘龙,曰剑泉,曰牛眠,曰舞鹤,曰鸣凤,曰伏虎。"古称巫山十二峰。又因这岩石分别形似龙、虎、马、猴、蛇等十二生肖,俗称"十二生肖石"。紫阳山东簏有瑞石古洞、云隐洞、归云洞等洞穴,有蛤蟆石、蹲狮石、飞来石、垂云峰、鳌峰、驼峰、寿星石、青芙蓉、采芝岩等石景。

吴山多古树。吴山林木葱郁,樟树、银杏、枫香、金钱松、龙柏等比比皆是。最有名的要属极目阁前的一棵"宋樟",树冠苍苍如盖,树干皴襞嶙峋,据说植于南宋淳祐年间,至今已有800多年高龄。在"巫山十二峰"边,还有一棵杭州地区最古老的龙柏树,树姿葱茏叠翠,宛如虬龙蟠舞,古朴苍劲,树龄有600多年。据统计,山上350年以上树龄的古树,就达15株之多。这些经历百年风雨的古树静静地立在那里,阅尽了人间沧桑,见证着杭城的兴衰。

吴山庙会是杭州规模最大、历史最久的庙会之一。吴山脚下清河坊一带自宋、元、明、清至今,都是杭州的城市中心区和商业繁华区。

3.2.6 宝石流霞与葛岭朝暾

宝石山海拔78m,葛岭海拔166m。山岭相连,屏于西湖北岸。

晚侏罗世,宝石山—葛岭等地发生强烈火山喷发,堆积中酸性—酸性为主的火山碎屑岩。火山喷发有三个旋回,所以宝石山—葛岭等地火山碎屑岩段分为三个亚段(见图1-21)。宝石山山体由紫、紫灰色英安质熔结凝灰岩,角砾熔结凝灰岩夹凝灰岩,熔结凝灰岩组成,假流纹构造非常普遍,并富含赤色透镜状或团块状碧玉。在日光映照下,如流霞缤纷,熠熠闪光,似翡翠玛瑙一般,因此取名宝石山。西湖新十景评选中,被命名为"宝石流霞"。

葛岭一带可能为独立的单体火山机体,喷发中心位于断桥附近,关岳庙牌坊旁边发现火山通道(见图1-22)。火山岩层向火山通道方向倾斜,通道内岩性为灰紫色熔结集块角砾岩,角砾和集块呈定向排列。长轴陡立,个别集块呈拖尾朝下的"蝌蚪状",指示通道内物质上涌的特征。通道处熔结集块角砾岩与含碧玉玻屑熔结凝灰岩呈切割关系,产状近于直立。

葛岭—宝石山主要有北西向和北东东向两组剪切节理形迹构成小型"棋盘格式构造"。在宝石山,北东70°~80°的节理密集,北西向节理稀疏;葛岭附近,北西40°~60°、北东70°~80°的两组节理均较明显;而葛岭往西南去,北西向,北北西向节理却变得密集,北东东向节理变得稀疏。

位于宝石山东面的保俶塔巍然挺秀,好似窈窕的"美人"伫立山巅,其建于北宋初年,原为九级砖木结构,现为砖木是实心式样,以其漂亮的外形和所处的显要位置而成为引人瞩目的西湖胜景标志物。宝石山还有来凤亭、寿星石、巾子峰、秦皇系缆石等古迹名胜。

葛岭为道教名山胜地,位于宝石山西面。相传东晋时著名道士葛洪曾于此结庐修道炼丹,故而得名。岭上有抱朴道院,现为全国重点开放道教宫观,尚存炼丹台、炼丹井、初阳台等道教名胜及古迹,岭巅初阳台,是晨观日出之佳境,著名的钱塘十景之中的"葛岭朝暾"即此。

3.2.7 五云山

五云山在西湖风景区西南部,北接银筜岭,南濒钱塘江,东瞰九溪山谷,西邻云栖坞,海拔334.7m,由泥盆系石英砂岩构成,冈阜深秀,林峦蔚起,为钱江岸边名山。相传山顶有五色瑞云盘旋其上,故以"五云"名之。山中植物资源丰富,尤以马尾松、竹林、银杏著称。旧时还盛产灵芝、楠木和方竹。著名春兰奇种"绿云",最早也发现于此。山顶有五云寺,正名真际寺,始建于五代。寺中有两口古井,地处高山,虽逢大旱,从无干涸之虞。寺东有古银杏树,树龄逾1400年,树高21m,胸径约2.5m,需要五人合抱,为杭州树龄最长的第1号古树。

五云山景致怡人,自古即是登高览胜的好去处。于山巅极目四顾,但见重峦叠嶂之间,之江带绕,西湖镜开,江上帆樯,小若凫鸥,出没于烟波之间;遥望南北两高峰,则渺如双锥朋立,令人胸襟豁朗,眼界顿开。

3.2.8　皋亭山

皋亭山,坐落于杭城东北部,东西长约 9km,南北深约 2.5km。自西往来,各山峰依次为半山、皋亭山,黄鹤山、佛日山等。其中皋亭山为最高峰,海拔 361.1m。诸峰统称皋亭山。

皋亭山是一座历史悠久的名山。在距今四五千年的新石器时代(原始社会晚期),皋亭山西南(今半山)的水田畈,就已是杭州先民的繁衍生息之地。春秋战国时期,皋亭山南麓人工开凿上塘运河后,这条水路便成为杭城北隅的交通要道。皋亭山之名最早见载于《唐书·地理志》:"钱塘县有皋亭山。"宋元人多写成"高亭",明代时,杭人也称为"东皋山"。半山,本名皋亭山,因半山腰有娘娘庙一座,世俗便呼为半山,延续至今。

皋亭山乃杭州城北之屏障,历来为兵家必争之地。至今,山上还留存了古代兵站等众多的军事遗迹。相传唐乾宁三年(896 年),淮南节度使杨密遣宁国节度使田颙、润州团练使安仁义攻杭州时,因钱镠在此设寨,久攻此山不得。皋亭山也是抗元英雄文天祥"留取丹心照汗青"的地方。据记载,宋德祐二年(1276 年)元月 18 日,元军统帅伯颜在皋亭驻扎,准备攻取杭州城。在危难之际,文天祥挺身而出,来到皋亭与伯颜抗论,因为怒斥元军,而被元军扣留。

皋亭山的"桃文化"最有特色,自宋代以来就有"皋亭观桃"的习俗。山的西侧有一处"十里桃花坞",南宋时,山坞两岸遍栽桃树,每逢春暖洋洋,桃花盛开,红遍半山。明代时,杭人已有"西湖探梅、皋亭观桃"等四时赏花的习俗。清代,"皋亭之桃"又成为杭城湖墅三胜地(西溪之梅、河渚之芦)之一。

半山国家森林公园规划总面积 1002.88hm²,是杭城生态植被保护最完整的山体之一,这里的森林覆盖率超过 90%,拥有植物 143 科 440 属 671 种,国家级保护植物 5 种,国家二级重点保护动物 14 种。

3.2.9　超　　山

超山位于杭州东北之余杭,幅员 6.03km²,主峰海拔 265m,因主峰突兀于附近诸山间,成超然独立之势,故又名超然山。

寒武系超山组—超峰组地层剖面为重要地质遗迹点。超山多奇石,有天门、八仙石、虎岩、石猫等,无不惟妙惟肖。超山之南麓,景观颇多,以海云洞为最。一为旱洞,一为水洞,又名黑龙洞,洞前有潭曰卧龙渊。吴昌硕先生有《海云洞晚眺》一诗刻于洞中石壁。海云洞右侧石壁尽头有洞窟,四周有钓月矶、濯缨滩、摸石池等古迹。

超山五代时便是观梅胜地,尤以梅花的"古、广、奇"三绝闻名。绕山 20 余里遍植梅树,故谓"十里梅花香雪海",此即超山梅花之"广";超山以拥有中国五大古梅之二——唐梅和宋梅为最,此即为超山梅花之"古";超山之梅,花生六瓣,为世间所罕,此即超山梅花之"奇"。超山梅花品种繁多,如绿萼、铁骨红梅等奇特品种,有数十种之多。

超山和苏州邓蔚、无锡梅园齐名,合称江南三大赏梅胜地;与灵峰、西溪并列杭州三处探梅胜地。

3.3 名 洞

3.3.1 烟霞三洞

烟霞三洞即石屋洞、水乐洞、烟霞洞,是杭州西湖边的一处著名风景,位于南高峰下的烟霞岭上。三洞的海拔高度分别为 45m、90m 和 170m,是新构造运动造成本区间歇抬升的结果。

石屋洞位于西湖新十景之一的"满陇桂雨"旁,洞中有洞,洞洞相连,地层属于石炭系中统黄龙组(C_2h)。主洞最高处约 5.6m,深约 7.8m,宽约 10m,洞形宽敞,轩朗如屋,故名。洞后有一穴,上宽下窄,状如浮螺,曰"沧海浮螺"。洞顶有"擒云亭",洞壁镌刻 500 余尊小罗汉,中间凿有释迦佛、诸菩萨像,其中最古的是五代晋天福年间的作品。

水乐洞地层属于石炭系上统船山组(C_3c)下部层位,主要受北东东向密集节理带控制,洞长 60m 多,宽 2～4m,高 1～7.5m,洞顶有宽约 0.5m 的方解石脉。洞口有清泉流出,终年不绝,泉石相激,铿锵悦耳,如水中奏乐,十分悦耳。苏东坡的《水乐洞小记》写道:"泉流岩中,皆自然宫商。"宋熙宁二年,杭郡守郑獬名之"水乐洞"。洞口有孙克宏的隶书"清响"二字。两旁石壁上有"天然琴声"、"听无弦琴"等石刻,在洞内到处可听见水声,但见不到水,直至洞口才见清泉如注。

烟霞洞坐北朝南,沿南北向断层伸展,洞口高 7m,宽 3m;洞深 30 余 m,宽 1～5m,高 1.5～5m,外宽内窄。因洞壑顶部密布钟乳,阳光映入闪烁绚烂色彩,宛如朝霞,故名。洞口碑刻"烟霞此地多"5 字。烟霞洞地层属于石炭系上统船山组(C_3c)上部层位,洞壁见有大量鏇科化石,如假希瓦格鏇、麦粒鏇等。洞内造像利用山岩应势凿置,十分自然。洞壁有五代吴越时石雕罗汉 16 尊,面相姿态各异。一罗汉旁刻有题记:"吴延爽舍三十千造此罗汉。"洞口两侧各有一尊观音立像,为北宋时期的作品,雕凿甚为精美。洞外有呼嵩阁、舒啸亭、吸江亭、陡屺亭、落石、佛手、像象石等景物。烟霞洞是全国重点文物保护单位杭州南山造像的重要组成部分,洞内的五代罗汉造像被学术界一致公认为是现存最早的十六罗汉。

3.3.2 紫来洞

紫来洞,又名飞龙洞,位于玉皇山东之山腰。其原为天然岩洞,后来由道士李理山开掘而成,洞口朝东。"紫来"之名,约取自老子出函谷关,紫气从东而来之意。洞外斜壁上写有"紫气东来"四个大字,巧妙地嵌入"紫来"二字。

紫来洞发育于船山组灰岩和栖霞组灰岩界线两侧,受北东向断层及岩层产状控制,总体呈北东—南西向展布,长约 60m,宽约 35m,洞室总面积约 800m²。洞室依据高程不同分三个厅,一号厅位于进洞口附近,洞体埋深 5～20m,面积 380m² 余,右前方有一半圆形池井,上面有直径 3～4m 的天窗,笔直如筒,阳光可入。二号厅位于一号厅西侧,洞体埋深 10～18m,面积约 180m²。三号厅位于最西侧,洞体落深 20～30m,面积约 240m²。

紫来洞之成因除与地质构造因素有关外,还与地下水运动有关。玉皇山向斜南东一侧岩层向北西倾斜,因此地下水顺裂隙下透或顺层面往西北流。再则,在玉皇山半山腰,紫来洞口发现夹有一层大约厚达 1m 的粉红色钙质粉砂岩,其相应在西北坡公路边也见有同一夹层,此为相对不透水层,故地下水下渗至此可沿此夹层表面顺层而下,从而对灰岩进行溶蚀,长年累月经过漫长的时期,洞壑扩大,同时伴有重力作用发生崩塌,由多种因素促使洞穴发育形成至今的形态。此外,在玉皇山向斜的褶皱形成过程中,岩石发生顺层滑动,在紫来洞口见因顺层滑动而产生灰岩的重结晶,形成厚达 1.5m 的方解石巨晶层。这一方解石层更易被地下水溶蚀,促进了洞穴的发育。

洞前有假山花园,可俯首古迹八卦田;在紫来洞上方有七星亭,亭旁原有清雍正年间设置的七只大铁缸,排列如"北斗七星",称为七星缸。

3.3.3　紫云洞

紫云洞位于杭州宝石山栖霞岭,组成岩洞的岩石为侏罗系上统的熔结凝灰岩,为岩性坚硬的非可溶性岩石。紫云洞及其东北的卧云洞、蝙蝠洞恰好位于栖霞岭断层上,该断层走向 NE30°,倾向南东,倾角 30°～40°,沿断层的熔结凝灰岩强烈片理化,并发育有 50～60cm 厚的断层泥(见图 1-18)。紫云洞的洞顶面即为断层面所在。由于断层泥的存在,不仅削弱了岩石之间的联结力,而且在沿裂隙下渗的地下水到达这里时,因其透水性能差,还会使地下水在此聚积,进而地下水又将这些断层泥泡成稀泥,随着地下水流动,稀泥便被不断带走,断层泥被地下水潜蚀淘空后,上方的岩石就失去了支撑。另外由于熔结凝灰岩中有节理裂隙发育,把岩石切成大小岩块,一旦失去支撑就循节理下错,乃至崩落。紫云洞内及周围巨大的崩石就是这样形成的。由于这类岩洞是地下水淘空断层泥引起上方岩石崩坍所造成的,因此称其为崩坍岩洞。由于它们是受断层产状所控制,所以都具有洞形平直单调,洞顶平整如板,并向东南倾斜等一系列特征,而与石灰岩的溶洞迥然不同。

3.3.4　灵山洞

灵山洞,曾称云泉洞。在西湖区双浦镇灵山村潘家山上。因灵山洞景绚丽多彩,变幻多姿故名"灵山幻境"。1982 年地名普查时发现后重新开发,1985 年 5 月对外开放。

此洞别于他处为竖井式,高低相差 109m。总面积 4000m²。洞口在海拔 186m 高处,从洞口至洞底相对高差约 101m,洞道全长约 400m。主洞厅高达 100m 余,另有小洞室 100 多个,分为上下两个大洞体,洞分层有麒麟迎宾、水底洞天、赛昆仑、天柱厅、大云盆等五厅。洞内石笋高耸,石瀑飞泻,石钟乳触目皆是。其中,居下洞中央的"天柱峰"大石笋,高 24.5m,直径 6m,占地面积 12m²,12 人难以围抱,为亚洲第一、世界第二的溶洞石笋。

灵山洞的崖壁上仍还保存着宋熙宁二年(1069 年)杭州太守祖无择的"云泉灵洞"篆书题刻。唐宋诗人,文学家白居易、范仲淹、苏东坡、朱熹等人常来此游览,也留有遗迹。

仙桥洞即为"仙桥别境"距离灵山洞 280m 处,洞内怪石林立,千姿百态,地势险要,游览时要上下 18 次,绕过 36 个弯,充满探险趣味,扣人心弦。

在灵山幻境与仙桥别境之间,还有面容慈祥、背靠蓝天白云的"灵山大佛"

3.3.5　瑶琳洞

瑶琳洞又称瑶琳仙境,位于杭州市桐庐县分水江畔瑶琳镇洞前村的骆驼山北麓(见图 3-4),离县城 23km,距杭州 85km,是一个规模恢宏、景观壮丽的地下世界。瑶琳仙境于

1979 年初探,1981 年正式对外开放,是华东沿海中部亚热带湿润区喀斯特洞穴的典型代表,属富春江—新安江—千岛湖国家级风景名胜区的一颗明珠。

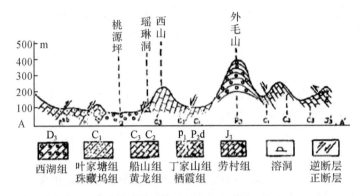

图 3-4　瑶琳洞附近地质剖面(引自周宣森,1981)

　　瑶琳洞发育在古生界石炭系黄龙组灰岩、船山组灰岩和下二叠统栖霞组灰岩中,石灰岩呈南西北东方向延长,并向北西方向倾斜,倾角约为 $30°\sim40°$,受北东和北西二组断裂线控制。洞口向北,为一竖井。瑶琳洞洞道全长约 1000m,面积约 2.8 万 m^2,分六个洞厅(见图 3-5)。地下河长达 2500m。洞内有 30 多个景组,140 余处景点。在六个洞厅中,最大的是第三洞厅,面积为 9400m^2,长约 170m,宽 $40\sim70$m,高 $10\sim37$m;其次是第一洞厅,长 135m,宽处 55m,最高处为 33m,面积为 4400m^2;最小的是第六洞厅,面积为 1800m^2。所以瑶琳洞是浙江目前发现的最大洞穴。巨大洞厅的形成是由于洞顶和洞壁的崩塌作用,因而跨度很大,洞顶呈穹隆状,底板堆积大量崩塌物;崩塌物大者达 $40\sim50$$m^3$,一般为 $0.5\sim$ 1m^3,特别是第一、二、三、四、五洞厅。同时该洞是多层洞穴,目前底板为地下河的顶板,由于地下河水的冲刷与搬运,使地下河的顶板发生塌陷,形成洞内洼坑,如第二洞厅长 110m,分布有 3 个洼坑,每个洼坑的直径约 $15\sim20$m,深度为 10m 以上,洼坑的底部就是地下河的露头。由此,瑶琳洞的底床是起伏不平的。

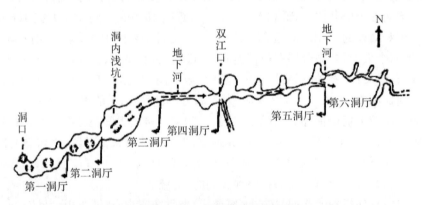

图 3-5　瑶琳洞平面示意图(引自周宣森,1981)

　　瑶琳洞以"雄、深、奇、丽"的特色闻名于世,吸引着无数的游客。其堆积物种类很多,且各具特色。在第一洞厅的"石幔垂台"的前缘穹顶上,悬着数盏宫灯般的钟乳石,最大的长约 $1.2\sim1.5$m,直径达 1m 左右,在灯光的映衬下,远远望去,好似宫殿中富丽堂皇的舞台。同

样有不少钟乳石呈鹅管状,如第五洞厅的地下河顶板上,布满了雪白透明的鹅管状钟乳石,管的直径粗者约 1cm,细的为 0.5cm,长度一般为 10～20cm,最长者达 40～50cm。它们往往笔直下垂,密集成片,有呈麦秆式的钟乳石,分布的面积达 100～150m²。在滴水较多、通风条件较好的洞口部位的鹅管状钟乳石生长很快,三年内生长 7.6cm。瑶琳洞的石笋也十分奇特,如第一洞厅的"瑶琳华表",高 7.2m,直径约 30cm,顶端光滑锃亮;第三洞厅的"龙王石笋",高 6m 多,直径 1m,显得粗大挺直。瑶琳洞内的石瀑布规模、大小、形态和颜色各不相同,而又各具特色。第一洞厅的"银河飞瀑",是浙江洞穴中极为罕见的石瀑布,高 7m,宽13m,方解石结晶晶体雪白,流水石条纹百褶细滑,耀人眼目。它自洞顶垂直而下,奔腾跳跃,飞流直泻,气势磅礴。石瀑顶上的流水淙淙,沿折皱而下,徐徐流入下方的水池,池水清平如镜。洞中景石、水色,在灯光闪烁下,映出深潭倒影,摇曳不定,别有情趣,故有人把石瀑布和池中倒影称作瑶琳两大奇观。

　　瑶琳洞的第一洞厅以"仙女集会"为全洞厅画面,宽旷的大厅内,大大小小的石笋和钟乳石散落在各个洞段,有的翩翩起舞,有的凝思神立。在一侧的石瀑布,如银河落九天,其下有池,水影瀑面,显得奇雅秀幻。以仙女集会的意境为中心,景点"琼楼玉宇""广寒舞台""玉屏阁""珍宝宫""灵芝仙山""仙乐厅""紫竹林"等,无一不是以仙气、舞姬、天庭、幻变为特点。

　　第二洞厅地形崎岖,峡谷幽深,卧石林立,仿佛进入苍苍雪山,高山险壑。该洞亦称"聚狮厅",坐落着 46 只石狮,它们大小不一,形态各异,或立或坐,或奔跑于旷野,或嬉戏于林中,神态逼真。最大的高有 2m 左右,最小的仅 20cm。有一根高大石柱,顶天立地,高约14m,直径 4m 左右,屹立在第二洞厅尾部的悬崖上,景称"擎天柱",柱面雕龙绘凤,色彩缤纷。厅内还有一根斜躺石笋,似倒非倒,凌空斜立。经过铀系测年法测定,这座斜塔似的石笋,距今已有 8 万年的高龄了。第二洞厅的底部还分布有三个直径约 10～15m、深度在10m 以上的洼坑,坑底有地下河出露,雨季时能听到淙淙流水之声。这种洼坑是洞穴塌陷的结果,也是不同层次的洞穴相互沟通的洞道。从狮子厅回头遥望第二洞厅的前段,可以看到山、水、洞、石,俨如富春山居图重现。在那江边的石洞里,像有一个老人在垂钓,有人说是"姜太公",有人说是"严子陵"。因此称该景为"桃花源",它的对面就是"桃花源"中的"武陵村"。

　　第三洞厅规模宏大、壮观,是瑶琳洞中最大的洞厅,也是浙江目前所发现的第二大洞厅。厅内石笋漫天遍野,层层叠叠,林立丛生,形态更为多姿,"瑶琳玉花""瑶琳玉峰",构成"三十三重天""五十三参"的万佛图案和天庭宫阙。这"三十三重天",如画,似诗,像梦,若神话,虚无缥缈,只能意会。故画家叶浅予赞美该厅为"极乐世界"。行至"宋诗台",一块天然大石壁上,镌刻着宋代诗人柯约斋写的一首诗:"仙境尘寰咫尺分,壶中别是一乾坤。风雷不识为云雨,星斗何曾见晓昏。仿佛梦疑蓬岛路,分明人在武陵村。桃花洞口门长掩,暴楚强秦任吞。"这是柯约斋游过瑶琳洞以后写下的点题之作。他说的"壶中天""蓬莱岛""桃花源""武陵村",就是仙境,就是"天庭宫阙"。在"宋诗台"附近的"回望台"可俯瞰全厅,洞景辉煌,景石荟萃,仿佛进入了一个神奇的世界,有层次的灯光,有层次的景色,悠悠然显露出"三十三重天"的神仙幻境。正如古书记载:"洞有崖、潭、穴,壁有五彩,状若云霞锦绮,泉有八音,声若金、鼓、笙、琴、人语、犬吠,可惊可怪,盖神仙游集之所也。"

　　第四洞厅为"水道厅",地下河在厅内沿着主洞道缓缓流动,分布着大片边石坝,坝内贮水,水流汩汩有声。第五洞厅亦为地下河段,地下河时伏时露。洞顶洞壁上有不少地下水溶蚀而成的倒石芽、涡穴、波痕、边槽等。第六洞厅以管道式洞道为主,支洞较多。

瑶琳洞的第三洞厅内壁上有木炭书写的"隋开皇八年"(588 年)和"唐贞观十七年"(643年)的游人墨迹,至今已有 1300 多年的历史了。洞中还发现了自东汉以来的陶瓷制品、古钱、剪刀和中国犀的门牙化石。其中发现有"方舟"两字的一面古镜。据查,"方舟"为元末诗人徐舫的字号,他曾在洞中避难,可能是那时遗落的,距今已有 600 多年历史了。此外,从"志书"和其他书籍中均记有瑶琳洞景状。乾隆时的《桐庐县志》中,记有上述宋诗人柯约斋的诗文。

经调查研究,瑶琳洞中发现有 40 种洞穴动物,经鉴定的有 35 种,它们隶属 6 个门、14 个纲、28 种,其中节肢动物门 19 种,占总数的 55.88%。这些动物,可以分为三种类型:(1)全洞居动物,其特点是无眼(盲目)、无色,生活步调缓慢,不能调节体内温度,但嗅觉、触觉器官特别发育,它们与黑暗的生活环境有关;(2)半洞居动物,兼性洞穴动物群,永久生活在洞穴中,并成功地在洞穴中完成生命循环,但它们在某些洞外环境亦可生存;(3)洞栖动物,产生在洞穴中,但不在那里完成整个生命循环,它们的种类还可分经常性洞栖和偶然性洞栖。

3.3.6 垂云洞

垂云洞位于桐庐县毕浦乡杨家村,与瑶琳仙境仅一江之隔,是一处以水景著称的地下暗河。洞内有一漏斗状的孔直通山顶,故又称垂云通天河。

垂云洞纵深约 8km,洞厅最大高度有 150m 多,总面积超过 10 万 m^2。洞中有 4500m 的地下长河,间有深潭、飞瀑、激流、浅滩,其中高 14m 的飞瀑,长年不断。洞内结构层次分明,有廊道状、厅堂状、峡谷溪流状、云盆斜坡状。洞中有 10m 宽、20m 高的山幔,1300 m^2 多的云盆,80 m^2 多的圆形"宫殿",30m 高的钟乳,琳琅满门,晶莹剔透,置身其中,犹如进入神话般的水晶宫。洞中套洞,造型奇特,迂回曲折,令人目不暇接。

3.3.7 瑞晶石花洞

瑞晶石花洞位于临安昌化地区的石瑞乡蒲村,距杭州 120km,该洞洞体呈垂直状,异常高大。洞内岩溶景观密度大、品种齐全,尤其是洞内有着大量的"石花"。石花在矿物学上为文石,它与方解石同为 $CaCO_3$ 组成,但结晶成斜方晶系,常见针状细柱状晶体,集合体呈放射状。它色泽洁白,晶莹剔透,呈花瓣放射状生长,美丽异常,瑞晶洞由于洞壁裂隙特别发育,洞内温度气压相对比较稳定,这就为石花产生创造了特别条件。瑞晶洞石花多达 36000多朵,这些石花形态各异,争奇斗艳,竞相怒放,更有成片的石花如北国冬日漫天飞舞的大雪,纷纷扬扬,大大小小的石花布满洞顶,使瑞晶洞成了世上罕见的地下花园。

瑞晶洞发育在 5 亿年前的晚寒武世条带状白云质灰岩之中,洞口向南,洞体按自然组合划分为七厅,一般宽 35~50m,高 10~57m,洞道长 460m。总落差 121.6m,面积达 16900 m^2。洞厅规模、洞体落差、洞景品位等方面,在国内溶洞中都很有特色。

3.3.8 碧云洞

碧云洞(曾名为碧东坞洞),位于杭州西南方向约 30km 处的富阳区胥口镇上练村。总面积 2.8 万 m^2,主洞面积 2.33 万 m^2,是亚太地区单厅面积最大的洞厅,洞内净空最高处

24m。穹形厅内有神奇、绚丽的景石组。

碧云洞岩溶洞穴发育在北东向富阳复向斜的下练向斜核部,受此向斜长轴及北东、北西二组断裂控制,形成一独特的单厅溶洞。区域地质构造主要是受北东、南西向断层控制,后期主要是受北西、南东向断层影响,说明地质时期受这两组垂直方向力的挤压作用(见图 3-6)。断层起着导水的作用,沿着断层线,尤其是两组断层相交的地段,岩溶更加容易发育,碧云洞的成因与此断裂构造有关。

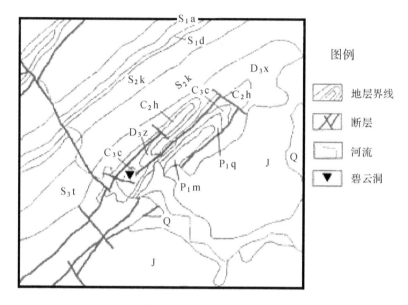

图 3-6　碧云洞地质平面

沉积碳酸盐岩是碧云洞岩溶地貌发育的基础。碧云洞位于虎山西侧山岔中,地表出露灰岩。上部为船山组灰岩,下层为黄龙组灰岩。洞区内封闭性较好,在一定的温度和压力下,有较好的沉积环境。地表水溶蚀上层灰岩,流经构造裂隙渗透到洞内。所以洞内钟乳石柱前期析出的碳酸钙颜色较杂,但形态完整,随着季节性的水流而成淇淋状叠加;后期水流溶蚀到地表深处,下部为黄龙灰岩,洞内析出的碳酸钙为纯白色,形如垂帘瀑布从洞顶挂下,形成碧云洞独特的钟乳石柱造型。另外在洞的低洼处形成积水较浅的云盆。

3.3.9　灵栖三洞

灵栖三洞位于杭州西南方向约 190km 处的建德市寿昌镇石屏乡铁帽山(见图 4-1)。铁帽山中发育有灵泉洞、清风洞和霭云洞,常称为灵栖三洞(见图 4-2),是一组奇丽的石灰岩溶洞景观,一座瑰丽的地下艺术宫殿。

灵泉洞以水称奇,石景也颇有特色。灵泉洞口为地下暗河出口。地下暗河入洞中有300m,水深平均 1.2m 左右,乘小船经过灵泉九曲和五潭、龙宫几个景点。九曲是指一曲石山灵笋、二曲泉中异花、三曲通幽古道、四曲玉树琼花、五曲黄龙戏水、六曲跳水灵獭、七曲葫芦口、八曲龙潭峡、九曲咫尺云天。灵泉五潭是指洞中的鱼跃潭、落英潭、日潭、月潭和古龙潭。龙宫洞厅宏伟宽大,也叫水晶宫,宫厅岩顶距水面约有 9m,面积为 380m²,宫顶石钟乳悬垂,有的像璎珞,有的像珊瑚,有的像帘珠,有的像睡莲,奇峰倒插,怪兽奔驰,珍禽奋飞,奇态异采,华美绚丽。溶洞深处有一绿潭,深达9m左右,是铁帽山地下河道的出口,常年水涌如注,形成洞中约600m²的地下湖泊与河道,蜿蜒曲折。水洞两壁和大顶,时有嶙峋奇谲的石钟乳,或矗立,或悬垂,水石交映,景色幽幻。洞中有多处宋元古代题记,其中元代大德三年(1299年)进士郑文构率领乡民进洞求雨的题记,字迹清晰可辨。

清风洞位于灵泉洞右上方百米高处,洞口南向,有"风洞"之称。明清以来的地方志有记载,仲夏洞门风出,"寒不可御",冬天又温煦和暖,如沐春风。这是洞内恒温与洞外温差变化造成的。铁帽山体中空,又加洞内有泉水流动,入洞空气流动产生风。清风洞风大流急,在溶洞中较为少见,也较奇异。清风洞洞厅面积约有6000m²。洞中有雪梅报春、侧垂睡莲、玉屏通幽等数十个景点,总分为一廊、七厅。

霭云洞以灵奇多姿,云雾缭绕而吸引游人。霭云洞距清风洞800m,要翻铁帽山才至洞口。据地方志记载,霭云洞又名"云气洞",洞口会呈现出"天将雨则云气霭然"现象,因此得名。天将要下雨时,霭云洞口会冒出团团云气,高出洞口十几米,呈云柱状悬浮在洞口,远远望去,景色迷人。冬春季节的清晨在朝阳照耀下,亦有云气缭绕于洞口之上。因为天将雨时,地面大气的压力减小,而洞内受影响不大,故含水汽的高密度空气冲上洞口呈云柱状;冬春时晴天上午,朝阳刚露,地面空气较冷,密度较大,而洞内空气相对较暖,密度较小,地面冷空气往洞内沉降,迫使轻而湿暖的洞内空气上升洞口,与洞外低温度空气相遇,湿暖空气凝结成雾体,如云霭袅袅飘荡于洞口上空,形成奇观。霭云洞已开放游览的面积有6000m²,游程可达360m,洞厅宏伟壮观,为三洞之冠。景观丰富多彩,其中以"迎客屏幕""垂天幔帐""海底龙宫""定海神针""钟鼓齐鸣""金银双葵""双恋石柱"等景观最为形象动人。在"天外仙境"处,晶莹闪烁的钟乳石,连绵天际,峰峦峡谷,清泉汩汩;在"石磬"上,仅弹指轻扣,则磬声噌然,余音萦绕,平添一股神秘缥缈的感受;在银光四射、清绝幽深、楼台隐现的"广寒宫"中,依稀可见嫦娥起舞、吴刚伐桂、玉兔捣药的天上宫阙。霭云洞中夺目盛放的金银石葵花,直径计1m,杏花色、银白色的大花瓣,由沿边向外翻卷,大如蒲扇,瓣边千裙百褶,上洒有似未滴尽的晶莹露珠,其内生长着密集的葵花子,栩栩如真,真佳景也。"定海神针"为一纤细石柱,直径不及10cm,高却达7m,上顶穿顶,下挂地面,修长挺拔。这一天然石柱的生成,是过饱和的碳酸钙水,从洞顶裂缝中渗出,由于环境的改变,在洞顶和洞底同时生成碳酸钙,彼此不断生长,久而久之,两者相互衔接而成。

灵栖洞天古朴幽奇,景观丰富,洞外山景也十分清幽,堪称浙江溶洞群中的佼佼者。

3.4　名城名村名镇

3.4.1　杭州(国家级历史文化名城)

杭州位于浙江省北部的钱塘江畔,西濒西湖,东临钱塘,北靠武林山,古称钱塘,又称武林。这里湖山秀丽,风景如画,自古为鱼米之乡。在此发现的新石器时代良渚文化遗址,证明四千年前杭州地区的农业生产已经相当发达。春秋时期先后为吴、越所辖。秦设钱塘县,汉属会稽郡,三国属吴国,晋属吴郡。隋代由于沟通南北水路交通的大运河的开凿,杭州作为大运河的终点,商业经济有了很大发展,城市初具规模,始称"杭州"。唐代为重要贸易港口,日本、高丽、大食(阿拉伯)、波斯等地商人来往于此,呈现出"灯火家家市,笙歌处处楼"的繁荣景象。五代钱镠立吴越国,建都杭州,时称西府,又称西都。杭州成为吴越国的政治、经济、文化中心。当时扩建的子城、内城和罗城(外城)宏伟壮观,面积大于今天杭州市。城内大兴宫室,广造寺院佛塔。为防治海潮之患,沿海修建了工程浩大的石塘,称钱氏海塘,今天所见的石塘是清代在此基础上重建的。

公元 1127 年,北宋被金所灭。1129 年(建炎三年),宋高宗赵构凭恃长江天险,建立南宋王朝,迁都杭州,改称临安府,从此杭州作为南宋都城达 150 年。迁都不久,宋高宗不顾北方沦陷和爱国将领收复故土的强烈呼声,大兴土木,建起南跨吴山、北临武林、东靠钱塘、西濒西湖的气势宏伟的都城,以致西子湖畔"堤桥成市,歌舞从之,走马游船,达旦不息"。随着政治中心的南移,北方数以万计的官僚士绅云集江浙,使杭州人口猛增到 120 余万。手工业者也将各种技艺带到杭州,使杭州的丝织、造船、印刷、瓷器和军火工业十分发达,成为当时全国最大的国际性贸易中心。南宋以后,杭州商贸、文化仍然相当发达,并为全国重要的贸易港口。元设杭州路,明为杭州府,清为浙江省治。中华民国成立后,为浙江省会所在地。

杭州是举世闻名的文化古城和旅游胜地。西湖的名胜古迹众多,历代名人墨客留下了许多诗画和传说。西湖白堤和苏堤是为纪念白居易和苏轼两位大诗人在杭州任职时的政绩而命名的。被称为天下奇观之一的钱塘江潮,唐宋年间本在杭州,以后由于地理变迁,移徙海宁。

杭州老城区的名胜古迹还有宋故城遗址、灵隐寺、六和塔、保俶塔、岳王庙、飞来峰造像、烟霞洞、紫云洞、龙井、虎跑、德寿宫、凤凰寺、净慈寺、西泠印社、秋瑾墓、章大炎墓等。

2007 年 2 月 16 日国务院正式批复杭州市城市总体规划(国函〔2007〕19 号),批复中明确了杭州的城市性质和功能定位,确定了"一主三副六组团"的城市格局,即:从以旧城为核心的团块状布局,转变为以钱塘江为轴线的跨江、沿江、网络化组团式布局。采用点轴结合的拓展方式,组团之间保留必要的绿色生态开敞空间,形成"一主三副、双心双轴、六大组团、六条生态带"开放式空间结构模式。从此杭州市城市的发展由"西湖时代"走向"钱塘江时代"。

一主三副:由主城、江南城、临平城和下沙城组成。

(1)中心城区(主城):承担生活居住、行政办公、商业金融、旅游服务、科技教育、文化娱乐、都市型和高新技术产业功能,逐步形成体现杭州城市形象的主体区域。

(2)江南城:由滨江区、萧山城区和江南临江地区组成,是以高科技工业园区为骨干,产、学、研协调发展的现代化科技城和城市远景商务中心。沿江地区为居住生活区、公建区和远景城市商务中心,南部为商贸、居住生活区,东、西部为工业区和文教科研区。

(3)临平城:由临平城区、运河镇等组成,是以城市现代加工制造业为主的综合性工业城。北部为工业区和配套生活服务区,中部为公建区和居住生活区,南部为物流区。规划城市人口 50 万人,城市建设用地 46km²。

(4)下沙城:由下沙、九堡、乔司组成,是以杭州经济技术开发区和高教园区为骨干的综合性新城。北部为教育科研区,南部、西部为工业区,中部及东部临江地区为居住生活区。规划城市人口 60 万人,城市建设用地 54km²。

六大组团:分成北片和南片,北片由塘栖、良渚和余杭组团组成,南片由义蓬、瓜沥和临浦组团组成。

　　六大组团的功能主要在于吸纳中心城区人口及产业等功能的扩散,形成相对独立、各具特色、功能齐全、职住平衡、设施完善、环境优美的组合城镇。

　　(1)塘栖组团:省级历史文化保护区,城市北部的休闲旅游观光基地和余杭经济开发区(临平工业区)、钱江经济开发区的配套服务基地。东部为居住生活区,西部为工业区。

　　(2)良渚组团:城市西北部以良渚文化和生态农业为主题的文化休闲旅游基地。严格保护良渚文化遗址群,合理控制人口和建设用地规模。北部为良渚遗址保护区,西部、东南部为居住生活区,西南为生态农业旅游区。

　　(3)余杭组团:城市西部的近郊住宅区和高教科研基地。西部为居住生活区,南部为休闲度假区,东部为教育科研区。

　　(4)义蓬组团:城市东部大型综合性工业发展基地。东部和东南部为工业区,西部和西南部为居住生活区,北部和东部临江地区为生态旅游区。

　　(5)瓜沥组团:城市东南部以临港工业、轻纺工业、服装加工为主的综合性工业区和区域性物流中心。北部为工业、物流区,南部为居住生活区。

　　(6)临浦组团:城市南部未来高新技术产业发展的主要基地。北部为居住生活区,南部为高新科技园区。

　　六条生态带:在各组团之间、组团与中心城区之间,利用自然山体、水体、绿地(农田)等形成绿色开敞空间,划定生态敏感区,避免城市连片发展而影响生态、景观和城市整体环境水平。规划建设六片绿色生态开敞空间:(1)灵山、龙坞、午潮山风景区—西湖风景名胜区;(2)径山风景区—北、南湖滞洪区—闲林、西溪湿地风景区;(3)超山风景区—半山、皋亭山、黄鹤山风景区—彭埠交通生态走廊;(4)石牛山风景区—湘湖旅游度假区;(5)青化山风景区—航坞山—新街绿化产业区(大型苗木基地);(6)东部钱塘江滨海湿地保护区—生态农业区。

　　双心:即湖滨、武林广场地区—旅游商业文化服务中心;临江地区—由北岸的钱江新城和南岸的钱江世纪城共同组成的城市新中心。

　　双轴:即东西向以钱塘江为轴线的城市生态轴;南北向以主城—江南城为轴线的城市发展轴。2016年1月,《杭州市城市总体规划(2001—2020)(2016年修订)》获国务院批复同意,调整杭州城市性质为"浙江省会和全省经济、文化和科教中心,长江三角洲中心城市之一"。再是确认"一主三副、双心双轴、六大组团、六条生态带"的城市空间布局,并对其进行了适度优化调整,即撤销塘栖组团,并入临平副城,新建瓶窑组团。

　　2015年2月,2017年8月,富阳市和临安市先后撤市建区并入杭州市,杭州市区面积扩大到8292km²,城市发展空间再次得到大幅拓展。

3.4.2　余杭塘栖

　　余杭塘栖位于余杭东北部,京杭大运河横贯镇之东西,地处杭、苏、嘉、湖的水路要冲,自古就以水乡著称。在明清时富甲一时,贵为江南十大名镇之首。旧时全镇共有弄堂七十二条半、石桥三十六爿半。现存遗迹主要有横跨于大运河上的通济桥(又名广济桥)。该桥明弘治十一年(1498年)由陈守清募建,为七孔石拱桥。除此之外,明代建筑群太师第弄、清代乾隆御碑、郭璞古井、水南庙、水北一条街也保护较好。

　　四乡土壤宜植桑麻蔬果,物产丰富,其枇杷、杨梅、青梅、菱藕、甘蔗久负盛名,素以鱼米之乡、花果之地著称。近郊的超山奇峰屹立,周围广植梅树,北麓的大明堂为游超山登峰巅的门户,堂外有"唐梅"和"宋梅"各一株,左侧山麓有近代艺术大师吴昌硕墓和吴昌硕纪念馆。

3.4.3　萧山衙前

衙前素有吴越通衢之称,浙东运河流经镇中,古河道、古河埠、古石桥风姿绰然。因水上交通的重要地位,使衙前成为一个经济文化繁荣的古镇。由中国共产党领导的第一次农民运动就发生在衙前,其为近代农运史上具有全国影响的重大事件。1921 年 9 月,中国共产党早期著名革命者沈定一、刘大白、宣中华、杨之华等都曾在此有较长时间的活动,他们组织和领导了中国共产党第一个农民协会,运动波及萧、绍、虞三县八十余村,震动全国。

具有光荣革命传统的萧山衙前百姓,弘扬"敢为人先"的农运精神,在改革开放的大潮中,敢闯会拼,创造出新的业绩。现在的衙前已经跻身全国百强镇,是闻名全国的化纤重镇。

3.4.4　萧山进化

进化位于萧山区东南 7km 处,东北和东南与绍兴、诸暨接壤,南邻欢潭乡,北连所前镇。进化溪流经全镇,铁路、公路交通便利。进化历史悠久,文化积淀丰厚。镇南有新石器时代的人类活动的遗址。历史上进化出过不少名人,如清代民族英雄葛云飞、辛亥革命时浙江军政府首任都督汤寿潜等。在进化目前还保留不少与其有关的纪念建筑,如宫保第、葛氏宗祠、云飞纪念厅、汤寿潜故居、汤氏宗祠、汤寿潜纪念碑。进化的传统街区保存较好的有山头埠小街,两旁均为清代木构建筑的小店铺,长 100 多米。在大汤坞村也保存有很多清代和民国时期的木构建筑。进化镇区域内还分布一些重要的文物古迹和遗址,其中茅湾里印纹陶窑址是省级文物保护单位,还有肇家桥、御史井等文物古迹。清初,学者毛奇龄曾在《广利寺序》中提到进化 32 景,现存 12 景,如傅村琴石、鹤池垂钓、溪桥夜月、名刹传灯、城山怀古、诸坞香海等。进化盛产青梅、杨梅、绿峰茶,远近闻名。

3.4.5　建德新叶

新叶位于建德市西南部,与兰溪市毗邻,恰处于杭州、金华、衢州三地的交会处,浙西山区与浙中盆地的过渡地带。新叶村始建于南宋嘉定十二年,原称白下叶村,新中国成立后改名新叶村。新叶北依玉华山,面对道峰山,东北有五山向南横贯,一条曲溪穿村而过,水口处还有两座小山雄踞两侧,正如叶氏家谱所云:秀水绕村兰作带,三峰鼎立翠为屏。新叶古建筑群依山傍水,以有序堂为中营,八条通道自左向右放射八方。村中几百条巷使房屋连接而颇具特色。新叶街巷保留了历史旧貌:马头墙、饰有精致木雕的老式木板门面、青绿色砖条铺就的路面,边上还嵌有小砖石,古朴并具有浓厚的山乡风味。新叶保存了 150 余幢明清古民居,如有序堂、崇仁堂、旋庆堂、荣寿堂、存心堂等。抟云塔、文昌阁被列为县级文物保护单位。新叶历史上曾出过一些名人,如叶梦得、叶向义等。新叶村还是革命老区,有宁死不屈的叶真修、叶肃钏、叶锦松等,建德市树烈士碑以供后人敬仰。新叶山水秀丽,叶氏家谱中"玉华十咏"描绘其十大景观。村北有玉泉寺,其碑记载,明朱元璋率兵经新叶时曾提联于寺壁:"古柏参天膏露峰,华山胜地玉泉流",并封寺前古柏为"将军柏"(已毁于 20 世纪 60 年代)。

3.4.6　富阳龙门

龙门位于富阳区南部,富春江南岸,仙霞岭余脉的龙门山下,龙门溪由北至南穿镇而过。龙门的居民绝大部分为孙姓。据《龙门孙氏家谱》考证,春秋时期,孙武之子孙明为富阳孙氏始祖,龙门孙氏即其嫡派。龙门也是三国孙权后裔最大得聚居地。因东汉名士严子陵盛赞"此地山清水秀,胜似吕梁龙门"而得名。龙门古街长近千米,街面狭窄,以河卵石铺砌地面,旧时为古镇的商业中心。古街连着条条巷弄,向南北延伸。在街心有座万庆桥,建于明代,为当地居民中秋节赏月之处。龙门古镇至今还较完整地保存着部分明清古建筑群,其中规模较大的祠堂有余庆堂和思源堂两座,厅堂有咸正堂、明哲堂、耕读堂、慎修堂、素怀堂、山乐堂等三十多座。从建筑形式上看,厅堂可分为"井"字形和"回"字形两种,四周筑封火墙构成封闭式院落。厅堂之间或民宅之间都是门廊相通,或以卵石铺成的曲径巷道相连。另外还有明代"义门"砖砌牌楼和工部冬宫第砖砌门楼、清代同兴塔和妙岩寺和数百处民居古宅等古建筑。龙门孙氏子孙"半列儒林",不乏深明大义、重民族气节之士,如宋代大理院评事孙祁、明嘉靖年间选贡孙濡等人。明代工部郎中孙坤,曾为郑和下西洋建造航海巨船八十余艘。革命烈士孙京良、孙晓梅、孙承熙、孙国纪等,也是龙门人。龙门的传统文化十分丰富,闹元宵、舞龙灯、跳竹马、跳魁星和各种祭社活动等,至今还深受当地居民喜爱。龙门东面的龙门山,气势雄伟,怪石嶙峋,风景秀丽,其中的龙门瀑布十分壮观。

3.4.7　临安河桥

河桥位于临安区西南部。东距市区48km,地处昌瑞、昌淳公路沿线。河桥境内山区丘陵相间,地形分界明显。明洪武年间,安徽洪氏宗族来此开创。明嘉靖年,唐昌即(昌化县)设四镇,河桥因"邑水口形胜商务独冠唐昌"被列为首位,至今镇门上"唐昌首镇"犹可见。河桥南北延伸的传统商贸街区近2000m,皆用本地所产石条铺筑,宽5m,街路一侧有宽1m的水沟,用青石板构筑,水沟与柳溪江水源相通,流经各家门前,每隔一段有一露明处,砌着几级踏垛,因除饮用外还可防火,故称太平沟;街道两旁有100多家店铺,均为木结构,排门打开就是店堂,中堂仓库,后堂厨房或客厅,楼上宿舍,颇具清末民初传统建筑风貌,有汪益茂、卢洪泰、徐丰馆、积善堂、永和财等商号均保存完好。大街小弄中还分布有100余幢单体传统房屋建筑,有店铺、作坊、民居、教堂等,大多为清代所建,少数为民国年间建筑,但也有不少近年新建的建筑插入其中。河桥遗存有不少文物古迹,如鸿山书院、石宝寺、中美合作医院旧址、抗战誓师碑、钱向军烈士墓等。河桥被誉为"小小昌化县、大大河桥镇",不仅曾商贸繁荣,且地理环境优美,旅游资源丰富,名木古树参天,物产丰富。

3.4.8　桐庐深澳

深澳位于桐庐江南镇,距桐庐县城20km,320国道线过其境。以深澳古村为主,还包括徐畈、环溪、荻浦三个村。总面积10.5hm²(其中深澳古村为7.5hm²)。这四个村沿应家溪西岸一字排列。

深澳、荻浦在历史上统称深浦,为申屠氏始祖于南宋后发展而成;徐畈为金华徐偃王在南宋时迁居于此,为申屠氏姻亲发展而来,至今主要居住为徐姓和申屠姓。环溪村为明代洪武年间,大儒周敦颐十世孙周廉溪率族人迁居于此,世代繁衍而成,因两溪环绕村落,故名

"环溪",多为周姓。清代是深澳村历史上发展迅速的时期,清代中后期,出现了一批以贩运草纸致富的商人。村中建筑多为该时期所建设。抗战时,深澳成为前线,商业因此获得畸形发展。

深澳古村因其水系而名,古村濒应家溪而建,申屠氏先人在规划村落建设时,首先规划了村落水系。深澳的村落水系是一个独立的供排水系统,它由溪流、暗渠、明沟、坎井和水塘五个层面立体交叉构成,各自独立,相互联系,充分调控地面和地下水资源,将饮用水、生活水和污水分开处理,并使水始终处于流动状态。反映出一种对水资源利用的环保意识,而且在实践中解决了溪流洪水和地下水泛滥对村庄造成的危害。

深澳老街,全长 200 多 m,南北走向,宽约 3m。原为卵石铺设,现已改为水泥路面,两侧建筑为清中后期及民国建筑,多为店铺,成为附近一带的交易中心。村内还有黄家弄、后居弄、三房弄等传统街巷。

深澳文物古迹众多,有省级文物保护单位申屠氏宗祠(含跌界厅),另有文物保护点怀素堂、恭思堂、景松堂、尚志堂等 26 处。深澳古建筑集中,保存有百余幢传统建筑,面积近 40000m²,其中有 40 余幢清代建筑。内部雕饰华丽,建筑基本为清代中、晚期建造,多为民居,部分为祠堂、庙庵、戏台和桥梁。建筑形式类同,多为四合式院落,民居之间可相互以角门、后门相通,外观简朴,但梁架、门窗木雕十分讲究。重要的建筑有攸叙堂、神农堂、怀素堂、恭思堂、怀荆堂等,这些建筑与村内的水系构成了自己独特的风貌和特色。

深澳的传统风俗有时节(丰收节)、水龙会,舞狮、舞龙等。传统手工艺有造坑边纸、绣花、贴画等。

3.4.9　淳安芹川

芹川位于淳安县西南浪川乡政府驻地北面 3.5km 的银峰北侧山麓,距县城千岛湖镇约 45km。全村总面积约 0.6 km²,共 520 户,1700 余人,居民多为王姓。

据清康熙五年《江左郡王氏宗谱》载:"……宋初,泽翁从吴越王归宋,……世以江左为郡。其子崇宝公由睦迁遂之丰村儒高,三世公孙瑛公由儒高迁林馆月山,瑛公长子万宁公由林馆月山(今浪川乡月山底村)迁芹川。"万宁公见此地"四山环抱二水,芹水川流不息",故取村名为"芹川",至今已七百余年。明清以来尤其是民国时期是芹川村的鼎盛期,经济富庶,形成了目前的古村落。

芹川四面环山,呈坐北朝南之势,四面环山,芹水溪宽约 6m,从村正中由北向南呈反"S"型蜿蜒流过,溪水清澈,常年不涸,是村民生产、生活的主要水源。古村落形态比较完整,民居沿溪而建,主要建于溪与东西两侧山峦之间的长条地带上,多坐东朝西或是坐西朝东,溪两侧民居之间有桥梁连通。

村道主要是沿溪的两条道路,宽约 2m 左右。溪西岸村道系芹川村的主道路,长约 1km 左右。原路面中间铺砌青石板,两侧垒砌卵石,现已浇筑水泥路面。溪东岸村道长度稍短,现在路面基本保持原状。村内弄堂基本保持原青石板铺砌原状,弄堂宽约 1.1~1.5m,长度 10~30m。

村内文物古迹丰富,至今保存古建筑三百余幢,建筑类型多样,有民居、宗祠、桥梁等,民居大多为晚清和民国时期,均为两层,属皖南徽式建筑风格。外拙内秀,外部白墙黛瓦,内部雕梁画栋,门楼砖雕精细,但建筑装饰已趋简约化。重点古建筑共有建筑面积近 3000m²,主要有王氏宗祠（光裕堂）、敦睦堂（三环厅）、七家学堂、王时炳故居、王文典故居、王昌杰故居、际云桥、进德桥等。村口象山、狮山山麓有百年以上古樟树5棵。

芹川村的自然景观也非常优美。据谱牒记载,早在清康熙年间,芹川村即有银峰耸秀、芹涧澄清、象山吐雾、狮石停云、玉屏献翠、金印腾辉、餐霞滴漏、沙护鸣钟等八景。

芹川村四山环抱,有万亩山林,土产山货十分丰富,主产品种有小竹笋、蕨菜、猕猴桃、中药材、野藤葛等。特色小吃有麻酥糖。当地主要时节为迎月半(即庆元宵)。

3.5 古遗址

3.5.1 跨湖桥遗址

跨湖桥遗址位于萧山城区西南约4km的城厢街道湘湖村。遗址西南约3km为钱塘江、富春江与浦阳江三江的交汇处,在此形成曲折之形,往北再折向东流入东海。遗址南北均为低矮的山丘,往北越过山岭可见钱塘江,南面为东西向连绵不断的会稽山余脉。跨湖桥遗址,是由古湘湖的上湘湖和下湘湖之间有一座跨湖桥而命名。

跨湖桥遗址经过1990年、2001年和2002年三次考古发掘,发掘面积达1000多平方米,出土有大量的陶器、骨器、木器、石器以及人工栽培水稻等文物,经碳14和热释光测定,其年代距今8000~7000年。其中,2002年11月发现的独木舟及相关遗迹,是目前发现的国内乃至国际最早的独木舟相关遗迹。由于跨湖桥遗址的文化面貌非常独特新颖而被评为"2001年度全国十大考古新发现"之一。

跨湖桥遗存距离浙江境内的河姆渡文化、马家浜文化和良渚文化遗址都很近,但其面貌又如此迥异,是一种独特的文化类型——跨湖桥文化。它的发现表明,浙江境内新石器时代文化的情况绝非以前认识的那么简单,而是由多个源流谱系组成。它们之间的相互关系就成为今后史前考古研究中的一个重要课题。

其次,跨湖桥遗存和长江中游文化有较多相似因素,这为探讨两地的文化关系提供了重要线索,也为研究当时整个长江流域文化格局以及此后的变迁问题提供了重要线索。因此,它的发现,第一次把长江中下游地区的考古学问题直接联系起来了,对日后整体上研究长江流域的文化起到了重要的中介作用。

跨湖桥文化先民发明了世界上最早的陶轮、最早开始制盐、用食盐黄铁矿和草木灰作釉泥等一系列的新技术(柳志青等,2006)。

跨湖桥遗址的发现将杭州的文明史提前到8000年前的新石器时代,其独特的文化面貌充分展示了杭州乃至浙江悠久的历史与丰厚的文化底蕴。跨湖桥文化表明,长江流域同黄河流域一样,也是中华文明的发源地。

3.5.2 良渚遗址

良渚遗址分布于中国东部环太湖地区。良渚古城遗址位于浙江省的余杭区,是一处新石器时代晚期文化遗址群,碳14测定的年代为距今5300~4300年。

良渚古城遗址发现于1936年,此后断续发掘至今。遗址以莫角山遗址为中心,总面积约 34km²。良渚文化以全世界最精美的玉器石器所表征的礼制、连续作业之犁耕生产方式、大型工程营建、大规模社会生产组织系统、早期科学技术思想以及丝织、黑陶、髹漆、木器等手工业抑或商业的萌生而著称,是中国文明的前奏,是夏、商、周文明的主要构成因素,在学界素有"文明曙光"之誉。良渚文化以神人兽面纹为代表的纹饰和成组使用的固定形器、具有象形和表意功能的刻划符号所反映的文化形态,对后来中国社会意识和思维的发展影响深远。良渚文化规模农业和大型营建工程显示当时社会剩余劳动空前增多。社会财富的非平均分配导致社会分化日益加剧并成为普遍现象,使显贵者阶层、准国家制度形成,露出后来中国宗法政治之端倪。良渚文化与日本文化、玛雅文化、印加文明、印第安文明等亚洲、美洲的文化和文明的内在关联也可以找到许多例证。良渚文化是剑桥大学教授伦福儒(Colin Renfrew)和哈佛大学教授张光直等人论证的环太平洋文化底层、中国—玛雅连续体的典型案例。

良渚文化分布面远及环太湖流域浙江省、江苏省、上海市的 36500km²,60 余年的考古发掘证明,位于今浙江省杭州市余杭区良渚、瓶窑两镇范围内的良渚古城遗址是良渚文化分布的中心区域。

良渚古城遗址具有十分独特而重要的历史文化价值,2019 年被列入世界文化遗产名录。遗产的构成要素包括公元前 3300 年至公元前 2300 年的城址,功能复杂的外围水利工程和同时期分等级墓地与祭坛,以及一系列象征其信仰体系的玉器。

(1)良渚古城遗址原始地理环境和遗址保存的完整性、密集度全世界罕见。遗址区内遗址点 119 处,其中包括宫殿、祭坛、墓地、工场、农耕区、土垣、城址、村落等各类遗存。这些遗址点以莫角山遗址为轴心,成片区密集分布,其中许多遗址突兀于地表,形成一个庞大而完整的带有早期城市或城邦国家形态的原始地貌空间结构,集中而全面地反映了中国新石器时代特定的社会形态。反山、瑶山遗址的发掘被评为"七五"期间全国十大考古新发现,汇观山遗址被评为 1991 年度及"八五"期间全国十大考古新发现,莫角山遗址被评为 1993 年度及"八五"期间全国十大考古新发现。在已发现的遗址点中,除个别因取土等原因受到局部损坏外,大部分遗址至今保存完好。良渚遗址区内出土的大量植物孢粉和动物遗骸证实,远古时期此地为典型的亚热带或近热带湿润气候,植被良好,水网密布。这种原始的地貌历经四五千年至今被较完整地保存,一直是人类优良的栖居地,也是重要的湿地保护对象和研究资料。

(2)良渚古城遗址是实证中国五千年文明史的最具规模和水平的地区之一。若以夏朝为中国文明史之肇始,中国文明至今约为 4200 年。良渚遗址是一个带有完整古国形态的大遗址,它已形成了中心聚落、次中心聚落、普通聚落这种级差式的聚落结构,以及像莫角山这样的大型城址,汇观山、反山、瑶山这类出土大量精美玉器的祭坛墓地,大型城市防护工程塘山土垣遗址,体现出了良渚遗址在全世界罕见的规模和品质,使其成为探讨东文明起源的重要对象,在人类文明史上具有唯一性和特别的重要性。

(3)良渚遗址所反映出来的以原创、首创、独创和外拓为特征的"良渚精神",是中国文明传统中最有价值的部分之一,不仅开创了曾经盛极一时的"良渚社会",而且对当今世界仍具有极大的教育和启发意义。

3.5.3　乌龟洞"建德人"遗址

位于建德李家镇新桥村后乌龟山的乌龟洞,属第四纪更新世智能人牙的发掘地,对研究人类演化历史具有重要意义。洞深 7m 多、高 2m 多、宽 4m 多。1974 年发掘，清理掉厚约 50cm 左右的现代堆积，露出原生堆积，含化石的地层分上下两部分：上部为紫红色黏土，厚约 35cm；下部为黄红色黏土，厚约 110cm。共出土一枚属于智人类型的右上犬齿（男性，年龄约 30 岁左右）以及大熊猫、东方剑齿象、中国犀等一批哺乳动物化石。为浙江省首次发现，其时代大体相当于更新世晚期的后一阶段。这是迄今为止浙江发现的唯一的旧石器时代古人类化石，距今约 5 万年前的晚更新世。

3.6　名　产①

3.6.1　昌化鸡血石

昌化鸡血石是中国特有的珍贵宝石，具有鸡血般的鲜红色彩和美玉般的天生丽质，历来与珠宝、翡翠同样受人珍视，以"国宝"之誉驰名中外。昌化鸡血石产于浙江省临安昌化西北的玉岩山。

昌化鸡血石形成于 7500 万年前的火山活动，发现与开采有 1000 多年历史，广泛利用兴于明清。明代，昌化鸡血石工艺品已成为皇宫和英国博物馆的珍藏品；清代康熙、雍正、乾隆、嘉庆、咸丰、同治、宣统等历代皇帝与后妃选昌化鸡血石作为玉玺；现代，毛泽东主席曾使用和珍藏两方大号昌化鸡血石印章，周恩来总理曾选昌化鸡血石作为国礼馈赠日本前首相田中，郭沫若、吴昌硕、齐白石、徐悲鸿、潘天寿、钱君匋、叶浅予等众多文化名流与昌化鸡血石结下了不解之缘；当今，一个以采集、收藏、研究、展销为主的昌化鸡血石热正风靡中华大地。昌化鸡血石文化已传播至五大洲，尤其在日本、韩国和新加坡等国家及世界华人界更享盛誉。

昌化鸡血石的天生丽质源于其中隐晶质辰砂团块或星点状、条带辰砂与高岭石、地开石、叶蜡石等多矿物共生的集合体，在白色、灰白色或淡黄色的基底上透出像鸡血一样鲜红色，所以人们俗称鸡血石。辰砂是"血"的主要成分，颜色有鲜红、大红、紫红、淡红，团块状、条带状、星点状等，高岭石、地开石是质地的主要成分（柳志青等，1999），有白、黄、红、青、褐等色和半透明、微透明、不透明等状态，昌化鸡血石按其色泽、透明度、光泽度和硬度，分为冻地、软地、刚地、硬地四大类百余个品种。

鸡血石的质地与其矿物成分有一定的关系。当鸡血石由隐晶质地开石和辰砂组成时，质地细腻清润、透明度好，犹如胶冻，有"冻地鸡血石"之称；当它含较多的明矾石矿物时，透明度降低、光泽减弱、硬度增大、脆性也增大；当它含较多的石英、黄铁矿或次生石英岩化晶屑玻屑凝灰岩残留时，质地粗糙，显干燥、硬度高，无玉光泽、不透明、无油性。

品评昌化鸡血石，一要看"鸡血"，二要看质地，以血色的多少，鲜艳与否，质地的透明、温润、软硬程度为质量档次的主要依据。血色越多，越鲜艳，质地越透明、通灵、温润、细腻，就越美观，其价值也就越高。

昌化鸡血石的工艺用途主要是制作印章、雕刻工艺品和原石欣赏等。在众多印石中，昌化鸡血石是中国"印石三宝"之一，并以撩人的美姿，赢得"印石皇后"之誉，为中国印文化的

① 浙江省教育厅资助项目（Y201019132）部分成果

发展作出了独特的贡献;同时又为我国的玉雕工艺创造了"鸡血"巧雕的独特流派,其作品以"瑰丽、高雅、精巧、多姿"著称。

3.6.2　昌化田黄

昌化田黄是近10年来出现的一种新的雕刻印石。昌化田黄产于浙西临安玉岩山,与昌化鸡血石一起。昌化田黄矿区位于江南地轴边缘、扬子准地台与华南褶皱系的过渡带,绩溪—宁国复背斜的南东翼。昌化田黄矿区主要位于康山岭北坡,鸡血石矿层在上方,长超过1000m,其下方为田黄矿,并一直延伸到山脚,上下长约200m,东西宽约500m。原生矿体赋存于上侏罗统劳村组的第三段至第四段,为强蚀变凝灰岩。蚀变凝灰岩中的黄铁矿,在氧化铁硫杆菌的催化作用下氧化形成铁离子和硫酸,铁离子扩散进入昌化田黄,再经水解为针铁矿,从而使田黄致色。针铁矿在昌化田黄表层含量多时降低了表层的透明度形成了皮色。风化过程剥落,矿石滚落于山坡上,经山坡坡积层的次生作用进一步形成了皮,故昌化田黄均产于山坡第四纪坡积层中。距昌化镇50km的新桥镇也产昌化田黄,但略显青灰色(李平,2009)。

昌化田黄与寿昌田黄相似,主要由迪开石或高岭石组成的块状独石,具有细、结、温、润、凝、腻等六德,也具有寿昌田黄的石形、石皮、萝卜纹、格纹或红格四大宏观特征。有的昌化田黄石的质地非常好,与寿山田黄石放在一起难以分辨。

昌化田黄的问世以来,成了印石收藏中一个新热点,越来越多的印友开始关注这些能与寿昌田黄媲美的昌化田黄石。集藏印石,以黄为贵,以红为富,以白为洁,以绿为奇,以黑为古。印石收藏具有十分强劲的魅力!昌化田黄也是属于不可多得的稀有石品之一,随着寿昌田黄资源的枯竭,昌化田黄无疑是我国田黄新产地,它的艺术观赏价值与收藏价值都是不容忽视的。

3.6.3　良渚古玉

良渚古玉是良渚文化中发现的玉器,主要出土于20世纪70至90年代。良渚文化为中国新石器文化遗址之一,分布地点在太湖流域,其中心在浙江省杭州市良渚。最初于1936年浙江吴兴发现,并于1959年命名为良渚文化。良渚文化存续时间为距今4300~5300年前,属于新石器时代。

良渚文化遗址最大特色是所出土的玉器,其雕刻文饰繁密细致,和谐工整,尤其是那些细线阴刻,堪称微雕杰作。挖掘自墓葬中的玉器包含有璧、琮、钺、璜、冠形器、三叉形玉器、玉镯、玉管、玉珠、玉坠、柱形玉器、锥形玉器、玉带及环等。

良渚古玉所用的质料有多种,其中最主要的是透闪石—阳起石系列的软玉,另外还有萤石、叶蜡石、石髓、绿松石等美石。软玉系列的质料,依其纤维结构的差异,呈现出两种不同的形态,类似于新疆和田玉中"仔玉"与"山料"的差别。

良渚古玉,特别是反山、瑶山、汇观山、横山等地出土的玉器表面,常有薄薄一层致密的"面膜",如同髹了一层透明的生漆,呈现出极强的玻璃光泽。这层"面膜"是制作抛光和几千年土埋受沁的结果。

玉器上雕琢的图案称为"纹"。玉器本身的图案称为"形"。玉器的"纹"和"形"是判断玉器时代的主要特征。与辽宁红山文化玉器以"形"为主相比,良渚文化玉器是以"纹"为主。

"纹"是良渚文化有别于红山玉文化的重要特征(柳志青,2005)。

3.6.4 西湖龙井茶

西湖龙井茶是杭州闻名遐迩的地理标志产品,产于浙江杭州西湖的狮峰、龙井、五云山、虎跑一带,历史上曾分为"狮、龙、云、虎"四个品类,其中多认为以产于狮峰的品质为最佳。龙井茶色泽翠绿,香气浓郁,甘醇爽口,形如雀舌,有"色绿、香郁、味甘、形美"四绝的特点。

龙井茶历史悠久,最早可追溯到我国唐代。在当时著名的茶圣陆羽所撰写的世界上第一部茶叶专著《茶经》中,就有杭州天竺、灵隐二寺产茶的记载。龙井茶之名始于宋,闻于元,扬于明,盛于清。明嘉靖年间的《浙江匾志》记载:"杭郡诸茶,总不及龙井之产,而雨前细芽,取其一旗一枪,尤为珍品,所产不多,宜其矜贵也。"明万历年的《杭州府志》有"老龙井,其地产茶,为两山绝品"之说。万历年《钱塘县志》又记载:"茶出龙井者,作豆花香,色清味甘,与他山异。"清代品茶名家赞誉龙井:"甘香如兰,幽而不冽,啜之淡然,看似无味,而饮后感太和之气弥漫齿额之间,此无味之味,乃至味也。"乾隆皇帝六次下江南,四次来到龙井茶区观看茶叶采制,品茶赋诗。胡公庙前的十八棵茶树还被封为"御茶"。

杭州狮峰和梅家坞一带的龙井茶品质优良、口味醇,与其地质环境密切相关。狮峰、梅坞的龙井茶主要生长在母岩为泥盆系石英砂岩的土壤上,质地为砂壤土,土壤通气透水性好,土壤硅、钾、磷元素含量较高,而钙、镁、锰元素含量较低。富含硅、钾、磷等元素的土壤环境十分有利于茶树的生长,并可生产出高质量、口味好的茶叶,而钙、镁、锰含量高,不利于茶树生长。此外,西湖龙井茶产区重峦叠嶂,林木葱茏,九溪十八涧蜿蜒其间,流水潺潺,云雾缭绕,气候温和。得天独厚的生态环境孕育了享誉世界的西湖龙井茶。

3.6.5 西湖藕粉

西湖藕粉是杭州的名产,是藕粉中的名牌,因杭州西湖及周边盛产荷花,莲藕而得名,历史上曾作"贡粉"进入皇室。西湖藕粉主产于杭州艮山门外至临平区塘栖一带,以临平区崇贤街道三家村产的最负盛名,故西湖藕粉,又称"三家村藕粉"。这里湿地成片,种藕历史悠久。唐朝诗人白居易在《余杭形胜》诗中就有"绕郭荷花三十里"的句子。所产藕具有孔小、肉厚、味甜、香醇的特点。制成的藕粉呈薄片状,色泽白里透红,质地细腻,洁净清香。三家村的藕取一点放两指间捻之呈肉红色,别处所产藕粉则为白色。冲好的藕粉,呈透明略红色,质地细腻,易于消化,有生津清热、开胃补肺、滋阴养血的功效,是极适用于婴孩、老人、病人的滋补品。西湖藕粉已成为招待宾客、馈赠亲友的珍品,畅销全国,出口东南亚各国和港澳地区。

3.6.6 西湖莼菜

西湖莼菜为睡莲科植物莼菜(*Brasenia schreberi*)之嫩茎叶,主要产于西湖,又名西湖莼菜、水莲叶、马蹄草,鲜美滑嫩,很早以前就是我国的一种珍贵水生蔬菜(莼菜生于池塘湖沼,分布在江苏、浙江、江西、湖南、四川、云南等省,东亚其他地区、印度、大洋洲、非洲、北美也有,以西湖莼菜名气最盛),可以制作"西湖莼菜汤"、"莼菜黄鱼羹"、"虾仁拌莼菜"和"莲蓬豆腐"等杭州名菜。

正式载及莼菜的杭州文献是北宋晁补之的《七述》:"杭之为州,负海带山,盖东南美味之所聚焉……菜则……青薄(即莼)……"宋代杭州亦已出现以"茆"(即莼)取名的地名,如茆山、茆山河、茆家埠等。据此可断,西湖莼菜出现于唐宋之际。西湖莼菜一名最早见载于明万历间举人李流芳的《薄羹歌》:"西湖薄菜自吾友",故西湖莼菜得名于北宋至明万历间。据明代《西湖游览志》记载:"西湖第三桥近出莼菜",第三桥便是苏堤的望山桥。在清康熙年间编写的《杭州府志》就对莼有了比较详细的观察记载:"莼出西湖,初生无叶者名稚莼,又名马蹄莼,叶舒长名丝莼,至秋则无人采矣……"据南宋西湖有"莼香归棹""采莼船"等,故推断莼菜得名于南宋。

莼菜含有丰富的多糖、蛋白质、维生素和微量元素,长期食用能调节免疫功能、抗肿瘤、抗感染、降血糖血脂、延年益寿,是医食合养的功能性食品。李时珍在《本草纲目》中述道:"莼菜消渴热痹,和鲫鱼做羹食,下气止呕,补大小肠虚气,治热疸,厚肠胃,安下焦,逐水,解百热毒并蛊气。"在《附方》中还讲到莼菜可治疮毒。

"莼羹鲈脍""莼鲈之思"的典故,早在《世说新语》中就已出现,成为表达思乡之情的成语。

3.6.7　临安山核桃

山核桃(*Carya cathayensis Sarg.*)是我国特有的名优干果,主产于浙、皖交界的山区。浙江省内的产地包括临安的岛石、昌化、于潜,淳安的临岐、唐村、严家、王阜,安吉的孝丰,桐庐的分水等地。安徽省主要产地为宁国山核桃生产区域,以南极乡为最,其次有万家、庄村、胡乐等乡镇。临安昌化一带山核桃的栽培利用已有 500 多年历史。临安山核桃素以粒大壳薄、果仁饱满、香脆可口的优良品质享誉海内外。

山核桃的分布与地层、岩石密切相关。其主要分布在寒武系含炭质、泥质较高的碳酸盐岩和钙质泥岩分布区,其次是印诸埠组的泥岩和钙质泥岩、花岗闪长岩体和顺溪花岗岩体中,在灯影组碳酸盐岩和黄尖组火山碎屑岩中也有零星分布。山核桃分布在海拔 50~1200m 的丘陵山地,最适宜的海拔高度为 300~700m。适宜的坡度为 5°~25°,山核桃高产林多分布在山的中、下坡,坡向为阴坡和半阴坡,但在海拔较高的地区以阳坡为宜。山核桃喜阴耐寒,需充沛的降雨。花期前的干旱、花期低温多雨、一月份的干旱气候异常是影响山核桃当年产量的主要因素。在低山丘陵,高温和干旱是影响山核桃种植的限制因子。

3.6.8　天目笋干

天目笋干是"临安三宝"之一(其他两宝为云雾茶和山核桃)。明代大文学家袁宏道把天目笋干和天目山的飞泉、奇石、庵宇、云峰、大树,同誉为"天目六绝"。现代名作家郁达夫、林语堂在西天目山麓的禅源寺品尝了天目笋干后赞不绝口,以其为天目之行的最美享受。天目笋干是用天目山的石竹(*Phyllostachys nuda McClure*)笋精制而成。由于天目山山高林密,雨量充沛,自然条件独特,所产石笋壳薄、肉肥、色白、质嫩,制成笋干,鲜中带甜,青翠带香。天目笋干含有丰富的蛋白质、膳食纤维、糖、钙、磷、铁等营养成分,食后促进消化,防止便秘。相传明代正德年间,天目笋干即为人所称道,清代康熙年间,各地香客去天目山进香时,争相购买天目笋干,使其声誉鹊起。新中国建立后,天目笋干在广交会上展出时,香港经济导报以"清鲜盖世"来赞扬天目笋干之美。天目笋干的传统品种有"焙熄、扁尖、肥挺、秃挺、小挺、直尖"等,根据不同口味可以分为淡笋干、咸笋干,以及可以直接作为零食食用的多味笋干等。影响天目笋干产量的主导气象因子是竹笋采收当年1月份的平均气温、竹笋采收前1年和前2年的秋季降水量。

3.6.9 塘栖枇杷

塘栖枇杷是在浙江省乃至全国享有盛名的传统特色果品,是初夏深受消费者喜爱的优良水果,是果中珍品。

塘栖枇杷的地域分布范围主要集中在余杭区塘栖镇、仁和镇、崇贤镇及德清县杨墩镇。浙江余杭的塘栖、江苏吴中的洞庭山和福建莆田的宝坑为中国三大枇杷产地。

杭州塘栖是典型的平原水网地区,河湖池塘星罗棋布,土壤深厚肥沃,气候条件适宜,特别适合于枇杷生长发育。塘栖地区的果农,经过千百年来栽种培育枇杷的历史,积累了丰富的实践经验,选育了一批优良品种。塘栖枇杷品种有白砂、红种、草种三大类计有18个品种,主栽品种5个:"软条白沙""大红袍""夹脚""杨墩""宝珠",尤以"软条白沙"为最,属国宝级优质品种,堪称枇杷中的珍品。

据史书记载,塘栖枇杷始种于隋,繁盛于唐,极盛于明末清初。塘栖早在隋代开始种植,已有近1400年的历史,因品种优良,品质上乘,风味独特,自唐代起被列为贡品,在唐代时已相当繁盛,并且有一定的栽培、贮运技术,视枇杷为"珍果之物"。《唐书·地理志》中有"余杭郡岁贡枇杷"的记载。宋代,苏东坡在杭州任刺史,有"客来茶罢空无有,卢桔微黄尚带酸"诗句,张嘉甫问曰:"卢桔是何物也?"答曰:"枇杷是矣。"塘栖在明清时名列江南十大名镇之首,有"江南佳丽地"之称。明代李时珍在《本草纲目》中记载:"塘栖枇杷胜于他乡,白为上,黄次之。"清光绪《塘栖志》中记载:"四五月时,金弹累累,各村皆是,筠筐千百,远返苏沪,岭南荔枝无以过之。"《杭县志稿》中更有详尽记述:"塘栖为杭州之首镇,土地肥沃,物产丰富,凡镇周围三十里内皆为枇杷产地。有塘栖专产而他处不及者记之,以见生植之美。"公元1672年(清康熙十一年)孙治所纂《灵隐寺志》内有"枇杷出塘栖"的记载。

塘栖枇杷在塘栖镇形成了独特的枇杷经济、枇杷文化和枇杷生态。

3.6.10 其 他

杭州地区名优特产丰富多样,常见的尚有杭州丝绸、杭州织锦、杭州绸伞、王星记扇子、张小泉剪刀、萧山花边、西湖天竺筷、杭州金鱼、西溪柿子、萧山萝卜干、萧山青梅、萧山杨梅、径山茶、桐庐雪水云绿茶、千岛玉叶茶、严州苞茶、天目青顶茶、天目雷笋、於潜於术、於术酒、山茱萸肉、严东关五加皮酒、建德荞麦酒、建德草莓、里叶白莲、千岛湖有机鱼等。

第4章　杭州外围实习点地质

杭州市外围实习点分设在建德市景区、西天目山景区与浙江沿海海岸地貌景观。

4.1　建德市景区

建德市位于浙江省西部,钱塘江上游,北纬 29°13′~29°46′,东经 118°54~119°45′,东与浦江县接壤,南与兰溪市和龙游县毗邻,西南与衢州市相交,西北与淳安县为邻,东北与桐庐县交界。总面积 2321km²。全境多山,属浙西丘陵山区。建德市属北亚热带季风气候,四季分明,日照充分,雨量充沛,气候温和湿润,春秋较短,冬夏较长。年平均气温 17℃,最低 −8℃,最高气温 39℃,年平均无霜期 260 天左右,年平均降雨量 1500mm。

区内属浙西山区,千里岗山系呈北东—南西延伸,最大海拔高度为 1280.5m,一般海拔高度 400~700m,相对高差达 300~400m。全区略呈西部高,东部低。山谷深切,多呈 V 字形山谷。仅南部边缘地势较低,为低山丘陵。

4.1.1　建德寿昌灵栖洞地区地层

建德寿昌灵栖洞地区的地层与杭州近郊的地层相近,只是建德灵栖洞的厚度略大。

1.志留系

志留系主要分布于实习区北部石门—岭脚一带。区内志留系为一套复理式的浅海—滨海相陆源碎屑沉积,由两个韵律层组成。根据岩性和化石,将下部归为下统,自下而上又划分为安吉组和大白地组,上部次级韵律归为中统;上部为山前快速堆积的岩屑砂岩。

安吉组(S1a): 青灰色厚层状岩屑石英砂岩为主,中夹少量粉砂岩、粉砂质泥岩、砂岩中局部含泥砾,其顶部可见有一层厚度不大的粉砂质泥岩。产: *Glyptograptustamariscus*, *Climacograptus cf. normalis* 等。区内因受断裂影响,出露不全。厚度 90~106m。

大白地组(S1d): 主要由砂岩、泥岩及其形成的韵律层组成,厚度 154~455m。根据区内大白地组的岩性组合特征,可划分为上、下两部分。下部为青灰色岩屑石英砂岩,上部为泥岩、粉砂岩、细砂岩频繁互层,构成特有的微细韵律层,即砂岩中见有泥岩或粉砂岩微细条带,泥岩中见有细砂岩微细条带或透镜体。产: *Eospiriferuniplicatus*, *Nuculana sp.*, *Modiolopsis cf. crypta* 等。与上覆康村组为整合接触。

康山组(S2k): 为一套砂、泥质沉积,厚度 533~966m。上部为青灰色夹紫色砂岩、岩屑砂岩,与风化成黄绿色砂岩或泥岩互层,顶部见数层紫红色泥岩或泥质粉砂岩;中部为岩屑石英细砂岩夹粉砂质泥岩组成韵律层;下部为灰白色细—中粒岩屑石英砂岩,含泥砾及钙质结核。产:*Coronocephalus rex*,*Eospiriferuniplicatus*,*Dalmanellacimex*,*Parmorthis sp.*,*Resserella sp.*等。与上覆唐家坞组为整合接触。

唐家坞组(S3t):上部为青灰色、黄绿色细—中粒石英砂岩及细粒长石石英砂岩,含砂质、钙质结核。往上过渡为含石英砾的石英砂岩及石英岩状砂岩;下部以黄绿色—青灰色夹灰紫色厚层至块状细—中粒长石石英砂岩及石英砂岩为主,夹薄层青灰色泥岩或粉砂岩。下部夹一层2~3m蜡黄色沉凝灰岩。厚度430~1102m。与上覆西湖组为假整合接触。

2. 泥盆系

泥盆系主要分布于实习区北部千里岗至石耳山一带。区内泥盆系为一套陆源碎屑岩,下部唐家坞组主要是一套近千米厚的岩屑石英砂岩、石英砂岩;中部西湖组则主要是200余米厚的含砾石英砂岩;上部为珠藏坞组的杂色泥岩和粉砂岩互层为特征。

西湖组(D3x):主要为灰白—白色、中—厚层含砾石英砂岩、砂岩、砾岩,中上部间夹深灰色粉砂岩、粉砂质泥岩。底部见有一层不稳定石英砾岩。产:*Leptophloeumrhombicum*。厚度120~224m。

珠藏坞组(D1z):为青灰、紫红色细砂岩,灰白色含砾石英砂岩夹紫红色泥质粉砂岩、粉砂质泥岩互层,层面常见碎云母片分布。中上部紫红色泥岩中一般可见赤铁矿结核和2~3cm厚的赤铁矿层。产:*Rhodea sp.*,*Sublepidodendronwusihensis*。厚度131~186m。本组地层因易被风化侵蚀,在地貌上常见于山坳。

3. 石炭系

石炭系主要分布于石屏、石马头等地。按岩性可划分为下统叶家塘组、中统黄龙组和上统船山组。

叶家塘组(C1y):为灰白—深灰色含砾石英粗砂岩、粉砂岩、页岩,下部夹有炭质页岩及薄煤层。其中洞山、石屏、石马头一带按其岩性及组合特征可分为上、中、下三个旋回。在中坑一带可划分为五个旋回,其中最上一个旋回夹有较多紫红色粉砂岩、粉砂质泥岩,故称为煤上紫色层(浙江省第一地质大队区调分队,1987)。本组中产有 *Neuropteris gigantean Sternberg Asterocalamites sp.*、*Calamites sp.*、*Sphenopteris sp.*、*Lepidodendron sp.*等植物化石。本组一般厚度18~32m,其中以洞山所见厚度最大,达59m,从南西向北西厚度有逐渐减小趋势,延至岭后附近即已基本尖灭。

黄龙组(C2h):下部为含白色燧石团块的白云岩或白云质灰岩;中部为灰白色块状纯灰岩;上部为黑白相间的微粒—隐晶质灰岩,顶部见有一层含方解石碎屑灰岩。本组与下伏叶家塘组或珠藏坞组呈假整合接触。在石马头附近,于本组底部见有一层不稳定的砾岩,砾石成分主要是石英砂岩。本组产有 *Fusulinella sp.*、*Fusulina sp.*、*Pseudostaffella sp.*、*Caninia sp.*、*Chaetetes sp.*等䗴科、珊瑚化石。本组厚度138~273m,其中以洞山、大畈、石屏一带厚度最大,厚达273m,向北东、北西等地均变薄,约138~158m。

船山组(C3c):下部为灰黑、灰白色块状灰岩,缝合线发育;中部为浅灰色—灰黑色厚层灰岩,其中常见"船山球",中夹2~3m不稳定的白云岩或白云质灰岩;上部为深灰色含燧石灰岩,其中燧石呈条带状或团块状产出。本组在测区西南一带厚达 240m,向北东至石屏、石马头、蛇坑变薄为 125m,但到郭村附近又有增厚的趋势。

4.二叠系

二叠系按岩性及所产化石可划分为下统栖霞组、丁家山组,上统龙潭组,其中龙潭组在区内出露不全。

栖霞组(P_1q):为黑色含燧石结核及燧石条带灰岩,底部为黑色钙质泥岩、含炭质页岩及薄层泥灰岩、含炭灰岩。本组产有 *Nankinella sp.*、*Hemifusulina sp.*、*Pseudoschwagerina sp.*、*Tenenstella sp.* 等䗴科、腕足类、珊瑚化石。本组厚 190m。

丁家山组(P_1d):为一灰色至灰黑色薄层页岩、砂质页岩、硅质页岩夹细砂岩、粉砂岩、含炭泥质灰岩,含磷质、硅质结核,下部夹有两层石煤。本组产有 *Paracibolites off coprtus*、*Paragastrioceras sp.*、*Chnelas off pygmaealoegy plicatifera sp.* 等头足类、腕足类化石。本组厚 50～150m。

龙潭组(P_2l):下部以深灰色至灰黑色砂质页岩、石英砂岩夹中粗粒石英砂岩及 2～5 层含䗴灰岩透镜体;中部为黄褐色中至粗粒厚层长石石英砂岩、铝土质泥岩、页岩夹 3～6 层煤层,其中 2～4 层煤质较好,煤层厚 0.2～0.3m,局部可达 1m 以上,含植物化石;上部以黑色页岩为主夹灰岩及细砂岩,含较多铁质结核,局部夹灰岩透镜体,富含腕足类化石。本组中产 *Nucula sp.*、*Pnillipsia sp.*、*Lobatannularia sp.*、*Stigmaria ficoidos Paragastrioceras sp.* 等化石。本组在区内出露不全,其厚度大于 200m。

5.侏罗系

侏罗系主要分布于东南部寿昌、石屏、下新桥一带,其面积约 100km^2。区内侏罗系仅见中统和上统,与古生界均呈角度不整合接触。

侏罗系下统缺失,中统为马涧组的砾岩和砂岩。

马涧组(J_2m):为一套陆相含煤粗碎屑岩,按其岩性及组合特征,可分为上、下两个岩性段。

(1)下段(J_2m^1):下部为浅灰—深灰色砾岩,砾石成分主要为灰岩;中部为暗紫—杂色砾岩;上部为暗紫色细中粒砂岩、细砂岩、泥质粉砂岩。厚 356m。

(2)上段(J_2m^2):为灰黄绿色、杂色砾岩、含钙细砂岩、泥质粉砂岩,夹炭质页岩及不稳定的薄煤层。产双壳类、介形类、腹足类及植物化石。本段内未见顶,其厚度大于 228m。

马涧组与下覆地层不整合接触,以灰白色、灰黄色中层状含砾石英砂岩不整合于古生代不同地层之上。

劳村组(J_3l):岩性为暗紫色泥质粉砂岩、砂岩夹不稳定的流纹质凝灰岩、流纹岩和少量砾岩、黄绿色砂岩、粉砂岩。在区域分布上常以紫红色砾岩不整合于晚侏罗世之前的不同地层之上,以暗紫色粉砂岩与上覆黄尖组火山岩呈整合接触。

黄尖组(J_3h):为酸性熔岩或酸性火山碎屑岩夹中性熔岩,偶夹沉积岩薄层。以中性或酸性熔岩、火山碎屑岩与下伏劳村组、上覆寿昌组沉积岩均呈整合接触。按岩性特征可划分为上中下三段,其中下段主要为流纹岩;中段主要为熔结凝灰岩;上段主要为英安质晶屑凝灰岩。上、中、下段之间均见有沉积夹层。黄尖组下段的流纹岩很不稳定,仅见于寿昌盆地的南东侧,最大厚度为900m,但在寿昌盆地的北西侧却缺失。中段的熔结凝灰岩较稳定,一般厚70~100m。上段主要见于寿昌盆地的北东侧,一般厚度约70m。

寿昌组(J₃s): 岩性为灰绿、黄绿、紫红等杂色砂、页岩,中部和顶部各有一层厚度不稳定的酸性火山岩,以灰色凝灰质砂岩、含砾砂岩与下伏黄尖组、上覆横山组均呈整合接触。

寿昌组按岩性可划分为下、中、上三个岩性段:

(1)下段(J_3s^1):为青灰、灰黑色粉砂岩、泥岩夹砂岩、含砾砂岩及少量沉凝灰岩,产较多的瓣鳃类、腹足类、叶肢介、介形虫、鱼类等淡水动物化石。下部凝灰质含量较高,上部常夹有一至数层灰黑色硅质岩或硅质泥岩。该段在寿昌盆地中部枣园一带粒度最细,厚度最大,为366m;盆地北西侧次之,厚约177m;盆地南东侧粒度最粗,凝灰岩夹层最多,但是厚度最小,为71m。

(2)中段(J_3s^2):为浅灰、灰绿、灰紫色流纹质晶屑凝灰岩及熔结凝灰岩,厚50~70m。该段在寿昌盆地中,从北西向南东厚度逐渐增大,熔结程度逐渐增强。

(3)上段(J_3s^3):以青灰、黄绿色粉砂质泥岩为主,间夹粉砂岩、细砂岩、含砾粗砂岩、含钙质,富产瓣鳃类、叶肢介、介形虫、鱼类等化石。局部地段见灰绿色凝灰岩夹层。本段在寿昌盆地的蔡郎岗—枣园至上岩下一带厚达300~400m,但到了塘坞口至河南里一带变薄为108~160m。

6.白垩系

白垩系在本区仅发育下统横山组,本组与下伏寿昌组呈整合接触。

横山组(K₁h): 下段紫红色富含钙质结核粉砂岩夹细砂岩,偶夹凝灰质砂岩,砾岩及黄绿色细砂岩、粉砂岩,上部夹薄层沉凝灰岩,产叶肢介、瓣鳃类及介形虫化石,厚154m。上段以灰绿色至黄绿色粉砂岩为主,中夹凝灰质粗砂岩及含砾不等粒砂岩,厚大于270m。

7.第四系

第四系(Q)主要分布于寿昌江两侧、郭村等低洼地带及河流两侧。区内第四系仅见中更新统和全新统,为山麓堆积,砂砾沉积,与下伏地层呈角度不整合接触。

中更新统(Q₂): 为棕色、褐红色网纹状黏土夹碎石、砾石层。属洪积—残坡积相,主要分布于寿昌江的二级阶地上,厚数米至15m。

全新统(Q₄): 下部为磨圆度良好的沙、卵石层,上部为粉砂、细砂层。属冲积—洪积相,主要分布于寿昌江、郭村河谷及一级超河漫滩阶地上。

建德寿昌区地质图见图4-1。

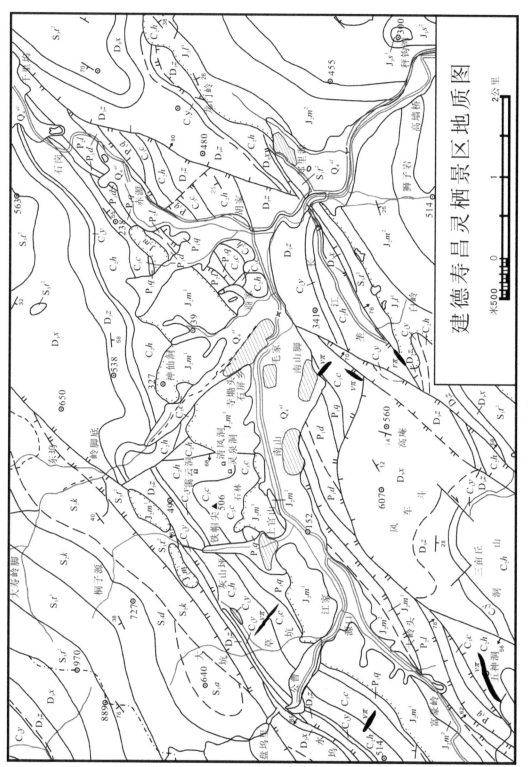

建德寿昌灵栖景区地质图

图4-1　建德寿昌灵栖景区地质图

4.1.2 灵栖洞天

灵栖洞距杭州市 190km,位于白沙镇西南 35km 的铁帽山麓(见图 4-1 和图 4-2),灵栖洞位于铁帽山向斜东翼。铁帽山向斜为一向南西倾伏的向斜(见图 4-2),核部为船山组灰岩,两翼为黄龙组灰岩。灵栖景区风景瑰丽,山、水、洞、石兼收并蓄,融为一体,拥有灵泉、清风、霭云三洞,总面积 14300m²。溶洞内的壁上有唐永隆元年(公元 680 年)和元和三年(公元 808 年)的题词。在五色灯光的照耀下,可见玲珑剔透的水晶宫,帷幕沉沉的仙山琼阁;飞龙舞凤,海市蜃楼,兀兀天柱,巍巍宝塔。《西游记》、《封神榜》、《梁山伯与祝英台》、《碧水双魂》和《春江花月夜》等许多著名的影视剧都有在这里拍摄的镜头。

灵栖洞的地质构造位置处于“浙西印支准地槽”的中段,属于石屏向斜构造,景区面积 1500 余亩。洞群发育于中石炭世黄龙组灰岩中。洞群分三层分布,高差达 152m。相传,龙、凤、龟、麟“四灵”常在此栖息,故名“灵栖洞”。洞内见早期形成的石钟乳等崩塌堆积层,表明灵栖三洞是多期次发育与演化的产物。

灵栖洞群自下而上为灵泉洞、清风洞、霭云洞,四周群山环抱,石林清幽,建筑典雅;山林、清溪、溶洞、建筑物浑然一体。置身其间,充满了恬静、坦然的山野情趣。

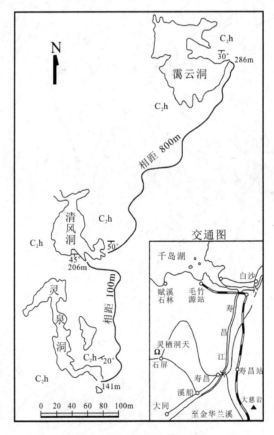

图 4-2 灵栖景区地质示意图

1. 灵泉洞

灵泉洞是一条沿着黄龙组灰岩的北北西向张性断裂发育的地下河。洞口海拔141m,河长400余m,水深2m,为地下暗河洞穴。已探明长逾800m,开辟游程300余m,日出水量2000~3000m³,可乘船游览"地下艺术宫殿"。灵泉洞总面积2300m²,沿着地下河道两侧可见地下河溶蚀现象,沿洪水面溶蚀而形成锁孔状溶槽,洞壁出露的鹅卵石层是古河床位置的见证。两岸石花、溶柱矗立、垂乳悬挂;其中"水晶宫"为地下湖,面积达600m²。水晶宫顶板见有涡穴、串珠状涡穴,为昔日涡流混合溶蚀作用的结果。

2. 清风洞

清风洞以清风徐徐为奇。洞口出露于山体的中部,高程206m,深130m,为一南北延伸、微向西倾的斜溶洞。清风洞洞厅总面积约6000m²,洞内流石成景,滴石生精,精巧细腻,旖旎多姿。"火炬迎宾""冰山雪瀑""雪梅报青""万朵垂莲""曲廊通幽"等喀斯特景观组成了"锦绣长廊"岩溶地貌景区。

穿过巨大的溶柱群即来到近代滴石发育区——"海南春早"大厅。拾级而下依次是"四方来朝""巴蜀移来""五十三参"大厅,展布在不同高度的溶蚀台地上。实际上是一座大的溶蚀大厅。自"五十三参"厅沿壁而上即来到"吉祥如意"大厅,其西以地下峰林、溶柱与上述三厅相隔。

整个洞厅溶柱林立,错落有致,奇峰沿裂隙展布,千姿百态,晶莹剔透,为诸洞之冠。洞底海拔142m,与灵泉洞暗河相通,洞顶海拔266m,落差124m。由于落水洞竖井发育,洞内外温差较大,烟囱效应明显,造成大气对流,故清风袭人。

3. 霭云洞

霭云洞位于诸洞之上,洞口高程286m,比灵泉洞洞口高145m。

霭云洞沿黄龙组灰岩层面顺层崩塌、溶蚀而成。纵深58m,面积达6000余m²。由于洞内大量的钟乳石类堆积物,将其分为"天外仙境""东海奇观""广寒宫""锦绣长廊""大千世界"和"罗伞送客"等6座厅景。

各洞厅北壁均由崩塌块石筑为景台。在漫长的地质时间内,由于流水的溶蚀与沉淀作用,所形成的流石壁、石柱、石幔裙坐落在景台上。各类钟乳石堆积,鳞次栉比,气势磅礴,宏伟壮观。由于洞内温度终年保持在18℃左右,相对湿度冬季96%,夏季在98%~99%以上。每当严冬清晨,湿空气自洞口喷薄而出,遇冷即凝结成雾珠,冉冉上升,形成一片仙雾腾空的景象,蔚为奇观,增加幻境的感觉,故名霭云洞。

灵栖三洞的发育受构造控制明显。地质上,灵栖洞天位于铁帽山不对称向斜构造近核部部位,向斜南东翼陡,北西翼较缓(见图4-3)。向斜的枢纽向南西倾伏,倾伏前端地层产状平缓,北东端地层仰起,倾角较大。灵泉洞正好发育于向斜的核部,故洞内地层水平或近于水平;清风洞发育于向斜山的中部;霭云洞则发育于不对称向斜山的仰起端,故洞内 C_2h 地层向南西倾,倾角较陡。

灵栖景区地下溶洞与地表石林相伴发育。灵栖洞外围南西方向有一石林迷宫,它发育于船山组石灰岩地层中。石林迷宫以裸露于地面约1万m²的船山组石灰岩峰林为基础,通过曲折深邃的游步道,在千姿百态、玲珑剔透的奇岩怪石中构成一座千回百转的迷宫。迷宫

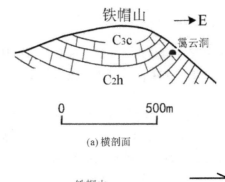

(a) 横剖面

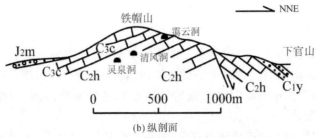

(b) 纵剖面

图 4-3　铁帽山向斜构造

的石林在造型结构上高低参差、疏密有致、景组分明。有的如刀削斧劈,有的如奇兽异禽,有的似庭院假山,有的远望似林近看像形,游人穿于蜿蜒石林之中,可以欣赏到凤求凰、金猴朝阳、情侣石、龙凤呈祥等 18 组惟妙惟肖的石景,妙趣横生,引人入胜,十分具观赏性。

　　石林迷宫中的情侣石附近,伴有一张剪性正断层通过(见图 4-4),断层通过处岩石破碎,

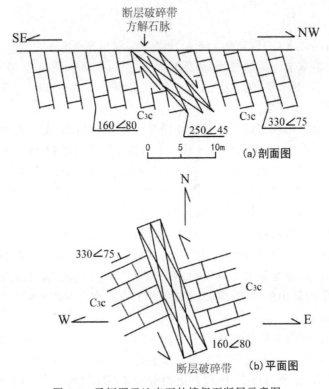

图 4-4　灵栖洞天地表石林情侣石断层示意图

重结晶形成了方解石巨晶,露头上方解石巨晶层达 3m,两侧船山组出露的化石不同,南断层的东盘见大量船山球出现、北西盘则见假希瓦格鎨出现,说明两盘间船山组地层层位不同,其间有地层的缺失。断层两盘的地层背向倾伏、倾角不同。从地形上看,北东—南西向为一山坳,正是断层通过处。两侧地层层位不连续,产状扭转,大量方解石巨晶形成了断层角砾,指示了情侣石断层为一张剪性的正断层。

4.1.3　下官山马涧组与船山组间的不整合接触关系

下官山剖面中侏罗统马涧组 J_2m 与上石炭统船山组 C_3c 呈不整合接触关系,详见图 4-5。寺勘头以北出露具船山球的生物屑灰岩,为典型的船山组灰岩,地层产状以陡倾角,倾向南南东。寺勘头处出露棕红色、灰黄色、灰绿色等杂色的粗砾岩,砾岩厚达 $20\sim30\mathrm{m}$,往南过渡到棕红色砂岩,为马涧组砂砾岩。马涧组产状倾向南东,倾角较缓。在船山组与马涧组接触地带,在地形上出现山垭口。中侏罗世马涧组直接覆盖于晚石炭世船山组地层之上,中间缺失了二叠系、三叠系和早侏罗世的沉积,且两者地层产状不一致,两者为一角度不整合接触关系。

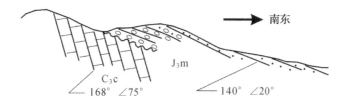

图 4-5　下官山 J_2m/C_3c 角度不整合接触关系

4.1.4　源口煤矿马涧组与龙潭组间的角度不整合接触关系

源口煤矿为一已停产煤矿。原煤矿区剖面见有中侏罗统马涧组 J_2m 与上二叠统龙潭组 P_2l 呈角度不整合接触关系,中间缺失了整个三叠系和下侏罗统的地层,且上下两套地层产状不一致(见图 4-6),为不整合接触关系。

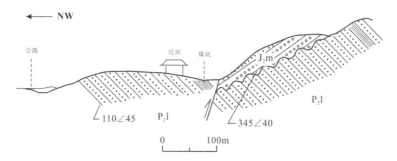

图 4-6　源口煤矿 J_2m/P_2l 角度不整合接触关系

源口煤矿剖面露头上,马涧组与龙潭组以一逆断层相接触,断层角砾岩发育。马涧组覆盖在龙潭组地层之上,其间见风化侵蚀面和底砾岩。

下官山剖面,马涧组覆盖在船山组地层之上;源口煤矿处,马涧组 J_2m 覆盖在龙潭组地层之上,马涧组以不整合接触关系覆盖在不同时代的老地层之上,表明马涧组沉积以前曾发生过一次大规模的造山运动(印支运动),使得古生代地层发生了褶皱,并遭受了剥蚀,形成了风化侵蚀面。至中侏罗世地壳再次发生了沉降,并接受沉积,在侵蚀面上形成了底砾岩,并堆积了马涧组砾岩。

本区从震旦纪以来,长期处于拗陷状态,加里东旋回接受了4000多m厚准地槽阶段的浅海相类复理石的沉积,加里东运动使浙西复向斜两翼隆起,但本区仍处于拗陷状态。整个海西旋回接受了地台阶段的浅海相碳酸盐类岩石及陆源碎屑岩的沉积。印支运动使本区褶皱抬升,并形成一系列北东向褶皱、断裂以及其他一些和它们伴生的构造形迹;燕山运动主要表现为断裂运动及强烈的岩浆活动;喜山运动在本区主要表现为上升运动。由于本区缺失三叠系、下侏罗统和第三系,而震旦系和寒武系未被剥露出来,构成本区的构造层或构造亚层只有下奥陶统—志留系、泥盆系—二叠系、中侏罗统、上侏罗统—下白垩统、第四系等不完整的五部分。

4.1.5 大慈岩

大慈岩在白沙镇东南25km处的大慈岩上。大慈岩山形诡怪,五峰如指屈成一拳,直冲云表,四面玲珑,白云缭绕,海拔692m。峰谷有瀑布蜿蜒下泻;南麓陡急险峻,有千级石阶盘旋而上;近山巅有古刹大慈岩寺,建于元大德初年(1297年)。民国《寿昌县志》载:"元大德间,临安人莫子渊弃家居此,琢石为佛,号曰'大慈',因名。"山以佛名,大慈岩由此得名。主体建筑地藏殿镶嵌在岩壁腹中,远望如琼楼玉宇悬于天上,故又有"江南悬空寺"之称。寺宇僧舍傍岩而筑,与山体有廊相接,石栏连续,因势布局与山峰混融为一体。正殿西面岩壁上有石洞,题曰"洞天一览",高约百丈。登上石洞可以看到兰溪市境内的兰江。欲游此洞,须面向岩壁攀援而上。还有罗浮仙境、一线天、玉池、云亭等胜迹。明毛凤彩(寿昌人,崇祯七年进士)有游山诗:"拟向慈峰绝顶登,羊肠曲绕磴千层。大都云月常为窟,惟有猿猱惯得升。细湿衣衫岚酿雨,长遮天日树垂藤。试从山半回头看,足底悬崖恐欲崩。"今慕名游览者接踵而至。

为什么大慈岩会形成如此奇丽、高险的山体景观呢?

大慈岩是中生代侏罗纪晚期形成的黄尖组火山碎屑岩组成的山体,距今已有一亿四千万年。岩石主要由大小不均的火山碎屑经较细的凝灰质胶结成岩,在后期的地壳构造运动中沿垂直节理断裂成陡崖,有巨大山崩块石堆积于谷底。在大慈岩入口附近的沟谷中,可见火山集块岩,集块小者5～6cm,大者达30～50cm,集块成分为火山基底的碎屑,也有火山碎屑本身的集块。

大慈岩的岩层近于水平状延伸,并微向北倾斜。由于不同种类的火山碎屑岩的岩性差异,岩层软硬不一,经过一亿多年的物理风化、化学风化作用的影响,坚硬岩石处突出成壁,软弱岩石处则凹入成坑,故在大慈岩壁、罗浮仙境岩壁等处,构成定向水平排列的顺层洞穴,成行、成串的奇景,为岩层软硬相间而造成的差异性风化形成。而在地藏王殿一带,水平层状的巨厚角砾凝灰岩,岩性较为致密坚硬,它在距地面2m的层面上,有一层厚30～40cm的薄层状凝灰岩夹层,其岩性质地松软,易于风化,且地藏王殿内壁岩层又呈微向上拱的宽缓小背斜状分布,后经长期顺层风化、崩塌而形成一拱形壁龛,十分稳固。古人利用其天然岩洞,吸壁而建殿宇,为中国古代的杰作建筑之一。依石道往下至栈道,该栈道也正是沿凝灰岩层面掘进,建成一长30m的稳固栈道,既省工又省时。栈道近顶部有一层20～30cm厚的浅灰绿色沉凝灰岩。沉凝灰岩中见有磨圆较好的黑色燧石质砾石,砾石直径 2～3cm,层理绕过砾石。这一沉凝灰岩代表一次火山喷发停止期的沉积堆积。在栈道和石香亭之间,建造了一座长 120m 的铁索桥,并在桥东 U 形河谷内建造"玉华山庄"作为避暑场所。

自"玉华山庄"顺 U 形河谷东行,即进入典型的造型地貌景石区,依次可见"老鹰岩""乌龟石""鳄鱼石""松鼠石""狗石""羊石""青蛙石""和尚拉屎""火烧娘娘"等奇异石景,并以狮子岩、兄弟山、玉华山等处的景石最为奇特。其成因是与风化崩塌作用有关。

大慈岩"山是一座佛,佛是一座山",整个大慈岩主峰形成一尊地藏王菩萨的立像,身高 147m,其中头部高 41.3m,宽 60m,由奇石、怪洞、草木和谐地组成大佛的眉、眼、鼻、嘴、耳、发等,形象十分逼真,为中国最大的天然立佛。

4.1.6　赋溪石林

杭州千岛湖石林是千岛湖国家级重点风景名胜区的组成部分,地处淳安赋溪乡境内。方圆 20km² 的溶岩地貌景观,由蓝天坪、玳瑁岭和西山坪三部分组成。蓝天坪以石城见长,玳瑁岭以石狮为胜,西山坪是赋溪石林的组成部分,素有"华东第一石林"的美誉,为列入《中国名胜词典》的我国四大石林之一。

赋溪石林地处千里岗山脉东北部,分布在一条狭长的山间谷地之中,总体呈北东—南西方向延伸,绵亘长达 10 余公里,石林发育在石炭纪黄龙组和船山组石灰岩之中。两侧山地沉积了厚厚的志留纪、泥盆纪地层,记录了 4.5 亿年的地质历史,缺失了二叠纪、三叠纪和侏罗纪地层,这是由于地质上的惊心动魄的大规模海西—印支运动,造成"苍海变高山",海水不能浸没这一地区,没有接受任何沉积物,反而成了高山剥蚀区的结果。

浙西有许多石灰岩的资源,为什么其他地区都没有这里发育得好呢?

石林处在褶皱向斜核部位置,灰岩产状近水平,微微向北东方向的千岛湖倾斜,因此越靠近千岛湖,石灰岩的分布面积越大。这是第一个阶段印支造山褶皱期形成了近水平、具良好站立性的地层。

第二个阶段是拉张断裂期,地质上称燕山运动。在双溪村公路边见到大片花岗岩侵入,晶洞内含有萤石、长石、铅锌矿、辉钼矿、水晶等。串珠状分布的酸性小岩体是拉张断裂后岩浆顺裂隙侵入形成。这个时期浙江的建德盆地、衢州盆地、永康盆地、台州盆地……相继形成。其在千岛湖石林地区表现为撕裂破碎,原先压性的断裂这时转为张性的断裂,如著名景点狮象守门、回音壁、狭路相逢、石林迷宫、蓝玉坪石城墙、琴音洞等的景观都是沿断裂发育而成的。

第三个阶段是差异升降期,发生于喜马拉雅山运动,使这一地区不断抬升,遭受侵蚀与剥蚀。当你乘船游新安江"七里扬帆"时,能见到两岸的一级、二级、三级阶地,说明起码有三次大规模的抬升和河床的下切。千岛湖是个特大型岩溶漏斗,千岛湖石林是漏斗的边缘部位,这个漏斗是破漏斗,破口就是东北面的新安江。这一时期受喜马拉雅造山运动的影响,盆地、河床不断下切。如果不是新安江水库大坝建成,库区境内将有许许多多瀑布,而且落差非常大,千岛湖石林处肯定有一条非常壮观的瀑布。

综上三个阶段的发育过程分析,千岛湖周围肯定还有许多被埋藏的石林,园林部门曾动用大量的财力、人力、物力来进行人为的剥离、搬迁浮土,挖掘石林。那么为什么赋溪乡(即千岛湖石林区)却有着现成的、自然发育良好且规模巨大的、精美绝伦的石林景区呢?其一:

它上游的水源丰富,背靠千里岗山脉,三面环山,山高均在 2000m 以上,山的坡角均在 50°以上,水的冲刷能力强。石林处在向斜盆地中间,受到长年川流不息冲刷和搬运。其二:酸水、酸雨、酸土加快石灰岩溶蚀。千里岗石英砂岩厚度大、分布广,砂岩中的水溶解有空气中的二氧化碳,变成了弱酸性的水,对石灰岩的溶解能力强,加上华南酸雨和土壤酸性对灰岩形成强有力的溶蚀作用,一些浮土被冲刷剥离之后,呈现出上大下小的蘑菇状岩石,充分说明下面的酸土对岩石的腐蚀是相当厉害的。在我国成片的石灰岩地区,上游冲刷下来的水可能已经是饱和的碳酸钙水,除对岩石有重力侵蚀外,化学溶解力较弱,溶蚀作用不及浙西地区,因此赋溪石林的岩溶地貌一点不次于云南路南石林。

石林区内怪石嶙峋、洞壑错综的景观到处可见。区内已有"兰花坪石林""仙山琼阁""大千山水""阿里巴巴""玉兔送客""八戒卧岩""猛虎回首"等景点。更多未命名的景石正等待我们发挥丰富的想象力去创建。新构造运动和地表水的侵蚀为石灰岩台地边缘发育峥嵘峻拔的石林提供了有利条件,相继形成岩溶漏斗、天坑、天生桥、穿洞、溶蚀痕、整块岩石雕空。米芾创下赏石的"瘦、透、漏、皱"的审美标准的石头这里比比皆是,像杭州市曲院风荷里被誉为"江南园林三大名石之一"的绉云峰、将台山上的月牙石、吴山上的十二生肖石等全国有名的奇石,在这里都不难找到。其原因为,在地质时期这里地处扬子海的边缘地带,岩相变化大,岩石的结构构造复杂,有纯灰岩、砂质灰岩、泥质灰岩、泥质团块和条带灰岩、白云质灰岩、鲕状灰岩、生物碎屑灰岩、泥晶灰岩、重结晶灰岩等。当时海底动荡,洋流不断,后期构造运动的挤压、重结晶现象,造成岩性不均匀,出现疙瘩状、团块状、重结晶,沿破碎缝隙极容易被溶蚀掏空。由于这些原因,江浙一带的石灰岩造型比稳定的西南地区要漂亮、多姿多态,因此有专门的称呼——"太湖石",实际上就是指这一带的岩溶石灰岩。当然,石林区的地层产状必须平缓,从而使已经溶蚀悬空的岩石不易马上被冲刷下来,有时还会重新胶结形成奇石怪峰。人们不能不惊叹自然界的巨大威力,感悟善待自然的重要。

杭州千岛湖石林景区的民俗风情园内设有奇石馆,陈列着琳琅满目的天然石头,馆内馆外到处是奇石,能使人一饱眼福。

4.2　临安西天目山自然保护区自然环境与资源

天目山位于浙江省西北部浙、皖两省交界处,其主体由东、西两山组成。东天目山主峰大仙顶,海拔 1479.7m;西天目山主峰仙人顶,海拔 1505.7m。两峰对峙,相距 8.65km,均在临安境内。两山近顶处各有一池,池水清澈,终年不涸,形似双目,故名"天目山"。

天目山国家级自然保护区坐落在西天目山南坡,东经 119°24′11″～119°27′11″,北纬 30°18′30″～30°21′37″。面积 4284hm²,包括横坞、火陷山、青龙山、白虎山、里曲弯、里外横塘、西坞、石鸡塘和仙人顶。保护区地质古老,地形复杂,土壤肥沃,气候温和,水质良好,大气洁净,具有独特的自然环境。

天目山国家级自然保护区地处东南沿海丘陵区的北缘,受温暖湿润的季风气候控制。植被为亚热带常绿落叶阔叶混交林、针阔混交林,是中国中亚热带植物最丰富的地区之一,植物区系上反映出古老性和多样性。计有苔类植物 70 种、藓类植物 240 种、蕨类植物 151 种、种子植物 1718 种。其中国家重点保护植物 30 种,以天目山命名的植物 24 种。珍稀子遗植物银杏的野生种也分布于此,具有重要的科研价值。此外,天目山自然风景优美,人文历史遗迹众多,也是旅游、避暑的胜地。

　　天目山国家级自然保护区是一个以保护生物多样性和森林生态系统为重点的野生植物类型国家自然保护区,也是联合国教科文组织国际人与生物圈保护区网络成员。该保护区地理位置和自然条件独特,区内生物多样性突出,生物资源极其丰富,是一块具有物种多样性、遗传多样性、生态系统多样性和文化多样性的独特宝地,是我国江南不可多得的一座"物种基因库"和"文化遗产宝库",也是闻名遐迩的旅游目的地(见图 4-7)。

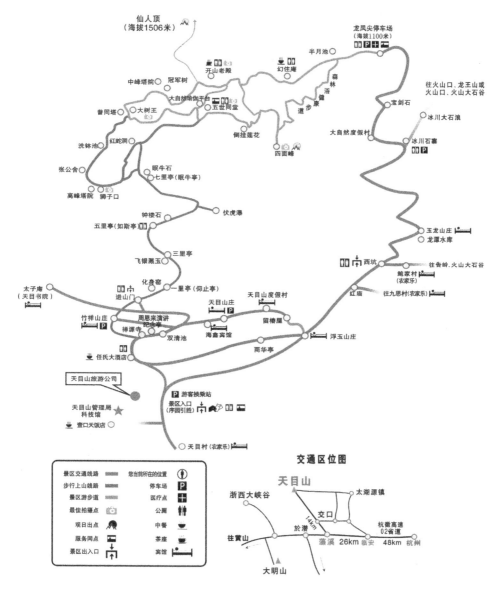

图 4-7　天目山旅游资源分布图

4.2.1　地　层

天目山在区域地质上位于扬子准地台南缘钱塘凹陷褶皱带。3.5亿年前,该地区为一广阔海域。下古生界连续接受巨厚硅质—碳酸质—砂泥质复理式建造。奥陶纪末,褶皱断裂隆起成陆。在距今1.5亿年的燕山期,火山活动强烈,喷发了大量酸性和中酸性岩浆,形成了天目山的主体。保护区地层主要是侏罗系上统黄尖组,为一套灰—深灰—紫灰色的陆相火山岩,地层厚度2830～2910m,地层划分属西天目山—黄天坪火山活动亚带。岩石种类众多,主要有流纹岩、流纹斑岩、熔结凝灰岩、晶屑熔结凝灰岩、霏细斑岩、沉凝灰岩、脉岩、石灰岩、灰岩、泥质灰岩、页岩、泥岩、砂岩、硅质岩等。

主要出露地层有:

1. 寒武系

寒武系主要呈条带状分布于横路头与西天目一带。寒武系为浅海滞流还原环境下炭质、硅质、泥质岩沉积及含炭质碳酸盐岩沉积,以产球接子类化石为主,属东南型生物群。寒武系分为下统荷塘组、大陈岭组;中统杨柳岗组;上统华严寺组和西阳山组。寒武系与下伏震旦系西峰寺组、上覆奥陶系印渚埠组均为整合接触。

实习区内主要出露有上统华严寺组、西阳山组。

荷塘组($\epsilon_1 h$): 最初命名地为江山大陈镇荷塘村,以炭质、泥质、硅质岩为主,底部有石煤层和含磷矿层,普遍含有黄铁矿结核。与下伏震旦系西峰寺组(灰色薄层状硅质白云岩与泥质硅质岩互层)呈整合接触。

大陈岭组($\epsilon_1 d$): 浅灰黑色中层状白云质灰岩,普遍含黄铁矿细条带。本组厚约46m。与上覆杨柳岗组呈整合接触。

杨柳岗组($\epsilon_2 y$): 最初命名地为江山杨柳岗,为海相细碎屑岩—碳酸盐岩沉积。底部为薄层泥须灰岩、钙质页岩、硅质页岩;下部以泥质灰岩、含灰岩球泥质灰岩为主;中部泥质灰岩与硅质页岩互层夹白云岩、钙质页岩薄层;上部为泥质灰岩夹钙质页岩、条状灰岩、薄层条带状灰岩。产三叶虫 *Fuchouia tetrasolena Ju*、球接子类 *Goniagnostus cf. datongensis*、*Hastagnostus sp.* 及腕足 *Acrothelerecta*、海绵骨针 *Protos pongia sp.* 等化石。厚度约370～379m。与下伏大陈岭组整合接触。

华严寺组($\epsilon_3 h$): 最初命名地为衢州常山镇的毕严寺。华严寺组出露于保护区东部鲍家湾和仙人顶一带(见图4-8)。以中薄层条带状灰岩为主,次为白云岩、白云质灰岩,夹硅质页岩、炭质页岩、泥质灰岩等。条带状灰岩层间普遍含炭沥青。产三叶虫、球接子类化石。地层受构造运动和火山活动的影响,褶皱强烈,断裂发育,岩石蚀变,硅化明显。其产状变化较大,倾向大致呈北西,有的地段转向南西,一般倾角平缓,在10°～25°。岩性变化小,纵向、横向均较稳定。厚约130～150m。西天目区厚度为136m左右。与下伏地层杨柳岗组呈整合接触。

西阳山组($\epsilon_3 x$): 最初命名地是常少城西的西阳山。西阳山组出露于保护区的青龙山、火焰山和保护区南部大觉寺等地。可分上、下两部分:下部为深灰色泥质灰岩、中薄层条带状灰岩夹钙质炭质页岩、小饼灰岩、炭质硅质岩等,厚140m;上部以泥质灰岩、小饼状灰岩为主,夹瘤状灰岩、大饼灰岩透镜体、钙质页岩等,厚285m;上、下部以瘤状灰岩出现为界。地

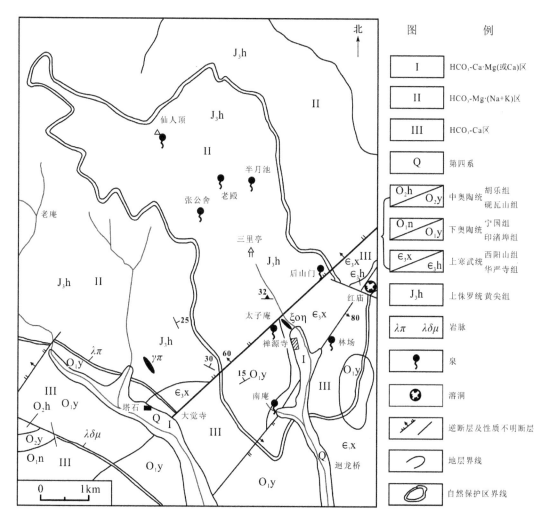

图 4-8 西天目山景区地质简图

层相变不大,总厚度约为 381m。古生物化石不丰富,产三叶虫化石为主。顶部产 *Hedinaspis sp.*、*Pseudoyuepingia sp.* 及球接子类 *Pseudagnostus sp.* 等化石,构成本组剖面上三叶虫化石的基本种属。本组顶部可见 *Lotagnostus hedini* 带。与下伏华严寺组整合接触。

2.奥陶系

奥陶系以海相泥质碎屑岩为主,夹有少量碳酸盐岩和磷酸盐岩。产丰富的笔石、腕足及三叶虫等化石。与下伏寒武系西阳山组、上覆志留系安吉组呈整合接触。

奥陶系分下统印渚埠组、宁国组;中统胡乐组、砚瓦山组;上统黄泥岗组、于潜组、堰口组。

印渚埠组(O_1y):出露于保护区内火焰山顶和南部坞子岭、吴家、下塔石、牛轭岭等地,为海相钙、泥质夹碳酸盐岩沉积(见图 4-8)。分三个岩性段:下段为钙质泥岩、页岩与瘤状灰岩互层;中段为钙质泥岩、钙质页岩;上段为钙质泥岩,夹瘤状灰岩。

下段以泥质灰岩、瘤状灰岩、饼状灰岩、网纹状灰岩为主,夹钙质泥岩、页岩。化石丰富,以三叶虫和笔石化石为主,偶见介壳化石,厚 295m。

中段以钙质页岩、钙质泥岩为主,偶见钙质结核。古物化石稀少。

上段以钙质泥岩、页岩夹瘤状灰岩为主,化石丰富。顶部产笔石和三叶虫化石: *Ispteloides sp.*、*Soisotelus orientalis*、*Megistaspis sp.*、*Nileus cf. armadilla*、*Niobella chekiangensis*。厚约 507m。

本组岩性与厚度较稳定,相变小,古生物丰富,三段岩性标志明显,野外易于区分。

宁国组(O$_1$n):出露于保护区西南木石坞口和平天岭等地。下部以黑色含炭质、粉砂质、硅质页岩为主,上部以含炭质、泥质、硅质岩为主。地层自下而上硅质增多,泥质减少。化石以笔石为主,属笔石页岩相沉积。下部以黑色含炭质、粉砂质硅质页岩为主,上部以炭质硅质岩为主,含较多的铁质小结核。本组自上而下,硅质增多,泥质减少。产笔石化石为主,为笔石页岩相沉积。本组厚约 272m。与下伏印渚埠组呈整合接触。

胡乐组(O$_2$h):最初命名地是安徽宁国县胡乐村。胡乐组出露在保护区西南边缘西坞。地层岩性为黑色含炭质硅质岩。地层厚度 51m 左右。化石以笔石为主。黑色含炭质硅质岩。产笔石 *Dicellograptus sp.*、*Dicranogratus nicholsoni var. diapason Gurley*、*Orthograptus sp.*、*Climacodraptus sp.*。厚度 50~18m。本组岩性横向变化小,炭质硅质岩特征明显,由南西向北东至于潜—西天目一带厚度变小,仅厚约 19m。

砚瓦山组(O$_2$y):最初命名地为江山与常山交界的砚瓦山。砚瓦山组出露于西坞南面。岩性稳定,由灰绿、青灰绿色瘤状灰岩夹钙质泥岩组成。化石以三叶虫和腕足类为主。地层厚度 30~45m。

黄泥岗组(O$_3$h):最初命名地是江山市黄泥岗,黄泥岗组为青灰色硅质钙质泥岩,产腕足类化石碎片、三叶虫化石碎片,有虫管痕迹。厚 23~75m。与下伏砚瓦山组和上覆于潜组呈整合接触。

于潜组(O$_3$y):最初命名地是于潜以南的塔山。本组为较典型的浊积岩。由青灰色、灰绿色泥岩、粉砂质泥岩及粉砂岩组成韵律层,产笔石化石。与下伏黄泥岗组呈整合接触。厚约 1235m。

与鲍马序列 A~E 层段相比较,于潜组的韵律层往往不完整。下部粗碎屑岩未出现,仅为粉砂岩或细砂岩,顶部仅偶见含炭质页岩。所组成的韵律层以中型为主,次为小型,大型极少。自上而下,韵律一般由小变大,下段一般为中—小型韵律层;中段以中型韵律层为主;上段为中型夹大型、小型韵律层。据浙江省石油研究所资料,于潜组自下而上共有 10344 个单位韵律,这些韵律层构成了一个大型沉积旋回和 14 个下粗上细的次级旋回,以及更多的小旋回,从而组成了一套复杂的韵律系统。

韵律层岩石组合下段为粉砂、泥岩;中段为细砂粉砂岩、粉砂岩、泥岩,局部韵律顶部有硅质页岩或含炭质页岩;上段多为粉砂细砂岩、粉砂岩、粉砂质泥岩,少数韵律缺少粉砂细砂岩。页岩仅个别韵律顶部存在。本组普遍发育象形印模、波痕与水平状、交错状、波状微层理。所产化石甚多,以笔石化石为主。

堰口组(O$_3$yn):为滨海相碎屑岩建造。下段为灰、灰黄色厚层状长石石英砂岩与黄绿色薄层粉砂质泥岩组成厚底式韵律,中段为黄绿色、灰绿色薄层粉砂质泥岩及泥岩,底部有一层砾岩。古生物化石丰富,产有笔石、腕足、三叶虫、瓣鳃等,厚 240m,为细碎屑较深水的快速堆积。与下伏于潜组、上覆志留系安吉组均呈整合接触。

3.侏罗系

区域上,临安有侏罗系中统,但未定组。实习区仅出露侏罗系上统黄尖组地层。

黄尖组(J_3h): 临安于潜地区侏罗系黄尖组主要分布于清凉峰、黄石塔、白牛桥北、茶培坞、西天目山、黄天坪、大岭山等地。本组为陆相火山岩建造,主要为中酸性火山碎屑岩和酸性熔岩夹沉积层。该地层是组成西天目山保护区的主体(见图4-8、图4-9)。

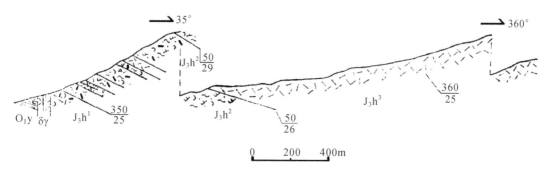

图 4-9　西天目山区黄尖组剖面

在西天目山区,黄尖组分三个岩性段:下段流纹质、英安质晶屑玻屑熔结凝灰岩夹沉凝灰岩和凝灰质砂砾岩;中段英安质、流纹英安质晶屑玻屑熔结凝灰岩、玻屑熔结凝灰岩,底部为石英霏细斑岩;上段流纹斑岩。总厚约2329m。

4.第四系地层

第四系主要出露于低山丘陵区河流两岸及部分中山区的沟谷地带。

保护区内第四系分布于禅源寺南和坞口至武山村一带(见图4-8)。它以冲积相、洪冲积相和残坡积相为主,主要由砂、砂砾石层夹黏质砂土组成。地层堆积物结构松散,砾石风化弱,厚度不等。

由于区内新构造运动差异性、地貌形态的多样性以及第四纪气候的变更,致使第四系沉积类型复杂。按沉积物岩相、岩性特征,以及出露的地貌部位和彼此叠置关系等,将沉积物类型划分为残坡积、洪积、洪冲积、冲积、洞穴堆积等。

下更新统(Q_1): 以河流相的冲积物为主,构成本区的第四级基座阶地。四级基座阶地标高在海拔155~185m。

之江组(Q_2z): 以冲积、洪冲积、洪积为主,常构成河流二、三级基座阶地,山麓或沟口等洪积扇和山前洪积阶地。

(1)冲积、洪冲积:区内各地的岩性均可分出上、下两部分。上部为红、棕红色亚黏土夹小砾石,常见有灰白色蠕虫状网纹。下部为棕色砂砾石夹黏土质砂土,结构紧密,砾石风化较深。厚5~15m。

(2)洪积:一般为橘红、橘黄、棕黄色黏土质砂土、碎砾石、巨砾等混杂堆积,偶夹亚黏土透镜体,具灰白色网纹状构造。厚5~15m。

上更新统(Q_3): 以冲积、洪冲积、洪积、洞穴堆积为主,常构成山沟一级基座阶地及老洪积扇、洪积阶地等。

(1)冲积、洪冲积:下部砂砾石夹黏土质砂土和炭质亚黏土透镜体;上部为黄色、橘黄色亚黏土地、黏土质砂土夹小砾石,干燥时坚硬。厚6.5~13m。

(2)洪积:下部为砂砾石、黏土质砂土和巨砾混乱杂堆积,偶夹含炭质亚黏土透镜体;上部为灰黄色、橘黄色黏质砂土、亚黏土夹碎砾石,堆积物密实,砾石风化较强。厚大于6m。

(3)洞穴堆积:以西天目山华严洞为例,自下而上为清楚的两层堆积。下部为松散的、几乎未胶结的砂砾石层,厚约1m。砾石磨圆度和分选性较好,砾径一般为1~2cm,未见化石。上部为黄红色黏土层,厚约2.5m。顶部为厚20~50cm的层状"盖板"层,其下即为黏土层(向下灰岩砾石增多)。产动物化石,为华南大熊猫—剑齿象动物群。洞穴内动物化石分属脊椎动物门7个目、15个种(浙江省地矿局,1985)。

全新世(Q₄): 以冲积、洪冲积、残坡积为主,分布于河谷平原、宽谷或沟口洪积扇、河漫滩、河心滩及一级阶地上。全新统堆积物可分上、下两部分。下部为冲积层、洪冲积层,其下层为砂砾石层夹黏质砂土透镜体,上层为灰褐、灰黄色黏土质砂土夹亚黏土和小砾石,偶夹碳质亚黏土透镜体。堆积物结构松散,砾石风化弱,厚2~5m。

4.2.2　构　造

保护区地质构造褶皱、断裂明显,区内出露的寒武、奥陶系地层都受地质构造活动的影响而褶皱、断裂,特别是后期受火山活动的影响,地层被强烈切割,褶皱变形。

从区域构造上看,褶皱受基底构造控制,褶皱轴向大体呈北东和北西,倾向北西,局部南东。倾角一般较平缓,在25°~35°。在与火山岩接触带或断裂带,产状变化较大,个别地段倾角在45°~60°(见图4-8)。局部地区地层产状混乱,不易辨认。

区内断裂主要有两条:一条自后山门至大觉寺,以北东55°方向伸展至西坑;另一条自朱陀岭东麓仙人亭向南西延伸,经禅源寺、坞子岭出保护区范围。断裂总长30km多,在保护区内长3.2km。挤压破碎带宽15m左右,压碎矿物呈透镜状,部分棱角状,为正断层。断面总体倾向南东,倾角在45°以上及至直立。寒武纪地层沿断裂带断续出露。断裂带内沿走向局部有石英脉、花岗斑岩充填。

此外,还有一些小断裂,如禅源寺至后山门断裂、坞口至大觉寺断裂、西坞至平天岭断裂等(见图4-8)。

4.2.3　岩　石

西天目山保护区主要见有脉岩、火山熔岩和火山碎屑岩。

1. 脉岩

脉岩主要为闪长玢岩和花岗斑岩。此外,尚见有安玄玢岩、英安玢岩、霏细岩、霏细斑岩、流纹斑岩,以及局部出现流纹岩。以北东走向为主,北西向次之。

闪长玢岩:走向北北西向,沿北北西向断裂充填,单脉宽2~3m,最宽可达10m。侵入接触面陡而平直,围岩具破碎现象。露头面上闪长玢岩呈灰黄色,斑状结构,块状构造。矿物成分:斑晶斜长石6%~8%,少量长石蚀变暗色矿物;基质斜长石90%,石英1%~2%,微量金属矿物、磷灰石。斑晶粒度大小在0.4~1.5mm,基质粒度0.05~0.2mm,矿物多被绢云母交代。

在青龙山公路边有数条闪长玢岩脉,有一处在约 50m 距离内,有 3 条平行的岩脉,走向 255°,穿入青龙山中。保护区西南部坞口和牛轭岭有两条较大的岩脉,长 3000 多 m,宽 1m 左右。岩石为斑状结构,呈灰黑色,风化后成棕黄色。侵入接触面陡而平直,围岩具破碎现象。矿物成分以斜长石和暗色矿物为主,有少量的磁铁矿、石英,次生矿物有绢云母、绿泥石、方解石等。

花岗斑岩:保护区内分布较多,一般规模较大,宽度 5～20cm,部分在 30cm 左右,少数宽达 50cm,长度 4km 以上,沿不同方向断裂侵入,常呈脉群产出。岩石呈肉红色,斑状结构,基质具隐文象结构。斑晶由微量石英、钾钠长石约 20%、斜长石约 8%～10%、蚀变黑云母 1%～2%组成。斑晶粒度在 0.2～0.3mm;基质由石英约 20%～25%、长石 45%～50%及微量黄铁矿、磷灰石、锆石组成。地貌上呈突出孤峰,柱状节理十分发育。

安玄玢岩:为中基性熔岩。仅出露在西天目山南黄尖组下段底部。岩石呈灰至浅灰色,具斑状结构,基质间隐结构。斑晶含量 5%左右,成分主要为斜长石,偶见辉石。基质中仅隐见细小的长石微晶彼此交错,杂乱分布。岩石次生变化较强,可见绢云母、绿泥石和黏土等次生矿物。

英安玢岩:为中酸性熔岩。常见于黄尖组中段或上段的上部。呈条带状零星分布。岩石呈深灰色,矿物成分为斜长石、石英、正长石和少量黑云母、角闪石,偶见辉石。斑晶多有熔蚀现象,斜长石不同程度地被绢云母交代。基质成分为长石、石英和少量暗色矿物。副矿物有磷灰石、锆石等。其中斜长石呈细小柱状彼此交错又大致定向排列,其间被细微长英质和次生绿泥石充填。局部见石英聚合重结晶现象。

霏细岩、霏细斑岩:出露在西天目山南黄尖组下段中部、中段下部。岩石多呈黄褐色、浅灰色,少数为肉红色,多具斑状结构。基质为包含霏细结构。斑晶含量 5%～10%,矿物成分为钾长石、透长石、更钠长石和黑云母等。石英霏细斑岩中可见少量石英斑晶;斑晶具熔蚀和裂开现象,部分被其他矿物交代。基质以长石、石英为主,石英含量多者可达 30%,还见有微量黄铁矿、锆石、磷灰石等。基质呈隐晶至微晶组成的包含霏细结构;见隐文象结构。局部受应力形成压碎结构、碎裂构造并发生蚀变。

流纹斑岩:出露于西天目山黄尖组上段,分布较广。主要分布在四面峰、倒挂莲花峰、狮子口和西关水库等处。流纹斑岩成似层状产出,产状平缓,倾角一般在 5°～10°。岩石大多呈紫红色、肉红色,少数为浅灰色和灰色。具斑状结构,基质呈包含霏细结构和球粒结构,少数为隐粒结构,包含微晶结构,流纹构造。斑晶含量一般为 7%～12%,少数达 30%。斑晶成分主要是斜长石、钾长石,黑云母次之。基质主要是石英和长石。斑晶多呈半自形晶,粒径为 0.1～3.5mm。另有少量磁铁矿、磷灰石、锆石等。长英质矿物呈隐晶纤维状略呈扇形排列,可见纤维状、放射状完整或不完整的球粒、隐球粒。偶见有流纹绕过斑晶形成旋涡状流纹构造。

流纹斑岩垂直节理发育,主要有两条,走向分别为 215°和 118°,两条节理近似直角,形成四面峰和倒挂莲花峰等悬崖陡壁和深沟峡谷。

流纹岩:分布于西天目山南部黄尖组下部。岩石呈浅灰色、黄色、黄褐色,包含霏细结构,流纹构造,含少量斑晶,成分为长石和石英,基质中长英矿物结晶程度低,呈霏细状。长英矿物略成纤维状同心放射的球粒,中间有被石英充填的空腔,在霏细结构中的石英常有聚合重结晶现象,呈包含霏细结构,局部有些略为伸长状或不规则的小空隙,内为石英充填。

2. 火山碎屑岩

火山碎屑岩有熔结凝灰岩和晶屑熔结凝灰岩。

熔结凝灰岩:主要分布在开山老殿、钟楼石、七里亭一带。岩石为熔结凝灰结构,假流纹构造,呈紫红色、灰紫色,少数为灰色和浅灰色。晶屑以钾长石为主,斜长石和暗色矿物次之。晶屑形状不规则,粒径为 0.1~4mm。另有少量方解石、磁铁矿、磷灰石、锆石等。

晶屑熔结凝灰岩:在保护区分布较广,自开山老殿以上直至仙人顶,向下延伸至坞口,组成西天目山的山脊和主峰。岩石呈浅灰色和灰色,少数灰紫色,具晶屑玻屑凝灰结构,少量变余晶屑玻屑凝灰岩结构。在坞口分布含角砾晶屑玻屑凝灰岩。晶屑含量在 30% 左右。晶屑形状不规则,粒径在 0.1~5mm,以 0.2~4mm 的居多。岩石成分为钾长石、斜长石、石英和黑云母,还有微量角闪石、辉石。副矿物有磷灰石、锆石和磁铁矿。

3. 火山沉积岩

西天目山区的火山喷发作用是多期次的。在保护区南部见有火山喷发间隙期的沉凝灰岩。

沉凝灰岩:保护区南部有零星分布。该岩石是凝灰岩经风化、搬运、沉积、压结和水化胶结等而形成。岩石呈灰色和浅绿色,具沉凝灰结构,层状构造。晶屑含量 15%~20%,成分为斜长石、正长石和石英等。岩石中胶结物为火山灰分解物和泥质及砂,沉积物含量 25%~30%。

4.2.4 地 貌

西天目山地形变化复杂,地表结构以中山—深谷、丘陵—宽谷及小型山间盆地为特色。山峰 1000m 以上的较多,河谷深切 700~1000m,峭壁突生,怪石林立,峡谷众多。山势自西南向东北逐渐降低。山体南、北西侧属典型丘陵地形,山丘浑圆,坡度和缓,宽谷与山间小盆地错列其间。

1. 岩石地貌

禅源寺以上至仙人顶为侏罗系黄尖组的流纹斑岩、英安质晶屑玻屑熔结凝灰岩和凝灰质砂砾岩类分布区。流纹斑岩垂直节理使七里亭至老殿一带形成悬崖、陡壁、深涧,如四面峰、倒挂莲花、狮子口等奇特的岩石地貌。

2. 岩溶地貌

禅源寺以下为寒武系华严寺组灰岩、白云岩和西阳山组薄层条带状灰岩、泥质灰岩等。在此段发育岩溶地貌,有华严洞,还有奥陶系印渚组的钙质泥岩、页岩,宁国组的炭质、泥质页岩,胡乐组的含炭质硅质岩分布区。岩性差异构成地势起伏,侵蚀形态却上下相连。

3.凹地

凹地在开山老殿背后,坐北朝南,呈半圆形。其底部海拔约1100m,宽约500m,较为平坦。

4.堆积地貌

在金鸡石以东五里亭以上地带,岩块大的达数十立方米,形成东、西堆玉涧、钟楼石、狮子尾巴、眠牛石等堆积地貌。

5.盆地、直谷、宽谷

三里亭以下谷坡渐缓,至禅源寺平坦开阔,呈一盆地。盆地内的松散堆积岩石最大直径达10m以上。盆地四周除老殿主谷外,东侧有两条短小直谷,一条后山门至天目山庄,另一条朱陀岭脚至西天目旅馆,其底均平直。盆地出口紧接宽谷,向南至白鹤溪。

4.2.5 冰川遗迹

1.冰碛垄

冰碛垄即垄岗形的松散混杂堆积体,在西天目山海拔1300～400m地段,如千亩田、东关以下2.5km处、西关地坑坞附近均可见。其堆积物一般呈棕黄、棕红色,为黏性土砂砾石混杂堆积。砾石大小悬殊,大的直径2m以上,小的不到1cm。砾石形态不一,有棱角的,也有磨圆度良好的,偶尔能见擦痕。砾石组分较杂,有斑岩、花岗岩、石英岩,主要是晶屑玻屑凝灰岩、流纹质凝灰岩和熔结凝灰岩。垄岗状堆积体一般长度100～200m,宽5～15m,厚3～5m。砾石无明显排列,有粗细的层次,有少量的白色条纹。堆积物来源于纵向,搬运动力是冰川作用。

2.冰窖

冰窖在海拔约1340m的千亩田,形态似山间盆地,盆中发育了沼泽泥炭层,厚1.4m。其底部为大小不一的棱角状岩块。盆地北侧是千亩田冰碛垄。

3.冰川槽谷

冰川槽谷在海拔830～950m的西关溪上游大镜坞,谷地开阔,谷形圆滑,谷身平直,谷底平坦。谷底和侧面有棕黄色黏土和大小砾石、碎石混杂堆积物,砾石、碎石均已强烈风化,手抹成粉粒。谷地长约3km,宽约1km,朝向南,出口处西侧有一基石岩坎,坎的外侧为陡崖瀑布。类似这种地貌,还有海拔850～1150m的广竹窠。

4.冰斗

冰斗在海拔1000～1100m的开山老殿和东茅棚。三面环山,后壁陡峭。冰斗以下联结"U"形谷。这种地貌还有东关溪支流源地的檀树坑。

4.2.6　学术界关于天目山冰川遗迹的论争

1934 年,著名地质学家李四光在《关于研究长江下游冰川问题材料》中,对天目山冰川作用形成的地貌、冰碛物等,作了较为系统的论述:"从山麓到约 800m 的高度,处处深沟峡谷或形成悬崖;但是 800m 以上地貌景观则明显的坡度舒缓,伸展于高原上起伏的高峰和开阔的弯曲沟谷是常见的景色"。"在从山南一都到山北报福镇大路所经山口的西侧,有一完整的 U 形谷从高处下来。这个谷地底部仅有一薄层岩屑覆盖。""这个现在将近干枯的谷地,向上通往一个几乎被黏土和泥填满的山间小湖,其中生长着水苔。这个湖当地称作千亩田,大致椭圆形,底宽约 600～700m,其底部高度(气压计记录)1380m。围着这个山间湖地是一些高点。这些高点似乎是原来连在一起为湖地之壁,而现在有些被切开了,壁上形成了两个缺口,一个是平底谷,往东北侧下降;另一个是一深洞,向西排水。过了千亩田南侧的山顶,有另一宽谷大体上成 U 形。在该谷的碎石中,喻德渊找到了几块有二组条痕石。""在山北麓……一个广阔的平原有几个圆滑小山往外伸展,那些山无疑代表一个高 25～35m 的侵蚀阶地。有时它们盖有一层泥砾,有时基底寒武纪页岩裸露。砾径超过 4 呎的流纹岩块,见于距山麓三四公里的小山上。在报福镇附近的一些地方,据说有纹泥产生。含有流纹岩和硅化震旦纪石灰岩巨砾的黄色黏土,见于整个平原和孝丰城后阶地。孝丰城位于山麓 15km 处。在城附近观察了两个泥砾剖面,一个距城的南门约半公里,另一个很靠近城东门的剖面。……在河床内于较小的砾石、卵石和棱角岩片中混入以坚硬而具立方形的流纹岩块,仅棱角消失,周长 10～12 呎,这种情况处处可见。""它们不是直接由河流从山中搬运来的,而是从泥砾岩上冲出或掉下来的。"

1942 年,李四光在《中国冰期之探论》中指出:"浙江之天目、天台、雁荡亦有冰盖,其中较古者,皆有向平地流泾之痕迹。"

1937 年,H.V.威斯曼在《中国更新世冰川概况》中谈道:"在天目山之北坡,喻德渊在海拔 1200m 以上的大而陡峻的山谷里,找到了擦纹石砾,同时在山足下也找到了已风化的冰碛层。"

1950 年,孙殿卿、徐煜坚等人合写的《中国南部第四纪冰川分布概况及冰碛物分类》中确认华南各省的庐山、黄山、九华山、大别山、天目山、天台山等地,存在冰川。

1959 年至 1979 年间,景才瑞、汤文权、李立文、邱淑彰等人都陆续发表了有关天目山地区第四纪冰川活动的文章。南京大学地理系地貌教研室编著的《中国第四纪冰川与冰期问题》一书,对天目山区的第四纪冰川活动作了比较详细、全面的论述,肯定了天目山曾发生过两次冰川作用,即大姑冰期和庐山冰期。还肯定冰川类型,前者为山谷冰川向山麓冰川过渡类型,后者为小型山谷冰川和冰斗冰川。并将天目山称为"华东地区古冰川遗址之典型"。各家在肯定天目山区第四纪冰川作用的同时,对冰川的次数、时代存在不同看法。南京大学地理系地貌教研室认为只有大姑冰期和庐山冰期,否定大理冰期和鄱阳冰期;汤文权认为只有庐山冰期,否定产生过大理、大姑、鄱阳冰期;李立文只提及鄱阳冰期的冰川纹泥。

黄培华、顾嗣亮等持有相反意见,如顾嗣亮在《浙江天目山古冰川问题》中指出:"我们早在 1962 年就把天目山山麓一带的古砾石层的成因作为山区性冲积物,以后相继在天目山山区内不同高度上又找到相应的砾石层剖面。而所处的地貌部位又一致,并与浙江其他地区可资对比……这些砾石层的沉积相一面可与当地现代河床砾石层(砾石层的构造和结构等)进行对比,同时也可与浙江其他山区近代河床相砾石层及新第三纪玄武岩覆盖下的古砾石层进行对比。然而这些古砾石层(主要指天目山麓,而山上古砾石层前人未曾发现和报道)有的认为是大姑期冰川泥砾或是鄱阳期泥砾,也有提出冰碛冰水扇(报福西)或冰水冰碛阶地(一都)。如果中国东部的天目山发生过山地古冰川,当然都认为是海洋型的冰川,也即冰川作用能量大,冰川运动速度快,冰川消融强烈等,所以冰碛层发育、终碛垄高大和紧接终碛垄外是一系列冰水扇。终碛垄和冰水扇在地貌和岩相上会有很大差异,而这里山麓或山上发现的只是平整的河成阶地面和厚度不大(5~6m)的砾石层,显然这些都是山区性冲积物的特点。"

4.2.7　水　文

天目山山势高峻,是长江和钱塘江的分水岭。西天目山南坡诸水汇合为天目溪,东南流经桐庐注入钱塘江。保护区地下水分孔隙潜水、基岩裂隙水和岩溶裂隙水三类,均为低钠、低矿化度优质水。地表水受地下水的制约亦为优质生活用水。地下水的补给来源主要为大气降水,但保护区大部分在海拔千米以上,垂直温差大(8~12℃),植被茂盛,促使冷凝水的形成,这种凝结水也是保护区裂隙水的部分补给来源。

1. 溪流

东关溪:发源于与安吉县交界的桐坑岗,经东关、后院、钟家至白鹤,全长约19km,以流经东关而得名,为天目溪主源。

西关溪:在西天目山之东麓,有两源,西源出安吉县龙王山,东源出临安区千亩田,会于大镜坞口经西关,至钟家,入东关溪,全长约9.5km,以流经西关而得名。1976年12月,在关口龙潭建成西关水库,蓄水量100万m³,受益面积4000亩(1亩=666.67m²);并建成西关一、二级水电站,装机5台695kW,年发电量220万度。

双清溪:在西天目山南麓,发源于仙人顶,合元通、清凉、悟真、流霞、昭明、堆玉六涧之水,经禅源寺,出蟠龙桥,经大有村、月亮桥至白鹤村,入天目溪。全长11.5km。禅源寺昔称双清庄,故名。

正清溪:在西天目山西麓,源出石鸡塘,经老庵、武山、吴家等村,在大有村汇入双清溪,全长约10.5km。

天目溪:合东关、西关及双清、正清四源之水于白鹤村,经绍鲁、於潜、堰口、塔山,于紫水和昌化溪汇合。自后渚桥以下,阔处160m,狭处148m,昔时舟楫可泊后渚桥。临安市内主流长56.8km,流域面积788.3km²,天然落差1010m,平均流量11.48m³/s。因天目山而得名,古称西溪,因西天目山亦称西山、西峰。

2. 地下水

孔隙潜水:保护区内的第四系地层不发育,其孔隙潜水主要由全新统洪冲积和残坡积黏质砂性土或砂质黏性土夹砂砾石组成。水质好,由于出露于沟谷上游,富水性弱。

基岩裂隙水:为保护区主要地下水,按含水层赋存条件和岩性结构,分为层状岩类和块状岩类裂隙水。层状岩类裂隙水,含水岩组主要为奥陶系钙质泥岩、页岩,属海相沉积碎屑岩地层,孔隙率低,泉点稀少,水量贫乏。块状岩类裂隙水,含水岩组为黄尖组,岩性主要为流纹斑岩、英安质晶屑玻屑熔结凝灰岩和晶屑熔结凝灰岩。这类岩石裂隙普遍发育。含水岩组富水性具有两个特点：其一，保护区植被发育，雨量充沛，地下水有连续不断的补给来源，因而浅部富水性稍强，随深度增加而富水性逐渐减弱；其二，保护区地形切割强烈，山高坡陡，降水易于地表排泄，地下水得不到充分补给，造成泉点稀疏，水量贫乏，常见泉流量<0.1L/s。

岩溶裂隙水：含水岩组主要为寒武系上统条带状灰岩、泥质灰岩，均属弱岩溶含水层组。地下水赋存于溶隙中，富水性贫乏。在断裂带附近，尤其是断裂交汇处，裂隙较密集，岩溶比较发育，富水性也较好。1984 年 7 月的一天大雨后，红庙西约 200m 处出现一落水洞，为探明溶道，将麦壳倒入洞中做试验，麦壳从朱陀岭脚小溪中流出。落水洞口至此距离 1km 左右，比高 108m。溶道方向与红庙至南庵断裂相一致。

4.2.8 土 壤

西天目山的土壤基本上属于亚热带红黄壤类型，随着海拔的升高逐渐向湿润的温带型过渡。活性腐殖酸为主的腐殖质组成各种性状均较好的森林土壤，对维护森林生态系统具有重要作用。根据土壤分类法，土壤类型有富铝土、淋溶土和岩成土 3 个纲；红壤、黄壤、棕黄壤和红色、黑色、幼年石灰土 6 个土类；黄红壤、乌红壤、幼红壤、黄壤、乌黄壤、幼黄壤、棕黄壤和淋溶红色、黑色石灰土、幼年石灰土 10 个亚类；硅质黄红壤、千枚黄红壤、砂页岩黄红壤、凝灰岩黄红壤、长石黄红壤、硅质乌红壤、千枚乌红壤、砂页岩乌红壤、凝灰岩幼红壤、石质幼红壤、次生黄壤、凝灰岩乌黄壤、霏细斑岩乌黄壤、次生乌黄壤、粗骨幼黄壤、霏细斑岩棕黄壤、次生棕黄壤、淋溶红色石灰土、黑色石灰土、幼年石灰土 20 个土属。海拔 1200m 以上为棕黄壤带，海拔 1200m 以下为黄红壤带。黄红壤带又可分为两个亚带，海拔 600～800m 至 1200m 为黄壤亚带，海拔 600～800m 以下为红壤亚带。

1.红壤

红壤分布在低丘、小山坡和山麓，上限海拔 600～800m 地区。土层除植被保存较好的山腰部分外，均瘠薄，发育在石灰岩母质上的更为瘠薄，质地很差。大部分是中黏壤土，也有轻黏壤土和重黏壤土。腐殖质层极薄，均不超过 15cm，枯枝落叶层 1～2cm。土色以棕红色或黄棕色为主，一般表层稍淡，而往深处颜色加深。呈红色的主要是含水氧化铁脱水之故。土壤形成过程中盐基多已流失，故常呈酸性反应。红壤大部分发育在石灰岩母质上，因此pH 值为 4.7～6.1，岩砾含量一般为 12.2%～63.9%，含水率 3.8%～10.5%，质地比较重黏。有机质含量为 0.35%～11.1%，速效磷$(0.06～2.05)×10^{-6}$，全氮量 0.3%～0.34%，速效钾一般为$(210～300)×10^{-6}$，比黄壤小，而比棕黄壤大。

2.黄壤

黄壤分布于海拔下限 600～800m，上限 1100～1200m 的阴坡和沟旁。坡度一般为32°～40°。常与红壤混合存在。

所处地段受低温高湿影响，微生物活动较弱，有机质合成较缓慢。土壤母质大部分是灰红色流纹状粗面斑岩。土层一般较薄，约 30～70cm，湿度大，腐殖质层厚 15～30cm。质地属轻黏壤土到中黏壤土，表层带有微团粒状至细粒状结构，极松脆；呈酸反应，含石砾 5%。

pH 值 5.2～5.9。含有机质 0.37‰～8.8‰,全氮量 0.02‰～0.43‰,速效磷(0.53～2.05) ×10⁻⁶,速效钾(243.8～316.6)×10⁻⁶,含水量 10.35％～25.15％.

3. 棕黄壤

棕黄壤分布于老殿以上至仙人顶一带,海拔 1200m 以上的范围内。棕黄壤亦称酸性棕色森林土,是黄壤和棕壤之间的一种过渡类型,基本性质和黄壤接近。

随着海拔高度的增加,温度逐渐降低,湿度较重。限制了土壤微生物的活动,矿物质和有机质的分解微弱,因此增加了有机质的积累,形成了特殊土壤类型。土层较厚,约 55～84cm,呈灰黑色的粉粒状、碎块状至块状结构,夹有岩屑和石块,质地疏松,黏性较差,含有机质多,俗称香灰土或泡泡土。土中含有石砾 5％～20％,含水量 12％～32％,有机质含量 1％～19.54％;全氮量为 0.05％～1.02％,含速效磷(0.28～2)×10⁻⁶,速效钾(192～300) ×10⁻⁶,呈酸性反应,pH 值为 5.5～6.0。土壤自然肥力较高,对植物生长有利。

4.2.9　气　候

西天目山区属北亚热带气候,因地处中国东南沿海丘陵山区北缘,北亚热带南缘,其气候具有丘陵向平原、中亚热带向北亚热带气候过渡的特征:季风强盛,四季分明,气候温和,雨量充沛,光照适宜。西天目山地势复杂,具有复杂多变多类型的森林生态气候。

1. 日照

辐射分布:西天目山南坡,太阳年总辐射在 3770～4460MJ/m² ,具有山麓与山体上部多、山体中部少的分布特征。总辐射对地形遮蔽的影响极为敏感,在地形条件大致相近时,其垂直分布一般呈抛物线形。总辐射的年变化呈单峰型(上层略有不同),夏季每月可达 350～560MJ/m² ;冬季每月仅 240～270MJ/m² ;春季介于冬夏之间,春略大于秋。山体上、下层虽都为丰值区,但两者年变化仍有区别,夏秋上层较下层为少,而冬春则下层较上层为丰。≥0℃期间总辐射约占全年的 87％～95％,≥10℃期间约占全年的 63％～73％。

时数分布:全山区年日照时数约在 1550～2000 小时,山体上、下层日照丰富,可达 1800～2000 小时;中层丘陵地区日照因雾日较多而偏少,在 1750 小时以下,最少为 1590 小时。春梅雨(3—6 月)和秋雨(8 月下旬至 9 月)期,因降水较多每月日照时数一般为 120～ 170 小时;夏季的 7、8 月高达 170～240 小时,为全年最高;冬季仅 85～150 小时,为全年最低。

2. 气温

年均气温:西天目山年平均气温为 15.8～8.9℃。由于受地形变化和海拔高低的影响,山麓与山顶的差异较大,年平均气温仙人顶为 8.8℃,山麓禅源寺 14.8℃。

四季气温:常年冬季 1 月份为最冷月,由山麓至山顶气温为 3.4～−2.6℃。据气象资料,最冷年(1977 年)1 月气温为−0.5 ～−6.3℃,极端最低气温−13.1～20.2℃,海拔每升高 100m,递减 0.42℃;同一地点,常年与最冷年相应变幅差 3.7℃。常年夏季 7 月为最热月,气温为 28.1～19.9℃,最热年(1978 年)7 月气温为 29.9～21.4℃,极端最高气温 38.2～ 29.1℃,海拔每升高 100m,递减 0.75℃;同一地点常年与最热年相应变幅约为 2.0～1.5℃。

山麓禅源寺常年 7 月平均气温为 26℃,是避暑的"清凉世界"。全山区 4 月为 15.4～8.9℃,
10 月气温为 17.1～10.0℃,上下层变幅分别为 6.5℃与 7.1℃,介于冬夏之间,海拔每升高
100m,4、10 月分别递减 0.45℃与 0.50℃。

年较差与日较差:气温年较差全山区为 24.7～22.5℃,海拔每升高 100m 递减 0.30℃。

全山区的气温日较差为 10.6～6.0℃,具有"三峰"、"三谷"的年变化型。"三峰"按强度
顺序常出现在 11、4 月和 8(或 7)月,一般可达 8.0～10.6℃;"三谷"按强度顺序常出现在 6、
9 月和 1 月前后,一般变化在 6.0～9.5℃。气温日较差随高度递减,年平均日较差为
0.13℃/100m。

逆温:西天目山全年出现逆温 15.5 旬次,占全年总旬次的 43%。11 月—次年 2 月出现
逆温 7 旬次,占全年总旬次的 19%,占全年出现逆温旬次的 45%,逆温近一半出现在冬季。
春季 4—5 月与夏季 6—8 月,出现逆温各为 2.5 旬次,各占个年总旬次的 7%,相对较少。

积温:稳定通过 0℃初日从山麓到仙人顶,大致始于 2 月上旬至 3 月中旬末(禅源寺为 2
月 10 日,仙人顶为 3 月 20 日)。海拔每升高 100m,推迟 3 天。0℃终日始于 11 月下旬至翌
年 1 月上旬(禅源寺为 1 月 3 日,仙人顶为 11 月 27 日)。海拔每升高 100m,提前 2.5 天。
0℃期间持续天数为 340～253m(禅源寺为 329 天,仙人顶 253 天)。10℃初日始于 3 月下旬
到 5 月上旬(禅源寺为 4 月 6 日,仙人顶为 5 月 9 日)。海拔每升高 100 米,推迟 2～3m。
10℃终日始于 10 月上旬到 11 月中旬(禅源寺为 11 月 10 日,仙人顶为 10 月 3 日)。海拔每
升高 100 米,提前 2～3 天。10～10℃期间持续天数为 232～149m(禅源寺为 220 天,仙人顶
为 149 天)。海拔千米以下,每升高 100m,约减少 4～5 天。≥10℃期间活动积温为 5085～
2529℃(禅源寺为 4540℃,仙人顶为 2529℃),随高度递减率为 154℃/100m。

霜期:西天目山麓地带的初霜期最早在 10 月下旬,最迟在 11 月中旬;终霜期最早在 3
月中旬,最迟至 4 月中旬。霜期长达 140 天以上,无霜期 209～235 天。仙人顶初霜期最早
出现于 10 月上旬,最迟 10 月下旬,有霜期一般在 150 天以上,无霜期仅 208 天左右。植物
生长期,山麓要比山顶长约 1 个月左右。

4.2.10 降 水

地域分布:西天目山南坡年雨日为 159.2～183.1 天,年降水量 1390～1870mm,有明显
的地域差异。年雨量最多地区在新茅棚一带,1900mm 上下;最少在山麓,1200mm 左右。

季节分布:西天目山,四季雨量变化呈双峰型。常年 6 月与 9 月(仙人顶为 8 月)是峰
极,7 月与 11 月为低谷,全年具有"两干、两湿"的季节分布特点。3—6 月为第一雨季,其中
3—5 月为春雨,雨量约为 400～540mm,占年年降水的 29%;6～7 月上旬为梅雨季节,是全
年降水的高峰,雨量约为 250～380mm,占全年降水的 19%。7 月中旬至 8 月,处于副高压
控制下,雨量虽有 250～370mm,约占全年降水的 18%,但光照强,气温高,蒸发量大,而成为
相对旱季。9 月雨,雨量约 160～270mm,约占全年降水的 12%,10 月至次年 2 月又为相对
干季,5 个月的总雨量为 300～400mm,约占全年降水的 20%。

高度分布:常年季雨量的垂直变化有山体上、下层小,山体中层大的分布特征,最大降水
高度出现在海拔 900～1000m 左右。

年雨日:年雨日(≥0.1℃mm 日数)随高度变化在 159.2～183.1 天(禅源寺为 168.4
天,老殿为 179.9 天)之间,海拔每升高 100m,递增 1.6 天。

年雾日：年雾日随高度变化在 27.1～255.3 天（禅源寺为 64.1 天，老殿为 176.6 天）之间，海拔每升高 100m，递增 16 天。年雾日有跳跃现象：海拔 300m 以下仅 27～33 天，而在 550m 跳跃到 116 天。

降雪：西天目山平均初雪期 12 月 20 日，平均终雪期 3 月 13 日，降雪持续天数为 80 天以上，禅源寺约为 99 天，老殿约为 131 天，仙人顶约为 151 天。积雪主要在 1—2 月，最大积雪在 1 月下旬至 2 月中旬。1977 年 2 月 10 日，仙人顶最大积雪达 50cm。

4.2.11　湿度和蒸发

湿度：全山区相对湿度变化为 76%～81%。以中层（500～600m）湿度最小，约为 76%～77%；上、下层为 79%～81%，下层大于上层。相对湿度年变化呈双峰型，6 月与 9 月是高峰，可达 86%～88%；1 月或 12 月与 7 月是低谷，分别为 79%～81%，以 1 月为最小。山体上层整个夏季为高值区，为最湿润层，达 87%～91%。冬季为最干燥，下降至 60% 左右。

蒸发：年蒸发量从平原到仙人顶大致为 1150～820mm。年变化呈单峰型，7—8 月最大，约占全年蒸发量的 30%；1 月最小，约占 3%～4%。年蒸发量随高度变化，递减率为 27mm/100m。全年蒸发量合计，山麓地带 1249.7～1358.6mm，仙人顶为 1052.6mm，均较降水量为小。

4.2.12　林荫效应

林内外气温比较：隆冬（1 月），后山门（海拔 550m）气温林内外较为接近，林外略偏高 0.1～0.6℃。月平均气温偏高 0.2℃。新茅棚（海拔 1120m）林外气温较林内低 0.9～1.80℃，月平均气温低 1.4℃，月最大温差为 5.7℃，最小温差为 3.6℃。盛夏（7 月），不同海拔气温林外均高于林内，月平均偏高 1.2～2.4℃。日最高气温，林内较林外可降低 6.0～2.9℃。从骄阳下走进森林，分外清凉舒畅。

林内外相对湿度比较：林内环境郁蔽，通风性远较林外小，常年相对湿度均较大。冬季林内比林外偏高 4%～7%。从垂直分布来看，月相对湿度以五里亭为最大，其上层新茅棚与下层后山门略小 1%～3%。夏季，相对湿度偏低，林内为 83%～86%，林外为 80%～83%，均较湿润。其垂直分布仍以中层为最大。

林内外光照强度比较：秋冬，树木落叶多，林内光照较夏季为佳。10—12 时，林内光照可达 1.5～1.6 万 Lex。夏季，林内同一时间光照 0.19～0.26 万 Lex，反比冬季小。冬季，林外光照有 8.4～10.2 万 Lex。夏季，林外光照强度为全年最大。10—12 时可达 15.0～16.5 万 Lex。夏季晴日中午，林内仅为林外的 1.3%～1.6%；冬季晴日中午，林内为林外的 13%～18%。

4.2.13　生物多样性

天目山地处中亚热带北缘，区内地质古老、气候温和、生物资源丰富，被誉为"物种基因库"、"世界级的昆虫模式标本产地"。

据调查统计，区内有高等植物 246 科 974 属 2160 种，其中苔藓植物 291 种，隶属于 60 科 142 属；蕨类植物 151 种，隶属于 35 科 68 属；种子植物 1718 种，隶属于 151 科 764 属。有脊椎动物 341 种，其中兽类 74 种，隶属于 8 目 21 科；鸟类 148 种，隶属于 12 目 36 科；爬行类 44 种,隶属于 3 目 9 科;两栖类 20 种,隶属于 2 目 7 科;鱼类 55 种,隶属于 6 目 13 科。另外区内尚有丰富的昆虫资源,现已定名的就有 4209 种,隶属于 33 目 351 科。

本保护区的植物温带、亚热带区系成分特征显著,特有、珍稀植物丰富。据国务院 1999 年 8 月批准的《国家重点保护野生植物名录(第一批)》,区内属国家一级保护的植物有:银杏、南方红豆杉、天目铁木 3 种;属国家二级保护的植物有:金钱松、榧树、七子花、连香树、樟树、浙江楠、野大豆、花榈木、鹅掌楸、凹叶厚朴、金荞麦、香果树、黄山梅、榉树、羊角槭等 15 种。另据《中国珍稀濒危保护植物名录》第一册和《中国植物红皮书》,属国家保护的植物共有 30 种,其中银杏、金钱松、天目铁木、连香树、香果树、杜仲、鹅掌楸、七子花、黄山梅、独花兰等 10 种被列为国家二级保护植物;羊角槭、青檀、领春木、天目木姜子、天竺桂、浙江楠、黄山花楸、紫茎、天目木兰、黄山木兰、凹叶厚朴、银鹊树、短穗竹、野大豆、八角莲、短萼黄连、明党参、金刚大、延龄草、天麻等 20 种被列为国家三级保护植物。

本区尚有天目金粟兰、天目铁木、天目朴、天目蝎子草、羊角槭 、天目蓟、天目山铁角蕨、老殿鳞毛蕨、白花土元胡、天目景天、锐角槭、弯翅色木槭、毛梗心叶堇菜、天目当归、天目山蓝、天目续断、天目雪胆、短萼紫茎、象鼻兰、天目蝎子草等 24 种天目山特有种。产自天目山的植物模式标本种有 85 种。

本保护区在中国动物地理区划上,属东洋界中印亚界华中区的东部丘陵平原亚区。其中被列为国家保护的动物有 39 种,其中一级保护的动物有云豹、金钱豹、梅花鹿、黑麂、华南虎、白颈长尾雉等 6 种;国家二级保护的动物有猕猴、穿山甲、豺、黄喉貂、水獭、大灵猫、小灵猫、金猫、苏门羚、赤腹鹰、红隼、白鹇、勺鸡、蓝翅八色鸫、中华虎凤蝶、拉步甲、彩臂金龟等 33 种。产自天目山的昆虫模式标本达 657 种。

4.2.14 植 被

天目山地处中亚热带北部亚地段。由于处理位置、气候条件、人类保护等有利因素,至今仍保存丰富的、种类较多的植物资源。据调查和参考资料,天目山森林植被大体划分六个类型(见图 4-10、图 4-11)。

1. 针叶林

针叶林是天目山森林景观的主要组成部分。常绿针叶林主要有:①柳杉林,海拔 350～1100m 区间都有分布,树高林密,面积近 266hm²,是天目山最具特色的植被。②马尾松林,分布于海拔 800m 以下地段。③黄山树林,分布于海拔 800m 以上地段。④杉木林,大多为人工林,主要分布于横坞、仰止桥至后山门一带,海拔 300～800m 处。落叶针叶林主要为金钱松林。天目山金钱松高大雄壮,最高一株达 56m,有"冲天树"之美誉。

2. 常绿阔叶林

常绿阔叶林分布在海拔 600m 以下的山中谷地,地势较平缓地带,包括仰止桥至七里亭、里七湾和外七湾、朱驼岭等地。森林土壤主要为红壤和红黄壤过渡类型,土壤表层厚,土层深,褐色至棕黄色,pH 值 5.5 左右。

在常绿阔叶林内,包括石楠、紫楠林,青冈、栲类林,青冈、木荷林,浙江樟、栎类林四个群系。据样地调查,乔木树种有壳斗科(*Fagaceae*)的青冈栎、甜槠、细叶青冈、青栲、绵槠等,樟

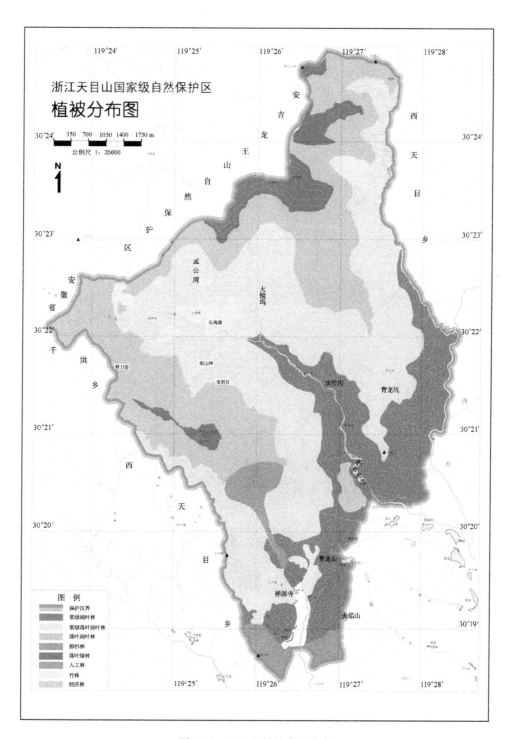

图 4-10　天目山植被类型分布

科(*Lauraceae*)的豹皮樟、浙江樟、紫楠等。落叶树种有枫香、榉树、鹅耳枥、黄檀、凸头玉兰、青钱柳、南方枳椇、紫茎等。乔木层平均胸径 12cm,平均树高 10m,郁闭度 0.8。甜槠、青冈栎密度为每公顷 880 株,其中最大一株甜槠,胸径为 48cm,树高为 9m。灌木层树种有连蕊

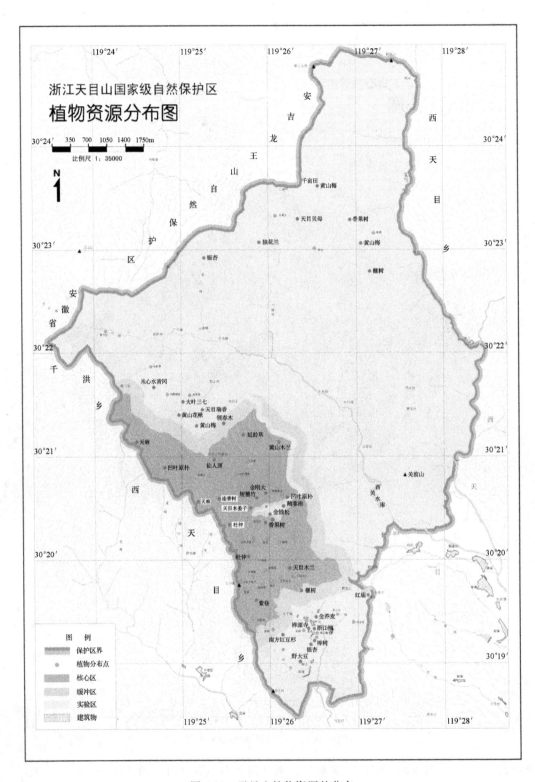

图 4-11 天目山植物资源的分布

茶、枸木、石斑木、石楠、山胡淑、白檀、算盘子、构骨、大青、胡颓子、山苍子、野鸦椿、马银花、南天竹、石斑木,野花椒,野蔷薇、小果蔷薇、六月雪、山莓、茅莓、高粱泡等。灌木层平均高约3m,盖度50%。活地被物种类有:吉祥草、大麦冬、寒莓、蛇莓、江南卷柏、蕨、前胡、金钱草、龙芽草、秋牡丹、蔓麻、野珠兰、虎儿草等。层外植物有;辟荔、紫藤、野木瓜、菝葜、岩石榴、乌敛莓、常春藤、络石等。

3. 常绿、落叶阔叶混交林

常绿、落叶阔叶混交林分布在海拔 600~1150m,在天目山森林植被中占优势,包括七里亭、大树王附近、四面峰。倒挂莲花、龙门坎、里七湾、新茅棚等地区。该地区地势陡峭险峻,沟谷纵横,悬崖峭壁极多,坡度都在 40°以上。土壤为山地黄壤,土层厚薄不均,多为坡积土,较肥沃,pH 值 5.5 左右。表土多为褐色和褐黑色,下层棕黄色。

这一类型,按优势种可分为细叶青冈、鹅耳枥林群系。另外,还有一般的群系,如细叶青冈、青钱柳;细叶青冈、木蜡、鹅耳枥林;绵槠、细叶青冈、枫香林;细叶青冈、化香林和豹皮樟、细叶青冈、枫香林等群系。

这一带种类成分复杂,林冠多层次。第一层,平均胸径 17cm,平均树高 13m,郁闭度 0.6。主要树种是鹅耳枥、化香、天目木姜子、兰果树、凸头玉兰、青钱柳、糯米椴、日本椴、灯台树、华千金榆等落叶树种。还有少数金钱松、黄山松,杉木等。第二层,平均胸径约 11cm,平均树高 8.5m,郁闭度 0.7。主要有细叶青冈、豹皮樟、绵槠、四川山矾、交让木、云锦杜鹃等常绿树种组成。灌木层平均高约 3m,盖度约 80%,主要种类有微毛枥、细齿枥、连蕊茶、马银花、腊瓣花、牛鼻栓、唐棣、小叶石榴、青皮木、圆锥八仙、金缕梅、小果南烛、饭汤子、老鼠矢、箬竹等。层外植物有紫藤、小果蔷薇、猕猴桃、多花勾儿茶大血藤、野木瓜等。活地被物有鱼腥草、天目藜芦、落新妇、土麦冬、油点草、苔草、蕨、黄精等。

4. 落叶阔叶林

落叶阔叶林分布在海拔 1150~1507m 地带,包括老殿横伸至东、西茅蓬直至仙人顶。基岩一般为霏细斑岩,山地黄棕壤和次生黄壤,pH 值一般 4~5。死地被物盖度一般在 80%左右,厚度约 3cm。土壤表层中等厚度,棕褐色,下层以黄壤、黄棕壤为主。林内阴湿,沟里露岩较多。

落叶阔叶林内包括小叶白辛树、茅栗林和四照花、茅栗林及野海棠、秋子梨林等群系。

在海拔 1200m 左右的老殿一带,乔木树种以小叶白辛树、茅栗、灯台树、大柄冬青、短柄枹等为主;而在海拔 1250~1450m 范围内,以四照花、鹅耳枥、天目朴树、浙皖械、天目械等落叶树种为主;到海拔 1450~1500m 仙人顶一带,以野海棠、秋子梨、华东樱、红果钓樟等落叶树种为主。乔木层平均胸径约 11cm,平均树高 8m 左右,郁闭度 0.7。这一层还有零星黄山松、云绵杜鹃等常绿树种。灌木层平均高约为 3m,盖度为 65%。主要种类有油乌药、毛叶石楠、白檀、临安械、白蜡、川棒、天目琼花、大叶胡枝子、下江忍冬、野鸦椿、红叶甘姜、青荚叶、阔叶箬竹等。主要有苔草、落新妇、七叶一枝花、黄精、三叶委陵菜、天目藜芦、细辛、支枝蓼、野菊、黑鳞大耳蕨、黄山鳞毛蕨等种类。层外植物有木通、扶芳藤、北五味子、清风藤、菝葜等。

5. 针阔叶混交林

针阔叶混交林镶嵌在海拔 600～1300m 的倒挂莲花、四面烽、狮子口、千丈崖等地带。这带地形复杂,既有山麓谷地,又有悬崖峭壁,出现奇峰深沟。气候特点是多云雾,湿度大,气温低。土壤属黄壤,局部地区黄棕壤。死地被物盖度 70%,厚度约 4.0cm。

这一带都是天然次生林,尚有少数人工柳杉林,种类成分复杂。海拔 800m 以下以马尾松为主的针阔叶混交林。而海拔 800m 以上为以黄山松为主针阔叶混交林,分布在仙人顶下面沟凹里比较典型。乔木层除黄山松外,尚有常绿细叶青冈、交让木和落叶的鹅耳枥、小叶白辛树、天目木姜子、大柄冬青、短柄枹、凸头玉兰、天目槭、椴树、暖本、茅栗、青钱柳、华东樱、四照花、浙皖槭、南京柯楠树、庐山乌药等。乔木层平均胸径 14cm,平均树高 10m。灌木层高度 2.5m,盖度 70%,主要有细齿柃、马银花、牛鼻栓、唐棣、小叶石楠、青皮木、圆锥八仙、金缕梅、小果南烛、饭汤子、老鼠矢、箬竹等。层外植物有小果蔷薇、芽南蛇藤、大血藤等。活地被物有鱼腥草、及己、蔓麻、天目藜芦、珠砂根、斑叶兰、土麦冬等种类,平均高约 2cm,盖度约 20%。由于气候湿润、多云雾,因而林内苔藓、地衣密布,树上挂着须状的"植物"枣云雾草,似如原始景色。

6. 竹林

中亚热带为竹林分布中心。天目山竹林主要为毛竹林和雷竹林,此外还有石竹、箬竹林等。毛竹林多为人工林,成片分布于太子庵、青龙山、横坞、东坞坪一带海拔 350～900m 的常绿阔叶林内,群落外貌整齐,结构单一,主要混生树种有苦槠、青栲、槲树、枫香等,林下灌木较少,总盖度 80%。

4.2.15 植物资源

天目山自然保护区地处中亚热带北部亚地带,气候适宜,雨量充沛,土壤肥沃,植物生长茂盛,具有典型的长江中下游森林景观,植物区系成分也相当复杂。天目山的植物资源可以"古、大、高、稀、多"五字概括,其拥有的"天然植物园"之美称。

1. 丰富的植物资源

天目山地质古老,第四纪冰川影响不深,加上历来都受到人类保护,植被没有遭受过重大破坏。计有苔藓类植物 60 科 142 属 291 种;蕨类植物 35 科 68 属 171 种;种子植物 151 科 766 属 1718 余种,其中木本植物 86 科 277 属 675 种。在这么狭小的范围内荟萃了如此丰富的种质资源,这在全国也是少见的。常绿树种主要有:壳斗科的青冈栎属、拷属、石栎属;樟科的樟属、紫楠属、润楠属、山茶科的柃属、山茶属;还有杜鹃属、山矾属、冬青属等。落叶树种主要有槭树科,蔷薇科、豆科、壳斗科的栗属、栎属、水青冈属,樟科的木姜子属和山胡椒属,桦木科、胡桃科、木兰科等种类也较多。据记载天目山有 800 多种野生药材,名贵的有於术、竹节人参、天麻、天目贝母、八角金盘、缺萼黄连等。天目山这块开发较早的植物宝库,直到现在还有新种不断被发现,足以说明天目山植物资源的丰富性、复杂性,是一块不可多得的植物基因库。

2. 大树华盖

天目山独特的森林景观使天目山自然景观别具一格,如果说黄山以"奇松怪石传四海",庐山以"匡庐奇秀甲天下",天目山则以"大树华盖闻九州"。大树者:柳杉、金钱松、银杏,被人们称为天目山之绝色。当人们一走进天目山,最引人注目的便是巨大的千年柳杉,它比标本产地庐山和湖北神农架的原始柳杉更为壮观。胸径 100cm 以上便有 398 株之多,胸径 200cm 以上有 15 株,最大的"大树王"胸径 233cm,现已枯死;最大单株材积达 75.46m³,最高蓄积量每亩达 328m³。"冲天树"金钱松,系我国特产,非常珍贵,为世界五大庭园观赏树种之一,它在天目山适宜的环境中长得特别高大,为天目山百树之冠;在天目山仅胸径 50cm 以上 98 株,其中胸径 100cm 以上有 8 株,一般树高 50m 左右,最高大的胸径 107cm,树高 52.5m,材积 19.46m³。枫香、兰果树、青钱柳、天目木姜子等,在天目山这块得天独厚的环境中也长得特别高大。

3. 珍稀特有物种多

天目山自然保护区,地理位置适中,地质历史悠久,成了古老植物的避难所、孑遗植物的衍生地,使许多第三纪植物免遭灭绝,得以繁衍。"活化石"银杏,系中生代孑遗植物,为我国特有,现虽遍植各地,甚至漂洋过海,侨居他国,但野生状态的银杏仅产于天目山,是"世界银杏之祖"。在保护区内,较古老的银杏有 244 株,平均胸径 45cm,平均高 18.4m,胸径在 100cm 以上有 8 株,最大胸径 123cm,树高 30m。它们有的生长在悬崖峭壁上,有的在人迹罕至的沟谷中,呈现一派古老野生的状态。在植物区系研究上有重要价值的连香树,稀有的领春木、天目木兰、天目木姜子,古老的香果树、鹅掌楸、银鹊树等在天目山都有分布,仅分布于天目山区的特有种也不少,如天目铁木、天目朴、羊角槭、浙江五加等。而天目铁木和羊角槭的种群数量濒临灭绝境地,非常珍稀。天目山分布有国家重点保护植物 30 种,其中二类保护 10 种,三类保护 20 种。以天目山命名的植物达 24 种之多,模式标本产地植物那就更多了。

4. 植物区系成分的复杂性

地处中亚热带向北亚热带过渡地带的天目山,既具有代表本地区的植物区系成分,又具有向其他地区联系的、过渡的区系成分,还具有本山特有的区系成分。总的来说,天目山植物区系属东亚—日本区系,与日本联系最为密切,两地共有种达 40%,在天目山以 *Japonica* 命名的植物达 70 多种。天目山地势高峻,海拔相差悬殊,较多的暖温带、温带植物侵入到天目山,如水青冈属、椴属、槭树属、鹅耳枥属、桦木属等。槭树属植物在天目山特别多,有 21 种,占全国的八分之一。天目山与华南植物区系共有种 20 多种。与华中植物区系共有种 150 余种,更有趣的是天目山出现了与北美有联系的替代种,如檫木、鹅掌楸、兰果树等。这从植物区系上说明了东亚大陆与北美大陆的历史渊源关系,还说明了天目山植物区系的复杂性、多样性和在研究植物区系中的重要性。

4.2.16　动物资源

丰富的植物资源、优越的气候、复杂的森林层次构造、适宜的栖息环境,给各种动物的生长、栖息、繁殖提供了良好的条件,故天目山动物种类颇多,区系成分也复杂。据前人研究资料统计,哺乳动物有 8 目 21 科 74 种;鸟类有 12 目 36 科 148 种;爬行类有 3 目 16 科 44 种;两栖类有 2 目 7 种 20 种;鱼类有 6 目 13 科 55 种;昆虫有 33 目,已鉴定的有 4209 余种;还有许多无脊椎动物。天目山的动物成分,主要属东洋界类型,但有少量古北界成分渗入。

哺乳动物主要有野猪、苏门羚、黑麂、毛冠鹿、大灵猫、小灵猫、猕猴、刺猬、豪猪、穿山甲、华南兔、松鼠、豺、狼、黄鼠,常有游山的金钱豹,有时还有虎的出现。

鸟类主要有白鹇、白颈长尾雉、锦鸡、竹鸡、红嘴长尾兰鹊、喜鹊、山斑鸠、红嘴相思鸟、斑啄木鸟、大杜鹃、四声杜鹃、画眉、三宝鸟、寿带鸟、戴胜、大山雀等。

两栖类主要有东方蝾螈、肥螈、淡肩角蟾、桂墩角蟾、泽蛙、大树蛙、饰纹姬蛙等。

爬行类主要有大头乌龟、鳖、石龙子、北草蜥、赤链蛇、乌梢蛇、蝮蛇、竹叶青、五步蛇等。

鱼类主要有鲫鱼、鲤鱼、光唇鱼、马口鱼、麦穗鱼、鲶鱼等。

4.2.17 旅游资源

天目山曾被列为中国名胜之一,有两千多年的宗教历史,为江南佛教名山,誉及东南亚,为日本国当今佛教永源寺派之祖;有古老山体和独特的自然环境,集山、水、草、木、云、雾、雨、雪、石、飞禽走兽等自然风景于一体,形成得天独厚的旅游资源优势(见图 4-7)。

作为旅游和避暑胜地的天目山,与其他旅游名山显著区别在于"大树取胜"。当人们一踏进天目山,犹如进入绿色海洋,那雄伟高大、生机盎然的千年古柳杉林;那刚劲挺拔、直插云霄的金钱松;那妙趣横生,千姿百态的自然森林景观,不仅给生物工作者和学生以美的享受,而且也给游人饱览森林大地的眼福。天目山的自然景色,四季如画:玉兰报春,带来了万紫千红,百花争艳的春色;夏日绿阴铺盖,凉风习习,蝉唱新叶,鸟鸣深谷;入秋天高气爽,红叶似火,满山云紫,古寺淡林,银杏似金,层林尽染;严冬银装素裹,千树银花,挺杉劲松,青白相映,悬崖冰凌,蜡梅吐艳。

天目山奇峰怪石林立,潭水清秀,流泉溪水潺潺,响者如雷鸣,细者如丝竹,终年不绝。千岩争秀,万壑争流,大树华盖,古木参天,胜景众多,姿态各异。据《天目山祖山志》记载,有四溪、五洞、七涧、八台、九池、十二险潭、二十八石和二十八峰风景点。有名的风景点有:倒挂莲花峰、四面峰、狮子口、仙人锯板、天下奇观等,著名的古迹有禅源寺、太子庵、大树王、老殿、张公舍等。游览以夏秋两季为佳,夏日的天目山,大树林荫,气候凉爽,白天最高温度为 35℃,比杭州低 4～5℃。有"白天不用扇子,夜间不离被子"之称,是一处旅游、避暑的胜地。

4.2.18 环境质量

天目山保护区整个环境质量尚保存着天然"本底"性。据初步调查测定,区内地下水水质类型多为重碳酸型水(见图 4-8),矿化度＜0.1g/L,pH 值约为 7,水质变化主要受地层岩性的影响。上侏罗统黄尖组分布区,为 $HCO_3\text{-}Mg \cdot (Na+K)$ 型水;奥陶系下统、寒武系上统碎屑岩和碳酸盐岩分布区,为 $HCO_3\text{-}Ca$ 型水。按每升中钠离子含量和矿化度来看,无论哪种水质类型,均属于低钠、低矿化度的优质地下水。同时,从保护区地下水、地表水的化学成分来看,尚未受到污染,可作为环境保护中水化学成分的"本底"值。保护区内禅源寺、蟠龙桥附近的生活区,尽管由于生活燃料、汽车尾气等对大气环境有一定的影响,但仍处于十分清洁的状态。据测定,整个保护区的大气环境质量,符合国家规定的自然保护区、风景游览区、名胜古迹和疗养地的一类区所要求的一级标准。

4.3　浙江东部沿海地区的海岸地貌

世界海岸线长约 44 万 km。中国海岸线长 1.8 万 km,岛屿岸线 1.4 万 km。浙江省东部沿海的海岸线长有 7000 余 km,其中大陆海岸线 2253km,岛屿海岸线 4812km,居全国沿海各省的第一位。浙江有海岛 3820 个,海洋的渔场有 22.27 万 km^2 之多,无论是海岛数目还是渔场面积,均为全国第一。

浙江海岸线和岛屿的走势大致是呈北东—南西排列,河流与海岸线近直交,在水系的横切下,使沿海地形显得复杂破碎多变。

浙江的海岸大致以镇海为界分南北两部分。镇海以北为下降的平原海岸(沙岸),地势平坦,海岸线比较平直,近岸滩地宽大,是浙江海涂资源比较集中的岸段,其中杭州湾南北海岸因泥沙不断淤积岸线还在逐年外延之中。镇海以南为上升的山地丘陵海岸(岩岸),海岸线比较曲折,近岸水深湾阔,岬湾相间,岸外岛屿众多,为全省大小港口集中分布的岸段。

4.3.1　海岸地貌的类型

第四纪以来,冰期和间冰期的不断更迭,引起海平面大幅度地升降和海进、海退,导致海岸处于不断的变化之中。距今 7000~6000 年前,海平面上升到相当于现代海平面的高度,构成现代海岸的基本轮廓,形成了各种海岸地貌。

在海岸地貌的塑造过程中,构造运动奠定了基础。在这基础上,波浪作用、潮汐作用、生物作用及气候因素等塑造出众多复杂的海岸形态。波浪作用是塑造海岸地貌最活跃的动力因素。近岸波浪具有巨大的能量。据理论计算,1 米波高、8 秒周期的波浪,每秒传递在绵延 1km 海岸上的能量为 8×10^6 焦耳。海岸在海浪作用下不断地被侵蚀,从而发育着各种海蚀地貌。海岸基岩被海浪侵蚀形成的碎屑物质,由沿岸流携带,在波浪能量较弱的地段堆积,塑造出多种海积地貌。潮流是泥沙运移的主要营力。当潮流的实际含沙量低于其挟沙能力时,可对海底继续侵蚀;当实际含沙量超过挟沙能力时,部分泥沙便发生堆积。在热带和亚热带海域,可有珊瑚礁海岸;在盐沼植物广布的海湾和潮滩上,可形成红树林海岸。生物的繁殖和新陈代谢,对海岸岩石有一定的分解和破坏作用。在不同的气候带,温度、降水、蒸发、风速不同,海岸风化作用的形式和强度各异,使海岸地貌具有一定的地带性。

根据其基本特征,海岸地貌可分为海岸侵蚀地貌和海岸堆积地貌两大类。

1. 海岸侵蚀地貌

海岸侵蚀地貌又称海蚀地貌,它是基岩海岸在波浪、潮流等不断侵蚀下所形成的各种地貌,主要有海蚀洞、海蚀崖、海蚀平台、海蚀柱等。这类地貌又因海岸物质的组成不同,被侵蚀的速度及地貌发育的程度也有差异。

2. 海岸堆积地貌

海岸堆积地貌又称海积地貌,它是近岸物质在波浪、潮流和风的搬运下,沉积形成的各种地貌。按堆积体形态与海岸的关系及其成因,可分为毗连地貌、自由地貌、封闭地貌、环绕地貌和隔岸地貌。按海岸的物质组成及其形态,可分为沙砾质海岸、淤泥质海岸、三角洲海岸、生物海岸等。

(1)沙砾质海岸地貌

沙砾质海岸地貌发育于岬角、港湾相间的海岸,由被侵蚀的物质经沿岸流输送堆积而成。波浪正交海岸传入时,水质点作向岸和离岸运动,但两者的距离不等,导致泥沙向岸和离岸运动。这种横向的泥沙运动,形成近岸的泥沙堆积体,它们由松散的泥沙或砾石组成,构成了沙滩以及与岸线平行的沿岸沙堤、水下沙坝等一系列堆积地貌。波浪斜向到达海岸时,沿岸流所产生的沿岸泥沙纵向输移,使海岸物质在波能较弱的岸段堆积,形成一端与岸相连、一端沿漂沙方向向海伸延的狭长堆积体,称为海岸沙嘴;若沙砾堆积体形成于岛屿与岛屿、岛屿与陆地之间的波影区内,使岛屿与陆地或岛屿与岛屿相连,称为连岛沙洲;在一些隐蔽的沙质海岸上,有与岸平行或有一定交角的沙脊和凹槽相间的地形,构成脊槽型海滩。

(2)淤泥质海岸地貌

淤泥质海岸地貌在潮汐作用较强的河口附近和隐蔽的海湾内堆积而成,这类堆积体由0.002~0.06mm的细颗粒物质组成。地貌形态较为单一,成为平缓宽浅的泥质潮间带海滩。与更新世冰水沉积作用有关而发育成的泥质海岸,岸外海滨有一列断续连接的岸外沙堤,如浙南的乐清湾就是典型的淤泥质海岸地貌。

(3)三角洲海岸地貌

三角洲海岸地貌是在河口由河流携带的泥沙堆积而成的向海伸突的泥沙堆积体。有呈鸟足状的,如密西西比河口三角洲;有呈尖嘴状的,有呈扇状的,如长江三角洲和黄河三角洲等。

(4)生物海岸地貌

生物海岸地貌为热带和亚热带地区特有的海岸地貌类型。造礁珊瑚、有孔虫、石灰藻等生物残骸的堆积,构成了珊瑚礁海岸地貌,主要分为岸礁、堡礁和环礁三种基本类型。岸礁与陆地边缘相连,并从陆地向海方向生长,如红海和东非桑给巴尔的珊瑚礁。堡礁与岸线几乎平行,礁体与海岸之间由泻湖分隔,如澳大利亚的昆士兰大堡礁;环礁则环绕着一个礁湖呈椭圆形,中国南海西沙群岛大多为环礁。

世界热带、亚热带海岸的70%分布有红树林。种类组成以红树科植物为主,树皮富含单宁。在海岸带,耐盐的红树林植物群落茂盛生长,构成红树林海岸地貌。红树植物有特殊的根系、葱郁的树冠,能减弱水流的流速,削弱波浪的能量,构成了护岸的防护林,并形成了利于细颗粒泥沙沉积的堆积环境,形成特殊的红树林海岸堆积地貌,如海南红树林堆积地貌。浙南乐清湾是浙江海岸红树林分布的主要区域。浙东南三门湾及浙东象山港有少量红树林分布。

是什么因素塑造了海岸地貌呢?

沿岸岩石类型和构造运动奠定了海岸地貌的基础,在这基础上波浪作用、潮汐作用、生物作用及气候因素等塑造出众多复杂的海岸形态。

在近岸,波浪因水深变浅而变形,水质点向岸运动的速度大于离岸运动的速度,形成近岸流。近岸流作用产生水体向岸输移和底部泥沙向岸净输移。在波浪斜向逼近海岸时,破波带内则产生平行于海岸的沿岸流动。这样,由向岸的水体输移和由此产生的离岸流、沿岸波浪流、潮流构成了近岸流系。这一近岸流携带的泥沙,形成了海岸堆积地貌。

潮差的大小直接影响着海浪和近岸流作用的范围。在由细颗粒组成的泥质海岸带,潮流是泥沙运移的主要营力。当潮流的实际含沙量低于其挟沙能力时,可对海底继续侵蚀;当实际含沙量超过挟沙能力时,部分泥沙便发生堆积。

生物作用也会影响海岸的发育与类型。在热带和亚热带海域,因珊瑚和珊瑚礁的大量发育,构成珊瑚礁海岸;在红树林和盐沼植物广泛分布的海湾、河口的潮滩上,可形成红树林海岸。后者是平静、隐蔽的海岸环境,细颗粒物质易于堆积。在有些海岸上,生物的繁殖和新陈代谢对海岸岩石有一定的分解和破坏作用。

气候因素也是重要的外因。在不同的气候带,温度、降水、蒸发、风速等条件的不同,海岸风化作用的形式和强度各异,便形成不同的海岸形态,并使海岸地貌具有一定的地带性。

4.3.2 浙江东部沿海的地质演化历程

浙江东部的海岸地貌之所以形成如此复杂多样的地貌,是有着深刻的地质活动背景的。浙江东部海域属于东海地质构造单元,是大陆边缘拗陷和环太平洋新生代沟、弧、盆构造体系的组成部分,呈现西隆东拗的构造特征。经历了中生代早期的印支运动漫长的地质演化,浙江大地发生了沉降、抬升和板块活动等不同的地质发展阶段,在东部逐渐形成了北东—南西走向构造轮廓。中生代晚期的燕山运动对浙江东部影响很大,在这次地质活动中,浙江东部沿着北东方向发生了大量的火山爆发以及地下岩浆的多次侵入活动,同时又形成了丽水—余姚、温州—镇海北北东向巨大的断裂与断块活动。通过这些轰轰烈烈的地质活动,基本上奠定了浙东断块山地的构造框架,大陆部分的主要山丘的现代面貌日臻形成,整个地貌轮廓已呈北东—北北东方向。构成这些山丘的主要岩石是晚侏罗世—早白垩世火山碎屑岩和从地下深处上侵的岩浆冷凝后剥露的花岗岩,浙东沿海地区广泛发育着北北东、北西、东西向三组断裂,使岩石破碎。中生代晚期,在太平洋板块向欧亚板块俯冲作用后又发生了伸展拉张作用,使下地壳至上地幔的基性岩浆沿断裂上侵到先成岩石中,构成了沿海地区的基性岩墙群。浙江现代漫长曲折的海岸线和星罗棋布岛屿构架的基础由此形成。

在以后的岁月里,浙江东部又经历了多次地壳抬升、沉降。海水也多次涌入退出,浙江沿海历经沧海桑田。其中,在最近的 5 万年里,浙江沿海就经历数次大的海水升降。在距今 4 万年左右,广泛入侵浙东大陆纵深的海面已退到了现今 120m 等深线附近,现今沿海的大部分海底变成了平原,岛屿都成了山丘。随后,海面又复回升,至距今 3.3 万年左右,海水再次淹没了今日浙东沿海一带。现在沿海的某些地方在当时是海水深度达 20 多米的浅海环境。在之后的 1 万多年里,海面又相对较快地下降,直至距今 1.5 万年前,海岸线的位置已推移到现代岸线以东 500~600km 处,即今日海面以下 140~160m 处皆成陆地,台湾与大陆也连成一体。这就是人们通常所称的低海面时期。东海大陆架绝大部分亦成为裸露的陆地。过了 3000 年,又一次影响深远的海侵大约发生在距今 1.2 万年前,海面的上升又快又高,现在沿海平原的大部分地区又是一片沼泽泽国。大自然的变化就是这样富有戏剧性。随后的 5000 年,海水又慢慢地退下去,到离现在约 8000 年前海岸线尚在萧山湘湖一带。距今 3000 年,海平面已与目前的海面基本相仿。我们现在的浙江沿海蜿蜒曲折的海岸、港湾和沿海星罗棋布的岛屿岸线,都是在最近 7000 年以来形成的,它们原来是陆上山丘基岩延伸入海或浸没或凸起部分。海岸线及岛屿地形在受到岩石性质特点控制和地质构造内力作用的同时,也经历了气候交替变化、海浪潮流长期拍打等外力侵蚀作用的强烈改造。通过大自然内、外动力作用的共同雕琢,塑造了浙江沿海形态各异、丰富多样的海岸海岛地貌景观,构成了浙江极为丰富的滨海岛屿旅游资源。

4.3.3 浙江东部沿海典型海岸地貌区

浙江沿海蜿蜒曲折,海岸、港湾和沿海岛屿星罗棋布。浙江的滨海岛屿型旅游景观主要由山海岬湾景观、沙滩景观、礁岩洞石景观、林木植被景观、海洋动物景观、人文史迹景观等几部分组成。类型齐全,丰富多样。

浙江滨海岛屿旅游资源中最具特点的是岛屿。沿海众多的岛屿使浙江的岛屿数为全国之冠。大潮平均高潮位以上、面积不小于 $500m^2$ 的海岛有 3061 个,约占全国岛屿总数的 60%,其中大于 $10km^2$ 的有 28 个,海岛陆域面积 $1940km^2$。最北为嵊泗县灯城礁,最东为嵊泗县童岛海礁,最南为苍南县星仔岛。沿海岛屿分布具有北西成列、北东如链、面上呈群的特征。

1. 沙滩

沙滩是人们滨海岛屿旅游中休闲、玩水、游泳、享受阳光和海水的最佳场所。沙滩主要由进流和退流反复将沙粒搬运剥蚀和沉积而成。沙滩总体向海倾斜,坡度一般仅几度。坡度大,则沙滩宽度小;坡度小,则沙滩宽度大,即沙滩发育好。组成沙滩的沙粒一般分选性好,成分单一,以石英、长石为主,含重矿物,含生物贝壳碎粒。成熟度高的沙滩,沙粒成分以石英为主。由于颗粒细小,以及磨蚀过程中破裂等原因,沙的磨圆度不一定总是好的。沙滩的表面常留下不对称波痕。

浙江省境内共有各类沙滩 50 多处,总面积 600 余万平方米,主要分布于舟山群岛的普陀山、朱家尖、嵊泗列岛、岱山、大衢、六横、桃花诸岛和洞头、南麂等岛屿及苍南、象山、温岭等大陆架海岸线上。这些沙滩一般长在数百米以上,宽在百米以上,坡降平缓,沙质洁净、细匀,是海水浴和沙滩娱乐活动的极好处所。

2. 砾滩

砾滩分布于基岩海岸,特别是岬角附近或山区河流河口两侧的海岸地带。基岩海岸附近的砾滩,砾石主要来自海岸崩塌,经海浪、潮汐作用磨蚀而成。砾石成分与基岩海岸岩性一致。砾石的分选性和磨圆度随砾滩的成熟度,即砾滩形成后经历海浪和潮汐作用时间而异。砾滩形成时间越长,砾石的分选性、磨圆度越好。此外,砾石的长轴往往平行海岸线排列,且倾向于大海。如朱家尖的樟州湾东大山南北两侧海岸各有一条乌黑发亮石塘,北侧称大乌石塘,南侧称小乌石塘。它是在潮汐作用下,潮水将大量深灰色火山碎屑岩、安山玄武岩及部分花岗岩组成的大小砾石堆积在海湾尽头,构成长 500m,高潮时宽 25m,低潮时近百米宽的砾石堤,南北展布如一座石塘。乌黑光亮的卵石,呈扁平椭圆状,小如珠矾,大似鸡蛋,光滑晶莹。

3. 礁滩

礁滩为波浪作用将山地海岸的基岩岸坡侵蚀削平,在海蚀崖前方形成向海微斜的基岩滩地。高潮时淹没,低潮时大片出露。这种基岩滩地,又称为波切台。岩石受海蚀作用首先使高潮线上下的岩石破坏最明显,出现海蚀凹槽。海蚀凹槽发育于高潮线附近,沿海岸线分布,长度较大,当发育到一定程度,深度大于高度,且扩大到凹槽顶部悬空的岩石失去支撑时,凹槽坍塌,海岸出现陡峻的岩壁,形成了海蚀崖。海蚀作用持续进行,海蚀崖底部出现新的海蚀凹槽。海蚀凹槽扩大又坍塌,出现新的海蚀崖。周而复始,海蚀崖节节后退,其前方出现微微向海的波切台。礁滩分布于突出海岸的岬角或近岸孤立小岛的近侧。礁滩到海蚀崖地带,形成了特有的海蚀地貌景观。

礁崖洞石是浙江滨海岛屿地貌景观的另一特色。由于浙江绝大部分海岸和岛屿属基岩质,第四纪以来受地壳间歇性抬升以及岩性、流水、风力、海蚀等多种内外营力的作用影响,使岸线海岛地形以丘陵山地为主,切割强度大,地形破碎,形成了发育广泛的断崖陡壁、礁崖洞穴和奇岩叠石等优美的自然景观。嵊泗列岛的碧海奇礁、普陀山的磐陀石、朱家尖的白山石景、桃花岛的花岗岩壁立礁墙、龙女峰、东海神珠、洞头的仙叠岩、岱山的石壁残等礁崖,普陀山的观音洞、桃花岛的奇洞异穴等洞穴景观,皆为海岸礁滩发育过程中的地貌资源。

4. 泥滩

泥滩是以潮汐作用为主形成的。河流带入海洋大量的粉砂和黏土,在涨潮时由潮流带至平缓的前滨(潮间带)或海湾处沉积形成泥滩。海岸带(包括河口湾)以潮汐作用为主的、被潮道和潮沟切割的平缓地带,统称为潮坪。泥滩是潮坪中的主要部分。以潮汐作用为主的沉积地形,其沉积物分布与沙滩有所不同,泥滩滩面由高至低,由黏土、粉砂为主,向海过渡为砂。

除自然景观外,浙江滨海岛屿的人文史迹景观更具特色。普陀山有众多的宗教寺院形成了"海天佛国",确立了它作为全国四大佛教名山之一;金庸武侠小说里的桃花岛美丽传说,使桃花岛名扬天下;岱山"蓬莱仙岛"的悠久传说充满着诱人的神秘色彩;嵊泗为全国最大渔场,那里万船云集、樯橹如林、渔市兴隆,具有浓重的海岛乡情;礁岩上众多题材广泛的摩崖石刻,使海岸岛屿更具灵性与文化内涵。

浙江沿海地区,自北往南已开发的海岸,与海岛地貌游览区就有海外仙山嵊泗岛、东海蓬莱岱山岛、海天佛国普陀山、射雕英雄桃花岛、海外桃源洞头岛以及南麂列岛,还有苍南滨海沙滩、温岭的石塘、岱山鹿栏晴沙、朱家尖的十里金沙、普陀山的千步沙等、桃花岛塔湾金沙滩、象山松兰山海滩等。

此外,在东海海底,宽阔的东海陆架盆地具有生油岩层厚度大、分布面积广、有机质丰富、储集层发育好、油气圈闭条件优越等特点,使东海大陆架具有重要的油气资源前景。

4.3.4 舟山群岛

舟山群岛位于浙江省东北、杭州湾外侧的东海洋面上,古称"海中洲"。它由1390多个大小岛礁组成,其中岛屿680多个,有人居住的岛屿96个,陆地面积1440km²。群岛中面积超过10km²的有舟山、岱山、六横、金塘山、朱家尖、大衡山、桃花、大长涂山、大榭、梅山、秀山、泗礁山、虾峙、登步、普陀、小长涂山、册子等岛,其中以舟山岛为最大,东西长约 45km,南北宽约 16.5km,面积 541km²,形状如舟,是全国仅次于台湾岛、海南岛、崇明岛的第四大岛。舟山群岛在大地构造上属华南地槽褶皱系浙东华夏褶皱带北端,是大陆丘陵向东北延伸的一部分。大约从第四纪末开始,大陆滨海下沉,海面上升,淹没大片陆上平原,原来较高的丘陵山地露出海面成为岛屿,因此均属大陆岛。群岛上基岩与浙东大陆一致,同为中生代以及其后岩浆岩类,主要有流纹岩、凝灰岩、花岗岩等。地形上以丘陵为主,一般海拔数十至 300m,顶部浑圆,坡度平缓,桃花岛上的对峙山,海拔 544.4m,为群岛最高峰。由于岛上岩层断裂发育,崩坍比较严重,许多丘陵顶部平缓而边坡陡峭。海积、海蚀现象普遍,一般在各岛屿的内(西)侧,受潮汐与波浪作用挟带泥沙的堆积作用,形成了狭窄的滨海平原,而外(东)侧由于风力强,潮汐、波浪的打击冲蚀作用强烈,则形成海蚀崖、海蚀柱、海蚀穴和海蚀台地等。舟山群岛海岸曲折,岛屿星罗棋布,海峡、水道交错,尤其是金塘山、舟山、朱家尖、六横诸岛与穿山半岛之间的海域,风浪小,底质较粗,水道深,港域宽广,为建设现代化深水大港提供了优良的港址。

4.3.5 普陀山

普陀山位于浙江杭州湾以东约 100 海里,是舟山群岛中的一个小岛。全岛面积 12.5km²,呈狭长形,南北最长处为 8.6km,东西最宽外 3.5km。最高处佛顶山,海拔约 300m。

1. 海天佛国普陀山

普陀山是全国首批确定的 44 个国家级重点风景名胜区,与五台、峨眉、九华并称为中国四大佛教名山,古人誉为"海天佛国"。它以优美的海洋景观和深厚的佛教文化蜚声海内外。

普陀山观音道场始建于唐咸通四年(公元 863 年),历朝累有兴废,鼎盛时码头香船林立,曾有三大寺、八十八庵、一百二十八茅棚,号称"五百丛林,三千僧众"。目前尚有普济、法雨、慧济三大寺和大乘、梅福、紫竹林等三十余座禅院供朝圣、观光。"南海观音"塑像,通高三十三米,佛相庄严慈祥,游人云集瞻仰。山上文物众多,有元代的多宝塔、南京明故宫拆迁来的"九龙殿"以及建于明朝万历年间的"杨枝观音碑",称为普陀山三件宝物。

普陀山的风景名胜、游览点很多,主要有普济、法雨、慧济三大寺,这是现今保存的二十多所寺庵中最大的。普济禅寺始建于宋,为山中供奉观音的主刹,建筑总面积约 11000m²。法雨禅寺始建于明,依山凭险,层层叠建,周围古木参天,极为幽静。慧济禅寺建于佛顶山上,又名佛顶山寺。

普陀山不论在哪一个景区、景点,都使人感到海阔天空。虽有海风怒号,浊浪排空,却并不使人有惊涛骇浪之感,只觉得这些异景奇观使人振奋。登山览胜,眺望碧海,一座座海岛浮在海面上,点点白帆行驶其间,景色极为动人。

普陀山主要由花岗岩和凝灰岩构成,在其发育的节理与风化作用下,形成了许多奇岩怪石。著名的有磐陀石、二龟听法石、海天佛国石等二十余处。在山海相接之处有许多石洞胜景,最著名的是潮音洞和梵音洞。岛的四周有许多沙滩,但主要的是百步沙和千步沙。千步沙是一个弧形沙滩,长约 3 里,沙细坡缓,沙面宽坦柔软,是一个优良的海水浴场。岛上树木葱郁,林幽壑美,有樟树、罗汉松、银杏、合欢等树。大樟树有 1000 余株。中有一千年古樟,树围达 6 米,荫数亩。还有一株鹅耳枥,是我国少见的珍贵树种,列为国家二等保护植物。

2. 普陀山的地貌

普陀山地质属古华夏褶皱带浙东沿海地带,形成于一亿五千万年前的侏罗—白垩纪,燕山运动晚期侵入的花岗岩构成岩石基础。其地貌因受第三纪新构造运动地壳间歇上升及第四纪冰期、间冰期海蚀作用影响,可分为山地、海蚀海积阶地、海积地、海蚀地等。

1)山地:海拔 200m 以上低山区面积约 0.24km²,占岛总面积的 2%,余为海拔 200m 以下丘陵地。坚硬的花岗岩在漫长的地质年代中经风化侵蚀,沿垂直高角度节理发育,四周山体崩塌,形成众多孤峰突兀的风景地貌。

2)海蚀、海积阶地:全岛完整地保存着五级海蚀阶地和三级海积阶地,其面积占全岛总面积 90%,其中四、五级海蚀阶地呈浑圆状,构成岛上主要山脊。

3)一级海蚀、海积阶地:海蚀阶地零星分布在岬角附近海岸,海拔 5m 左右。海积阶地分布于滨海平原、港湾间,如岛西司基湾海积平原、岛东之千步沙、百步沙等。

4)二级海蚀、海积阶地:高度 10～18m,典型见于岛东南沿岸金沙湾两侧边缘;法雨寺—龙水庵、大乘庵一带。

5)三级海蚀、海积阶地:高度 40～50m,海积阶地分布在几宝岭、金沙山—青鼓垒海岸岬角;飞沙岙、大小水浪沙湾、龙湾有完整的海积阶地,系古海湾沉积体。

6)四级海蚀阶地:高度 60～80m,环岛广泛分布,构成白华山、金沙山—青鼓垒等浑圆山脊。

7)五级海蚀阶地:相对高度为 95～140m,构成梅岑山脉主体。

8)海积地:岛四周由于水动力差异,沉积物分布不同,东北海岸水动力强,涌浪直逼滩面,沿岸以沙滩、砾石滩为主;西南海岸水动力弱,潮间带堆积大量由长江供给的淤泥,形成宽阔的泥滩。

9)沙滩:全长约 5.17km,占全岛岸线 22%,分布为岛北后岙沙、虎沙、岛东飞沙岙、千步沙、百步沙,岛南金沙等。沙质自岸向海由粗而细,潮间带以下转为泥质。

10)砾石滩:全长约 3.23km,占全岛岸线 14.3%,分布岛西北大水浪、冈墩北海岸及飞沙岙东南祥庵沿岸一带,呈带状嵌镶在海湾内。飞沙岙东南及伏龙山小山洞对面砾石滩宽 20～30m,余皆数米。砾石直径大小一般在 0.50～1.5m 间,最大可达 1.5～2m,由于涌浪、激流冲击,磨蚀成浑圆形。

11)泥滩:全长约 4.2km,占全岛总岸线 20%,分布在岛南短姑道头至风洞嘴,岛西风洞嘴至六峤山嘴等波浪潮流较弱区域,由长江口、浙江沿岸潮流中的悬浮物在波隐区回淤沉积而成。潮间带延伸宽 400～1000m,坡度 2°～3°。

12)海蚀地:潮汐、潮流、波浪作用下,形成海蚀洞穴,逐步扩大为海蚀巷道、海蚀壁龛、海蚀崖、海蚀平台,构成基岩岸线,全长 9.9km,占全岛总岸线 44%。

13)海蚀崖、海蚀平台:分布在岛四周,犹以北部、东部较发育,崖壁高十几米。说法台石、心字石等古海蚀崖比比可见,至今保存完好。海蚀平台分布在一些海积阶地边缘,岩柱壁立。

14)海蚀洞穴、海蚀巷道:分布于海蚀崖脚,由于涌浪冲击,海蚀洞穴逐渐扩大为海蚀巷道,潮音洞、梵音洞以及西方庵前的海蚀巷道均为典型代表。

4.3.6 朱家尖海岸地貌

朱家尖位于北纬 29°50′—29°57′，东经 122°50′—122°56′，是浙江东部舟山群岛 1390 个岛屿中的第五大岛，全岛面积 72km²，南北长 14.5km，东西宽 5.2km。朱家尖岛略呈 T 字形轮廓，北部宽，南部窄（见图 4-12），海岸线长 80.84km，其中基岩海岸 55.6km，淤泥质海岸 0.12km，人工海岸 16.89km，砂砾质海岸 8.23km。朱家尖海岸为典型的基岩港湾海岸，岸线呈不规则的锯齿状。

图 4-12 朱家尖海岸地貌景区分布

朱家尖以沪、杭、甬经济发达地区为依托，北望"海天佛国"普陀山，东北面为"东海极地"东极岛，西南与金庸笔下桃花岛一衣带水，西临与挪威的卑尔根港、秘鲁的卡亚俄港并称世界三大渔港之一的沈家门渔港。朱家尖国家级风景名胜区位于浙江省舟山群岛东南部，与相距 1.35 海里的"海天佛国"普陀山并称普陀山国家级重点风景名胜区，是舟山群岛核心旅游区"舟山旅游金三角"的重要组成部分。

朱家尖与舟山建有一座跨海大桥，形成了一个与大陆相连的岛屿。北距普陀山 2.5km，与沈家门半升洞码头间隔 1km,交通便利。

朱家尖岛在古时称为马秦山,唐时称顶岸山,宋时又称北沙山,观音传奇故事中称佛渡岛,又叫福心山、福心岛。直到明朝才有"朱家尖"这个名称。据民间传说,因岛的东南部有一座海拔 378.2m 的大青山,当年大青山北山腰有朱姓人家居住,所以远近居民都称此山为"朱家大山",岛也由此而得名。

朱家尖的海岸地貌极具代表性,集沙景、石景、海景、佛景于一体(见图 4-12)。位于朱家尖东部海滨的樟州湾一带由北向南分布了一系列风景优美的砾滩、沙滩、礁岩岩岸景观,形成浑然天成的景色,让人目不暇接。

朱家尖岛上基岩主要由侏罗系晚期的凝灰岩和燕山晚期的花岗岩组成。凝灰岩多出露于海岛中部,花岗岩主要分布在大乌石塘北部及岛屿最南端,在沿海各岬角处也有零星分布,北部为粗粒酸性花岗岩,南部为中细粒碱性花岗岩。地质构造线呈 NE 向。

1. 白山的钾长花岗岩及其球状风化地貌

白山景区是朱家尖最为典型的钾长花岗岩球状风化地形,景区总面积 7.2km²,山峦起伏,石景满山。

进白山,抬头便见在一处绝壁上的一尊高 69m、宽 30m 的观音壁画,这幅 2002 年绘就的壁画现在已经成了白山的标志。然而,构成白山的钾长花岗岩体侵入于燕山晚期,距今已 100～80Ma。

白山的石,需要细品。白山花岗岩发育三组原生节理,受地表风化的影响,形成了巨大岩块,或危岩孤立,或奇石层叠,有的平坦方正,有的突兀无规,如刀削斧劈,若悬空欲坠。从不同的角度看,会有不同的形状。伏虎石、千丈崖、卧龟盼飞石、八戒望海、清凉洞、木鱼石、灵鹫峰、济公石、寿龟石、灵蛙石、孤帆石、棋盘石、卧佛石、大象迎宾石、罗汉峰、仙女峰等,人们通过想象把白山的石景展现得活灵活现。

白山还有一种滚石型地貌,在重力作用下,这些巨大的岩块脱离基岩,经过一定距离滚动或搬运,堆积为具有不同外貌的石景,如白山的"蜗牛石"。

白山石景的精华在天缝台。天缝台海拔 83.5m,峰顶由六七块形状不一的巨石组成一个高大、神奇的巨石群。石与石之间又有大小不等的裂缝,形成了"试剑石"、"剑劈石",其石一分为二,断口平直,似剑劈,实为一组节理,气势十分壮观,人能在缝隙中穿梭往来。所谓"天缝"就是其中一条长 13m、高 5m、宽仅 25～40cm 的大裂缝,仅容一人侧身而过。

是一种什么力量让这几块浑然天成的巨石拼叠在峰顶?

白山的石景多是由圆润的大块球状风化花岗岩块组合而成,整座山仿佛是由天上撒落的巨石珍珠点缀其中。地质上,白山由钾长花岗岩组成,岩石呈灰白色,"白山"也由此得名。燕山运动晚期,受太平洋板块向欧亚板块的俯冲,地下深处的岩浆因为受到强有力的挤压而上侵,形成了钾长花岗岩,这一侵入活动发生于白垩纪中期,距今 100～70Ma,同时发生了褶皱隆起,成为绵亘的山脉。隆起的高山发生了风化侵蚀,剥去表层,裸露了原来在深处的钾长花岗岩。又经过"雨水侵蚀"、"球状风化"让白山有了"天撒的珍珠"。

白山花岗岩发育密集的水平节理和垂直节理。在各种物理、化学和生物风化作用下,岩石在原地发生崩解,棱角突出的地方最易风化,故棱角逐渐缩减,最终趋向球形,这就是花岗岩的球状风化。原本一大块的花岗岩节理块,被崩解成圆润岩石。同时,原来高处的岩石剥落后,堆积在一起。白山的这些奇岩怪石、奇洞异缝完全是出自大自然的鬼斧神工,令人叫绝。

2. 乌石塘砾石滩

朱家尖樟州湾有两条乌石塘,北侧一条长500m、宽近百米、高约5m,叫大乌石塘。南侧一条在朱家尖大山南麓,长350m、宽100m、高约3m,称为小乌石塘。两条横卧着的海塘,全由乌黑发亮的鹅卵石自然倚坡斜垒而成,气势庞大。

民间传说乌石塘是乌龙的鳞甲。东海龙王的三太子,一身乌黑,有一次遇到危险被渔民所救,为报答渔民,小乌龙就横卧在沿岸,年长月久,片片龙鳞也就化作了乌石子。

冬日阳光中,坐在塘中,望着樟州湾里停泊的渔船,耳边传来的是特殊的"乌石潮音":"沙啦啦……呜"的声响,恰如天籁梵音,比起沙滩的潮水轰鸣,显得冷静而神秘。夜晚,躺在清凉光洁的砾石上望明月,聆潮音,遐思油然,恍入幻境,人们称此景为"乌塘潮音"。据称附近的渔民能从潮音中辨认风力的大小或天气的变化。

小如珠玑、大如鹅卵的乌石在被海水打湿后,折射出阳光的斑斓光彩,显得光洁可爱,可与南京雨花石、长江的三峡五彩石相媲美。对这一碎玉堆砌的乌石塘,清朝文学家朱绪有一首诗,描写了乌石塘的传说:"塔飞僧化岂荒唐,风雨俄惊涌石塘。天救乌龙飞不去,免教此地变沧桑。"

樟州湾两侧的山体岩石由安山岩、辉绿岩脉和花岗岩构成,它们就是乌石塘砾石滩中的三种卵石的母岩。燕山运动晚期,约100Ma前侵入的基性岩体和酸性岩体,虽然质地坚硬、纹理细密,却易风化,山体岩石在海浪的冲击下,不断碎裂,成为大小不一的石块落入海中,这些碎石相差悬殊,极不规则,棱角分明。但它们在海浪和潮汐的长期作用下,石块互相摩擦碰撞,棱角被逐渐磨蚀而呈浑圆状,一些个小的石块就被冲到樟州湾的海岸堆积起来,组成了卵石海岸(见图4-13)。

图4-13 朱家尖小乌石滩及其砾石(右下角插图)

为什么乌石海滩唯独出现在樟州湾,而朱家尖的其他海滩却都是沙滩呢?其实,这与海滩的坡度有关,乌石塘的海滩很陡,不像沙滩那样平缓。海浪带来的细小沉积物不可能在陡坡上沉积下来,而只能沉积一些颗粒较大的砾石。通常,海滩的坡度越大,沉积的颗粒就越大,所以坡度最小的形成泥涂,沙滩次之,而坡度大的则形成砾滩(颗粒＞2mm)。

大乌石塘和小乌石塘砾石滩湾顶大潮高潮线以上才有砾石分布。砾石堤背后是一片山前冲积平原,两侧都有较高的海蚀崖,两个砾石滩之间的岬角主要为凝灰岩,并伴有少量的花岗岩和辉长岩。两个砾石滩砾石的岩性组成一致。砾石堤宽20m,呈阶梯状向海方向递降,至低潮位高差达8m以上。大乌石塘纵深长度约2.5km,宽度约0.8～1.2km;小乌石塘砾石滩纵深长度约0.8km,宽约0.3～0.4km。在这一U形海湾中,被带进来的砾石,再要出去就很难了。所以,以灰黑色、绿黑色为主的中基性岩砾石,便在这里堆积成了乌石砾滩。

大乌石塘砾石堤顶部高出大潮线3m,堤顶宽度较大,整个砾石滩的平均坡度约为10°～20°,最大可达到62°;小乌石塘砾石海滩长度略小,约为400m,海滩平均宽度40～50m,堤顶高出大潮线2m多,整个砾石滩的平均坡度约为10°～11°,最大为25°。两个砾石滩的大潮线、高潮线附近都有陡坎,在大潮高潮线以上的砾石堤上有滩脊沟槽体系。风暴是塑造砾石海滩的动力。一次大的台风海浪可以将直径1m的巨石从低潮线下部搬运至潮间带,将5～10cm的砾石抛到8m高的砾石堤顶部。

砾石海滩是波浪作用下形成的海岸地貌类型。王爱军等人(2004)对乌石塘砾石滩沉积物的1735个砾石样品进行了粒度和颗粒形态分析,砾石滩沉积物平均粒径介于$\Phi=-4.5$～-6.45^*,小乌石塘砾石平均粒径大于大乌石塘。横向上,两个砾石滩的砾石平均粒径由陆向海递减,但在大潮低潮线附近又增大,分选变好,潮间带砾石球度较海滩上部及下部低,海滩砾石的扁长度及杆状程度由砾石堤顶部向海方向递增。纵向上,大乌石塘砾石滩由湾顶向南北两个方向砾石平均粒径递减,分选变好,砾石球度降低,杆状程度提高;小乌石塘砾石滩由海滩南部向北砾石平均粒径递减,分选变好而后变差,海滩砾石球度减小,扁长度及杆状程度提高,但其变化幅度小于大乌石塘。

两个乌石塘的海滩砾石均来自港湾两侧岬角侵蚀下来的基岩,它们均为由南向北发生搬运,搬运距离不长,揭示了海浪风暴对砾石的磨蚀和搬运作用在朱家尖砾石滩的形成与演化过程中起着重要的作用。

3. 礁石:海蚀风情情人岛

位于朱家尖岛中部东侧的情人岛,原名后门山,呈人字形,北西—东南向展布,长千余米,距南沙与东沙之间的岬角约百米,退潮时可涉足通过。情人岛面积只有0.2 km²。

情人岛四周均是礁石海岸,属于典型的海岸侵蚀地貌,发育了众多的崖、洞、穴的岬角和台地,不仅有巍峨巨石,还有曲径幽洞、嶙峋怪石。

塑造海岸侵蚀地貌的主要动力因素是波浪和潮流,情人岛上的海岸多是结构致密、坚硬的花岗岩,抗侵蚀能力较强,但因花岗岩天然的裂隙和节理发育,在海浪的冲击和侵蚀下,多形成海蚀洞、海蚀拱、海蚀柱、海蚀崖。

情人岛最著名的"龙洞""出水蛟龙"和"落鹰峰"分别是海蚀洞、海蚀柱和海蚀崖。

---

*　Φ值为粒度分析时常用的粒径表示方法。它与颗粒直径D(以毫米为单位)之间有:$\Phi=-\log_2 D$。D值越大,Φ值越小;$D>1mm$时,Φ为负值。$\Phi=-6$时,$D=64mm$;$\Phi=-4$时,$D=16mm$。

海蚀洞是由于海岸受波浪及其挟带岩屑的冲击、掏蚀所形成的洞穴。水位的升降,岩壁的干、湿变化加剧了岩石的风化作用,有助于海浪的掏蚀作用。情人岛的"龙洞"宽有 8m,高 20m,深达 100m,绝壁相持如门,如刀劈斧削,洞内深邃幽静,洞壁嵌满了海螺贝壳。涨潮时,海水淹没洞府,洞外浪涛滚滚;退潮后,洞内干如陆地,怪石嶙峋。

而海蚀柱是在海蚀洞的基础上发展而来的。由于海浪的继续作用,岬角两侧的海蚀洞可以被蚀穿贯通,形成顶板呈拱形的海蚀拱桥,海蚀拱桥进一步受到海浪侵蚀,顶板的岩体坍陷,残留的岩体与海岸分隔开来后峭然挺拔于岩滩之上,就成了海蚀柱。"出水蛟龙"就是一条罕见的海蚀柱,出露海面的礁石有明显的龙头、龙身,龙睛、龙唇、龙角、龙颈,惟妙惟肖。

情人岛尽头的"落鹰峰"则是一处海蚀崖。海蚀崖是因为海蚀洞被拍岸浪不断冲蚀扩大,使凹槽以上的岩石悬空,波浪继续作用,使悬空岩石崩坠,促使海岸步步后退,而成为陡壁,形成了悬崖状海岸。

在岸壁基部与海平面的接触带,因受波浪的频频冲击而形成沿水平方向展布的凹穴,为海蚀凹槽。海蚀凹槽的一般特点是凹槽深度大于高度,深达岩石内部,常沿岩石的构造破裂面优势发育,开口朝海,外宽内窄,槽底缓缓倾向海洋。

沿着情人岛的环岛小路行走,几乎是一步一景,海浪拍打着礁石掀起层层浪花,形态各异的礁石让人无限遐想,海天一色的美景令人兴奋。

在里沙与千沙之间的岬角突出处的鸡冠礁,石柱矗立,波切台时而被潮水淹没,时而显露,岸边海蚀崖陡峻(见图 4-14),形成了十分典型的海蚀地貌景观,让人流连忘返。

图 4-14　朱家尖鸡冠礁海蚀地貌

4. 十里金沙滩

十里金沙由东海岸南段自北而南排列着东沙、南沙、千沙、里沙和青沙等 5 个金色缎带般的沙滩组成(见图 4-12 和图 4-15),它们首尾相连,气势恢宏,情趣盎然。沙滩总长 6300m,面积 1.44km²,沙滩坡度 2°~5°,绵延在岛东北至东南海岸。它和嵊泗列岛的基湖、南长涂沙滩一样,都为全国罕见的沙群组景。

十里金沙的沙滩,有岬角卫护,独立成景,一个接一个,组成庞大的链状沙滩群,滩平沙细,各沙滩之间常夹有风光秀丽、独立成景的多座岬角。滩外碧波荡漾,水天一色,美不胜收。特别是南沙,滩平如镜,沙质细软,赤足踏浪逐潮,如履苔绸,凉爽适意,是游泳、冲浪地最佳场所。国际沙雕节就在这里举行,并辟有游客沙雕创作区。

朱家尖的海滨沙滩的陆上分布大片的花岗岩出露区,由于缺乏天然屏障,在从夏至秋强劲季风和浪潮的作用下,加速了花岗岩的风化剥蚀,加上花岗岩节理发育,风化形成大量的石英、长石以及少量云母的沙粒,为海滨沙滩提供了物质基础。海湾开阔、地势相对平缓的地段,是沙粒堆积的良好场所。海湾两端有向外延伸的基岩岬角,利于风浪向湾内汇集,加大潮流进退的水动力条件。于是,花岗岩风化产物被潮流带入海湾,细小泥质黏土则被带走,细—中粒的石英、长石、云母在岸边堆积成平缓而外倾的沙滩。

图 4-15　朱家尖里沙沙滩

大潮线以上为砾滩,砾滩坡度大;潮间带为沙滩,沙滩平缓。

沙滩形成于前滨(潮间带)上部,为浪、潮高能带,粒级相对较粗。下部逐渐趋于低能带。潮间带宽 40～60m,个别达 80～300m。表层沉积物为细砂,下面为中粗砂,以至于细砾,坡面微倾于东海,坡度通常在 1.2°～2.0°,沙层厚度数厘米至数十厘米,细砂下面是细砾,粗砂夹中砂互层,呈微向海倾斜的单斜层理,透水性好,步行其上水不湿履。

后滨(潮上带)则由于激浪流造成沙脊、槽沟与波痕,在高潮及特大高潮期间,这些微地貌特征更为典型。由于大潮进退,滩面被周期性的潮水淹没条件下,潮水退后形成众多的冲痕、流痕、槽沟以及障碍物等。

附:朱家尖若干海岸地貌景点简介

朱家尖是我国华东地区最有活力的海岸地貌景观与海滨游览胜地之一。这里介绍若干主要景点:

龙洞

龙洞位于南沙与东沙之间的后门山崖间,潮退时可从滩前涉足而过。有大、小两洞,大的叫龙洞,小的叫蟹洞。龙洞宽 7～8m,纵深 100m 余,深邃幽渺,当地渔民称其为“天下第一洞”。在漫长的海浪、潮汐的冲刷、掏蚀下,崖岸沿节理、裂隙面崩坍后退、夷平,形成了海蚀巷道及洞穴。龙洞其实就是海蚀洞。

石门头

石门头位于大青山西南,四鼓坪西北。乘车到青山岙后,从传说由宋朝马耆禅师开出来的千年古道往上行,屈曲盘旋,经越无数奇石怪岩可到石门头。此处岩石峥嵘,中有两石壁立如门,叫"石门",入此门可以欣赏沿节理崩塌留下的危崖,故称此处为"石门头"。

碧云庵遗址

碧云庵遗址位于打鼓岭南侧。这是大青山一块平阔的山间谷地。四周环护天马、莲花、石鼓诸峰和虎头岩等峰峦崖嶂,还是观赏"青山醉雾"奇观的最佳去处。相传宋代时曾在此建碧云庵,现在尚存庵基。距庵基约百余米处的一陡峭山崖旁有一方巨岩,状若平台,可容数十人或躺或卧。据说当年马耆禅师常与好友黄鱼年、黄鹤年、张光等在此石上饮酒、赏月、赋诗。后来马耆师就是坐在此石上"入定"的。

莲花峰

莲花峰为花岗岩地貌,居大青山中心,顶峰处有白石鳞峋,与翠绿的青山掩映生辉,状如碧波中的莲花,故名。朱家尖莲花峰顶共有两处石景历来令游人流连忘返,一处略呈三角形的大石块,石块上端呈白色,像覆盖着积雪,犹似日本的富士山,故称其为"小富士山峰"。另一处高1m左右的薄岩块并排耸立,这一丛岩块,石面峋鳞尖锐,使人联想起云南的石林,故有人称其为"阿诗玛石林"。相传秦时安期生到东海求仙,曾往来于桃花岛和朱家尖之间,并一度在大青山居洞炼丹。大青山主要景观景点有青山醉雾、石门头、云德泉、老虎岩、弥岩瀑布、抗倭石堡遗址、安期洞、歇轿岩,飞来石、风动石、莲花峰、喷水洞和青山角等。

仙女台

仙女台位于仙女峰巅西侧的石崖上,它是一个凌空平长出一截薄薄的板石,此石长8m,宽3m余,厚约30~50cm,状似游泳池上的跳水台,故称"跳板石",又称"仙女台"。

喷泉洞

喷泉洞又称喷水洞,位于大青山。每当风暴潮侵袭,波涛汹涌入洞,碰击洞壁,海潮在洞壁间回旋翻滚,轰隆隆作响,声传数里,气势十分壮观。洞顶有小洞,入洞的浪潮前涌后推,至此往洞顶激发喷出碗口粗的水柱,犹如"蛟龙出水",腾空飞起,有时可高达30m余,尔后水柱飞散,犹如天女散花,纷纷扬扬,洒落满天水沫。如遇晴天,在日光下呈现七彩霓虹,光耀灿烂,出现"蛟龙吞潮喷水"般的壮丽奇景,常令游人惊心动魄,目眩神迷,堪称朱家尖旅游景观的一绝。喷泉洞是一个具有特色的海蚀洞。

打鼓岭

打鼓岭在大青山石门峰后,又叫石鼓岭,传说因岭上有石如鼓,击之有声得名。由石门头绕过石门峰,只见四面群峰横空,层峦叠嶂。左侧陡峭的山巅上矗立着一座花岗岩形成的石台,台长约50m,宽约40m,高4~20m,参差不齐。据称这里是当年明军抗击倭寇的石堡遗址。打鼓岭为沿花岗岩三组原生节理崩塌留下阶梯状平台。

千沙沙滩

千沙沙滩长1200m,宽约170m,沙滩质地优越,平坦松软,沙粒纯净细腻,沙滩平缓坡度较小,为朱家尖东南海岸七大沙滩之一。七大沙滩总长6300余米,总面积1.44km²,占浙江全省沙滩总面积的四分之一,水深小于2m的浅海有1640万m²,最远处离海岸远达千米。水温高,夏季水温可达23.2~24.4℃,海水含沙量低,夏季仅为35.8~44.8g/m³,水质洁净,适宜开展各项海滨活动,为一典型的海积地貌。

南沙沙滩

南沙沙滩是朱家尖最著名的"十里金沙"中最美丽的一个区域,舟山国际沙雕艺术节就是在这里举行的。这里设有"海滨浴场"、"水上滑板"、"水上摩托"、"快艇牵引伞"、"沙滩排球"、"骑马"、"垂钓"等娱乐项目。沙滩质地优越,沙粒纯净细腻,沙滩平缓坡度小,名冠朱家尖七大沙滩之首。

里沙沙滩

里沙沙滩又称呑沙,位于里岙村前,滩长约 730m,宽约 170m,沙滩质地优越,沙粒纯净细腻,沙滩平缓坡度小。

青沙沙滩

青沙沙滩长约 500m,宽约 135m,东侧是大青山,滩在山之影映中,时染青色,故名。沙滩质地优越,沙粒纯净细腻,沙滩平缓坡度小,是一处优良的海滨浴场。

第5章　杭州及邻区地学实习路线及作业要求

5.1　路线一　六和塔—白塔山

1. 观察路线

由六和塔下,沿公路向东至钱塘江大桥,再由大桥北沿铁路路堑边坡向北到路堑东端尽头。

2. 实习内容

(1)掌握地质罗盘的使用及测量岩层产状要素和地形地物方位的方法。

(2)认识志留系上统唐家坞组、泥盆系上统西湖组、泥盆系上统珠藏坞组、石炭系下统叶家塘组地层。

3. 观察点

(1)在六和塔附近观察唐家坞组中下部岩性特征,测量岩层产状。

(2)大桥北路堑南端观察唐家坞组上部岩性特征,测量岩层产状,同时观察岩层中发育的断层擦痕等现象。注意层面与节理面的区分。

(3)第二观察点北150m处观察西湖组底部的岩性特征及其与唐家坞组的接触关系,注意二者的差别和变化,测量两组地层的岩层产状。注意西湖组与唐家坞组触带附近的地形地貌特征。

(4)从铁路扳道房东北150m起观察西湖组中上部的岩性特征,在页岩夹层中找化石,测量岩层产状。

(5)在离铁路扳道房约300m处观察珠藏坞组的岩性特征及其与西湖组的接触关系;观察珠藏坞组中砂岩的交错层理,正断层、劈理等现象,测量两组地层的岩层产状。

(6)在路堑东端尽头观察叶家塘组底部的石英砂砾岩及其同珠藏坞组的接触关系;测量两组地层的岩层产状;测量玉皇山、将台山的方位,在地形图上定点。

4. 作业

(1)阐述岩层产状要素的测量方法和体会。

(2)记录并整理各时代层的岩性特征。

(3)绘制白塔山铁路路堑边坡信手地质剖面图。

(4)采集和整理代表性的地层岩石标本。

5.2　路线二　六和塔—九溪—杨梅岭

1. 观察路线

由六和塔下沿公路向西至九溪汽车站,再沿九溪十八涧往北到杨梅岭。

2. 观察内容

(1)掌握地质罗盘的使用及测量岩层产状要素和地形地物方位的方法。

(2)观察永久性河流与暂时性河流的侵蚀与堆积现象。

(3)认识志留系上统唐家坞组和泥盆系上统西湖组地层。

3. 观察点

由于高速铁路的建设,路线一沿铁路路堑被封闭,路线一的观察会受到铁路管理而不能进入。建议沿九溪公交站—九溪—杨梅岭路线观察唐家坞组和西湖组剖面。

(1)六和塔至九溪汽车站一带,观察钱塘江转折处的凹岸侵蚀与凸岸堆积现象。

(2)观察钱塘江"之"字形河曲,并讨论侧向侵蚀作用。

钱塘江自闻家堰以上,因受两岸坚硬岩石的约束,江道弯曲甚小。当向下游奔流过闻家堰进入平原时,江流和潮汐的侧向侵蚀作用强烈,所以在不断地侧蚀六和塔屹立的凹岸岸边基岩,而在江对岸(凸岸)滩地处堆积侵蚀冲刷物,这一作用造成凹岸渐渐后退,凸岸相应前进,最终致使江道越来越弯曲,形成"之"字形河道。

(3)在六和塔附近观察唐家坞组中下部岩性特征,测量岩层产状。

(4)九溪十八涧往北山涧两侧,观察唐家坞组上部岩性特征。

(5)在九溪十八涧至杨梅岭路上,沿途观察唐家坞组岩性与颜色的变化。

(6)距杨梅岭南面约500m的小山坳,观察唐家坞组与西湖组的界线,并比较两者岩性的差别。

(7)观察与描述西湖组底部的特征。在近杨梅岭村附近,观察西湖组的层理及砾石排列,说明其层理类型。

(8)九溪十八涧蜿蜒曲折,观察间隙性、季节性流水对小溪两岸的侵蚀与堆积作用,说明第四系全新统冲积层组成的河漫滩及河床微地貌特征。

4. 作业

(1)阐述岩层产状要素的测量方法和体会。

(2)记录并整理各时代层的岩性特征。

(3)绘制九溪公交站—九溪—杨梅岭路线地质剖面。

(4)采集和整理代表性的地层岩石标本。

(5)理解水流地质作用形成的凹岸侵蚀与凸岸堆积现象。

(6)钱江一桥选址的地理、地质依据是什么？

5.3　路线三　九曜山—南屏山

1．观察路线

由青龙山与九曜山之间的虎跑路地形高点处，沿山路上九曜山；至山顶后循山脊向东北到南屏山；然后下到玉清溪中折向西南至九曜山东南坡采石场。

2．观察内容

(1)认识石炭系中统黄龙组、上统船山组，二叠系下统栖霞组和茅口组灰岩地层的岩性和主要化石。

(2)认识与山脊直交的横断层发育特征。

(3)认识浅成侵入体安山玢岩岩墙的侵入作用及其岩性特征。

3．观察点

(1)登山后在近山麓缓坡带观察黄龙组上段石灰岩的岩性特征，找化石，测量岩层产状。

(2)在半山腰地形坡度明显变陡处附近起(约距虎跑路平距200m)观察船山组石灰岩之岩性特征及岩石表面的𬯎科化石；继而后退追索其与黄龙组的界线，观察接触关系，分别测量岩层产状；在地形图上定界线点。然后继续上山，途中注意观察船山球和化石种属的变化及石芽、溶沟等岩溶地貌现象。

(3)近山顶处观察栖霞组下部的岩性特点及古生物化石，确定其与船山组的界线、接触关系、定界线点等，注意其中的黑色燧石的特点与分布规律，测量相应的岩层产状。

(4)沿山脊注意观察与山脊近于直交的横断层；至南屏山东南坡观察茅口组的岩层与岩性特征。

(5)九曜山东南坡采石场观察采石场后壁沿张断裂贯入的岩墙(安山玢岩脉)；在采场西南端观察断层角砾石，并在地形图上定点。

4．作业

(1)记录并整理各时代地层的岩性特征，列表对比石炭二叠系各组灰岩的鉴别标志。

(2)绘制九曜山中石炭统——下二叠统的路线地质剖面。

(3)绘制安山玢岩岩墙素描图。

(4)采集整理地层岩石和化石标本。

(5)观察与描述安山玢岩的岩性特征。

5.4　路线四　八卦田—紫来洞—玉皇山顶—梯云岭

1. 观察路线

从八卦田到马儿山,后经白云庵,沿玉皇山东南坡石阶路登山至紫来洞;再从洞北背坡方向循盘山公路上行到福星观(玉皇山顶);继而从玉皇后山石阶路下山,至公路后循公路下行,途中拐小路去梯云岭,直到九曜山脚。

2. 观察内容

(1)认识石炭系下统叶家塘组中上部的岩性特征;进一步熟悉黄龙组、船山组、栖霞组地层。

(2)观察玉皇山倾伏向斜和梯云岭纵断层等构造现象。

(3)观察紫来洞洞穴喀斯特地质现象。

(4)远眺钱塘江的"之"字形转折河曲。

3. 观察点

(1)八卦田旁马儿山剖面观察叶家塘组中上段岩性矿物成分和原生构造,了解其地质意义;测量地层产状,并草测露头地质剖面。

(2)白云庵附近分别观察黄龙组上部和船山组下部地层及其接触关系,测量岩层产状;上山途中,测若干岩层产状,并注意船山球出现的位置。在白云庵后灰岩露头,寻找䗴科化石,以确定黄龙组灰岩。

(3)紫来洞:进一步观察船山组顶部与栖霞组底部的岩性及其接触关系,注意洞口附近的薄层硅质岩;观察紫来洞的发育及石钟乳等洞穴堆积;注意在洞内观察燧石结核顺层面分布的现象。紫来洞口沿台阶而下洞内,观察洞壁出露的方解石结晶体,分析其与紫来洞发育与形成的关系。

(4)涌碧亭南约 50m 处确定玉皇山向斜北西翼中栖霞组与船山组的界线,测量岩层产状,在地形图上定点。注意以下几点:①与处在向斜南东翼上的紫来洞口所见加以对比,可以薄层硅质岩作标志层确认向斜构造的存在;②后退约 25m 确定向斜轴的位置,并在地形图上定点:可以发现其恰在正对福星观的洼沟中,表明此洼沟具向斜谷性质;③在紫来洞站牌附近观察断层擦痕,判断两盘运动方向,分析断层性质及与向斜褶曲的关系。

(5)在福星观附近追索向斜转折端附近栖霞组与船山组的界线,观察转折端处岩层张断破碎现象;根据转折端两边从涌碧亭起直至福星观东南岩层产状的变化,观察倾伏向斜的内倾转折现象,观察中注意区分层面与节理面。

(6)登上玉皇山顶,朝南东方向远眺钱塘江呈"之"字形态,似一条银带环抱杭州城区,进一步体会之江的含义,并理解河曲和河流地质作用的特点。

(7)在玉皇山西北坡坡脚下圈盘山公路边坡上,观察太婆岭断层的断层角砾岩带。

(8)梯云岭上观察叶家塘组地层,测量岩层产状,并注意与八卦田处所见岩性对比,进一步确认向斜构造的存在。

（9）九曜山东南坡麓观察梯云岭断层，根据地层缺失，老地层直接盖在新地层上，栖霞组灰岩强烈硅化和重结晶、沟谷与山垭口地貌等现象确定断层的存在和性质；测量断层两盘的地层产状，在地形图上定点。

4. 作业

（1）记录整理各观察点上的地质现象。

（2）绘制玉皇山向斜路线地质剖面图、八卦田叶家塘组露头剖面图及梯云岭断层剖面图。

（3）阐述玉皇山向斜的发育特点，并说明向斜构造的判识依据，分析紫来洞洞穴分阶分层的成因和地质意义。

（4）阐述判定梯云岭断层及其性质的依据；根据梯云岭上断层点的位置和九曜山采石场下断层角砾岩位置在地形图上量算该断层走向，并分析断层面倾向。

（5）采集整理叶家塘组岩石标本和黄龙组、船山组、栖霞组灰岩地层的化石标本。

5.5　路线五　万松岭书院—九华山—凤凰山—桃花山—南星桥

1. 观察路线

从凤山门沿万松岭路至孔庙，再从西侧石阶路上九华山，经凤凰山鞍部到将台山，沿将台山东南坡向南绕过栖云山至桃花山、炮台山达南星桥采石场。

2. 观察内容

（1）进一步熟悉唐家坞组、西湖组、珠藏坞组、叶家塘组、船山组、栖霞组、茅口组地层。
（2）观察凤凰山背斜、将台山向斜、桃花山向斜、于子三墓断层、桃花山断层等构造现象。
（3）观察循桃花山向斜轴部侵入的霏细斑岩岩脉及围岩的硅化和挤压破碎现象。

3. 观察点

（1）万松岭路防空洞口观察凤凰山背斜的核部倾伏端，测量其两翼及倾伏端的西湖组石英砂岩产状，判别背斜性质和枢纽倾伏方向。

（2）孔庙口东 100m 左右至孔庙间观察珠藏坞组地层及发育于该地层中的滑坡现象、测量岩层产状，观察万松岭平移断层。

（3）孔庙神像附近观察于子三墓断层，测量西坡的栖霞灰岩产状；观察断层破碎带的碎裂岩；根据岩层接触关系及凤凰山背斜的褶曲特点分析断层性质，绘制断层剖面示意图。

（4）凤凰山鞍部观察西湖组仰冲到茅口组之上的断层接触现象，进一步认识于子三墓断层的特点。

（5）在将台山东北坡"国立浙江大学"界碑附近观察太祖湾横断层造成的栖霞组灰岩产状不协调现象，远眺太祖湾靶场后壁于子三墓断层呈现出的西湖组冲伏到栖霞组之上十分醒目的断层接触景象,绘断层素描图。

(6)在将台山与栖霞山之间垭口观察于子三墓断层呈西湖组冲伏到船山组之上的现象及船山灰岩中发育的大型石芽喀斯特地貌等。

(7)在桃花山观察桃花山向斜的发育;循向斜核部断裂贯入的霏细岩岩脉围岩中出现的硅化、断层角砾岩等现象。

(8)在南星桥采石场观察唐家坞组和西湖组地层以及层面上出现的 X 型节理、钱塘江大断裂的发育等,分析 X 型节理与断裂间的力学原理。

4. 作业

(1)记录整理各观察点上的地质现象。
(2)绘制万松岭路路线地质剖面图、孔庙和于子三墓断层剖面图。
(3)阐述凤凰山背斜和于子三墓断层的发育特点及二者的关系。

5.6　路线六　四眼井—南高峰—翁家山—龙井

1. 观察路线

从四眼井沿满觉陇公路到石屋洞和水乐洞,再经半亭至烟霞洞,然后过千人洞上南高峰;继由南高峰经狮子崖下山到翁家山村,循公路达龙井。

2. 观察内容

(1)青龙山背斜和南高峰向斜的发育特点。
(2)烟霞三洞的喀斯特地质现象。

3. 观察点

(1)石屋洞东 250m 机埠附近的公路旁,观察青龙山背斜核部,注意叶家塘组石英砂岩中的褶曲和挤压破碎现象;测量其两翼及倾伏端的地层产状,分析褶曲特点和性质;绘背斜露头素描图。
(2)观察石屋洞洞穴发育的层位和特点。
(3)观察水乐洞洞穴发育层位,测量岩层产状及洞穴走向;估测洞穴形态要素;注意洞顶的断层角砾岩,分析洞穴发育与构造的关系;观察石钟乳,地下暗河及洞口地下暗河堆积物等现象。
(4)观察烟霞洞洞穴发育的层位,测量岩层产状及洞穴走向;估测洞穴形态要素;观察洞顶断层角砾岩及其与洞体形态的关系;观察石钟乳、石柱的发育等;绘制洞穴平面图和剖面图。
(5)观察千人洞洞穴发育层位及形成规模,测量岩层产状;观察洞口的方解石层,分析其与洞穴的关系。
(6)在南高峰顶观察栖霞组和茅口组灰岩段之岩性,测量地层产状;俯瞰西湖、环眺群山,认识西湖山区的构造地貌格局;观察峰顶东北方的喀斯特漏斗地貌等。

(7)在狮子崖旁观察栖霞灰岩岩性及其中的喀斯特现象发育特点;认识单面山构造及其逆向坡的重力崩坍现象,注意同千人洞下方巨大的崩坠岩块相联系;在崖壁西端观察构造透镜体等。

(8)从翁家山至龙井,连续观察栖霞组、船山组、黄龙组地层,查明各组分界位置,并分别在地形图上定点,测量地层产状;同时注意观察途中出露的其他地层、古生物现象和构造现象。

4. 作业

(1)记录整理各观察点的地质现象。
(2)阐述青龙山背斜和南高峰向斜的发育特点。
(3)说明石屋洞、水乐洞、烟霞洞和千人洞的形成原因。
(4)绘制青龙山背斜核部素描图、烟霞洞的平面图和剖面图。

5.7　路线七　龙井寺—棋盘山—飞来峰

1. 观察路线

从龙井寺寺后石阶路上棋盘山,再由中天竺溪下至中天竺,然后经法镜寺翻过飞来峰到冷泉,沿飞来峰北西麓经一线天到玉乳洞。

2. 观察内容

(1)观察棋盘山背斜、飞来峰向斜的发育特点,观察玉乳洞、青林洞的特点,发育层位和构造部位。

(2)观察龙井断层、青草台断层、棋盘山断层、天马山断层及天喜山断层。

(3)观察龙井泉、冷泉、一线天、玉乳洞、青林洞,并讨论其形成机理。

3. 观察点

(1)在南天竺南约100m处观察英安玢岩脉。

(2)在龙井寺观察龙井泉出露部位,测量围岩产状,分析龙井泉及其"分水线"的成因;观察龙井断层,根据层位关系和分支张断裂判断两盘移动方向,绘制断层平面图。

(3)在棋盘山东南坡山脊下方观察青草台断层之叶家塘组冲伏到船山灰岩上及叶家塘组地层倒转现象,并在地形图上定点;在山脊上观察棋盘山断层之破碎带及强烈硅化现象;在北坡山脊制高点处远眺天马山背斜核部西湖组石英砂岩层的弯曲及冲断现象,注意用望远镜观察岩块中的次级破裂面,以判断天马山断层性质;绘天马山冲断层素描图;测量岩层产状。

(4)在中天竺溪沟中连续测量岩层产状,根据产状变化规律认识棋盘山背斜的发育特点,并绘路线信手地质剖面图。

（5）在法镜寺后飞来峰东南坡下，观察天喜山断层之叶家塘组直接同船山组灰岩接触的现象；测量船山组灰岩的岩层产状；分析断层性质。

（6）在冷泉"石角"及翠微亭下观察飞来峰西北坡之岩性，测量岩层产状，注意从冷泉西南起到"听水"泉，岩层从西南扬起逐渐趋于近水平的变化。观察冷泉的发育及其与节理构造的关系。

（7）从一线天至青林洞循洞内游览步道观察玉乳洞、一线天中各洞穴的发育特点，系统测量岩层和节理产状，认识洞穴（包括暗洞）发育与构造的关系。

4. 作业

（1）记录并整理各观察点的地质现象。

（2）阐述棋盘山背斜和飞来峰向斜的发育特点。

（3）阐述喀斯特洞穴发育及喀斯特泉形成与地质构造的关系（以玉乳洞和龙井泉、冷泉为例）。

（4）绘制龙井断层平面图、飞来峰向斜的纵、横剖面图。

5.8　路线八　老东岳—北高峰—韬光—灵隐

1. 观察路线

由老东岳登北高峰，经韬光寺下巢枸坞到灵隐。

2. 观察内容

（1）认识志留系中统康山组的岩性特征，进一步熟悉唐家坞组、西湖组、珠藏坞组地层。

（2）观察北高峰单斜及韬光断层等构造现象。

3. 观察点

（1）老东岳南丘岗中观察康山组岩性，测量岩层产状。

（2）在半山腰地形坡度明显变陡处附近，观察康山组与唐家坞组的接触关系，分别测量岩层产状，并在地形图上定界线点。

（3）在北高峰与美人峰之间的山垭口处观察横断层造成的石英砂岩强烈破碎、硅化及山脊错开现象；在东南坡下确定唐家坞组与西湖组的界线，测量两组地层的岩层产状。注意西湖组地层中的岩层倒转现象。

（4）在韬光寺观察金莲池泉水的形成；在下方沟中观察韬光断层的断层面，注意断层擦痕、阶坎及下盘紫红色泥岩透镜体、挤压片理等现象，测量断层面产状及擦痕线方向、擦痕线俯角等要素；确定断层两盘的运动方向。

4. 作业

（1）记录整理各观察点地质现象。

（2）绘制北高峰单斜路线地质剖面图、韬光断层平面、剖面图。

（3）采集整理康山组岩石标本。

5.9 路线九 黄龙洞—葛岭—宝石山

1. 观察路线

由黄龙洞山门外西侧石阶路至金鼓洞，然后从洞南沿山脊小路登顶，拐经老虎洞、栖霞洞至紫云洞，继从紫云胜境去初阳台、葛庙达保俶塔。

2. 观察内容

（1）认识侏罗系上统黄尖组（J_3h）火山岩系的岩性特征，了解断层面（带）的一些识别标志。

（2）观察金鼓洞、老虎洞和紫云洞的发育特点，以及紫云洞断层特征。

（3）认识火山喷发间隙期的沉积岩层，讨论火山喷发的多阶段性。

（4）观察西湖在群山中的位置，分析西湖形成的地质背景及发育演化过程。

3. 观察点

（1）在金鼓洞观察第二喷发旋回下部弱熔结角砾凝灰岩的岩性，测量面理产状。

（2）在栖霞洞观察第二喷发旋回中部晶屑凝灰岩的岩性特征，注意其与沉积岩和熔岩的区别，测量产状。

（3）在老虎洞观察顶底板的岩性特征，测量其产状，并与紫云洞顶板岩性对比。

（4）在紫云洞观察第二喷发旋回上部火山灰流相强熔结凝灰岩，注意"云崖"旁开凿面上的焰舌状假流动构造，测量其产状；在前厅观察洞体顶板下片理化的断层泥，结合老虎洞、栖霞洞的特点，认识紫云洞断层的性质，测量断层面的产状；在洞口观察紫云洞断层被一组小型正断层错断之现象。绘制相应素描图；认识紫云洞的性质和成因。

（5）在紫云胜境南侧观察第三喷发旋回底部的凝灰质砂砾岩，注意早期火山碎屑遭搬运磨圆及沉积韵律、斜层理、粒序层理等现象，测量层面产状。

（6）在初阳台观察第三喷发旋回中部含碧玉熔结角砾凝灰岩的岩性特征，注意往葛庙方向假流动理愈趋发育，岩石表面的流失孔、片状剥落、碧玉团块的分布特点等现象；测量面理产状。

（7）在宝石山观察第三喷发旋回上部火山灰流相具碧玉条带强熔结凝灰岩，注意碧玉的大小、密度和排列，并同葛庙处对比，绘露头素描图，测量面理产状；观察球状风化、石峡、石洞等物理风化现象。

（8）在宝石山高处，眺望西湖及其周围山体、城区平原的地形格局，认识西湖形成的地质地貌背景及发育演化过程。

4．作业

（1）记录整理侏罗系上统火山岩系的岩性及分布特点，以及火山碎屑岩的结构、构造、矿物成分和风化特征。

（2）绘制葛岭山地质剖面示意图。

（3）绘制紫云洞口小型正断层的素描图。

（4）在保俶塔来风亭旁，观察岩性、假流纹构造、赭色碧玉，测定三组节理产状，了解球状风化作用和寿星石、摇摆石的成因。

（5）讨论宝石山的火山机构发育特点和可能的火山口位置。

（6）讨论凝灰质砂岩出现的地质意义。

（7）对比紫云洞与紫来洞的地质特点及其成因类型。

（8）论述西湖形成的地质背景和发育演化过程。

（9）采集整理侏罗系上统火山岩标本。

5.10　路线十　灵栖洞天：灵泉洞—清风洞—霭云洞

1．观察路线

由灵泉洞口乘小木船进入洞厅，拾阶出洞后沿山间小路到清风洞，继而去霭云洞，最后沿山路下至灵栖洞天翠竹山庄。

2．观察内容

（1）观察地下暗河的水量、水质及水流方向。

（2）观察地下暗河两侧岸边的侵蚀与堆积现象。

（3）观察灵泉洞厅的地层产状、规模，观察右岩冲刷形成的大型涡旋、涡穴分析灵泉洞的构造位置，灵泉洞的成因及演化过程。

（4）观察清风洞内的溶岩喀斯特现象发育的特点讨论清风洞"清风徐徐"的形成机制。

（5）观察霭云洞内的崩塌巨石，以及石钟乳、石笋等喀斯特现象。

3．观察点

（1）在灵泉洞口观察地下暗河的出露、水流量；地层岩石特征及其产状。

（2）在灵泉洞暗河两侧观察地下暗河的侵蚀作用和堆积作用，沿途注意地层产状。

（3）在灵泉洞厅观察洞厅内的暗河堆积物的岩石特征，分析沉积物的来源与成因；认识灵泉洞的性质和成因；观察顶板涡穴。

（4）在清风洞观察岩石产状，对比清风洞与灵泉洞的发育特点；分析清风洞的习习清风的成因。

（5）在霭云洞观察洞厅的特点与规模，分析其成因；观察岩溶现象，分析霭云洞与清风洞发育的喀斯特现象的异同点；注意观察石柱的断裂与错位现象，分析其成因。

(6)在下山途中观察地层出露的顺序与缺失,分析马涧组紫红色砂岩与黄龙组、船山组灰岩的接触关系。

4.作业

(1)记录整理喀斯特现象的特点。

(2)绘制栖灵洞天景区的地质剖面示意图。

(3)从灵栖三洞的海拔高度,分析灵栖洞天景区形成的地质背景和发育演化过程的阶段性。

5.11 路线十一 灵栖石林

1.观察路线

由灵栖洞天寓言故事雕塑群旁游步道拾阶登小山峰,至灵栖石林。

2.观察内容

(1)认识建德灵栖地区的中石炭世黄龙组和晚石炭世船山组地层岩性特征,并与杭州西湖山区的黄龙组和船山组地层对比。

(2)观察马涧组与船山组地层接触关系。

(3)观察碳酸岩区的地面石芽、石沟、石林等喀斯特现象,分析十二生肖石的成因。

(4)观察情侣石附近的重结晶现象、地层产状的变化、地貌上的垭口,分析断裂构造的存在及其性质。

3.观察点

(1)在灵栖景区内主道边上,至寓言故事走廊,观察记录马涧组岩性,测量其产状,并注意船山组灰岩与马涧组砂砾岩的接触关系。

(2)在山坡顶观察船山组岩性,注意沿途寻找化石,测量岩层产状,并注意船山组灰岩与马涧组砂砾岩的接触关系。

(3)在十二生肖石处观察喀斯特地貌的特征。

(4)在情侣石附近观察船山组地层中的强烈破碎、挤压片理、重结晶现象;测量地层的产状,注意其走向相顶现象。尤其注意岩石破碎重结晶带两侧,船山组灰岩中的化石分布的不同。

(5)在石林迷宫观察山坳垭口与上述破碎带的关系,确定断层两盘的运动方向及其断层的性质和规模。

4.作业

(1)记录整理各观察点地质现象。

(2)描述石林地貌特征,分析其成因。

(3)绘制情侣石断层的示意图。

(4)绘制路线剖面图,说明马涧组与船山组的接触关系。

5.12　路线十二　下官山剖面马涧组与船山组不整合接触关系

1. 观察路线

由灵栖洞天至石屏,沿河边便道北上至下官山。

2. 观察内容

(1)认识下官山晚石炭世船山组地层岩性特征。
(2)观察船山组地层的岩性及其船山球等化石,并测量其产状。
(3)沿途观察岩性变化与地貌关系。
(4)观察下官山马涧组 J_2m 红色砂砾岩的矿物组成、结构构造及其产状;分析其与下伏晚石炭世船山组的接触关系。

3. 观察点

(1)下官山河沟中,出露的石灰岩中含大量船山球,确认其为晚石炭世船山组灰岩,测量其产状。
(2)沿途观察地貌的特征。
(3)在寺勘头河沟中,观察马涧组 J_2m 地层的岩性特征、结构构造;测量地层的产状。沿途观察马涧组的岩性变化。
(4)讨论 J_2m/C_3c 的接触关系,以及接触面附近的地貌特点。

4. 作业

(1)记录整理各观察点地质现象。
(2)绘制不整合关系示意图。
(3)描述不整合接触关系,并讨论地质演变历史。

5.13　路线十三　源口煤矿剖面马涧组与龙潭组不整合接触关系

1. 观察路线

由源口村沿山路上至半山腰的老煤矿采矿坑。

2. 观察内容

(1)认识龙潭组地层的特征,寻找植物化石,并测量其产状。
(2)观察 J_2m 地层岩性及其岩性变化特征,并测量其产状。

(3)观察 J_2m/P_2l 接触带的岩石破碎现象。

3．观察点

(1)源口村公路旁沿山路上山剖面，观察龙潭组 P_2l 岩性特征。

(2)在民房附近的断面上，观察龙潭组与马涧组接触界线关系，注意观察接触带中的角砾岩。

(3)观察马涧组 J_2m 砾岩的岩石特征、矿物组成、结构构造，并测量其产状，同时与龙潭组产状对比；

(4)小路边深切割的山沟中，观察马涧组底部的砾岩（底砾岩）与龙潭组的风化侵蚀面。

4．作业

(1)记录整理各观察点地质现象。

(2)描述龙潭组岩性、化石特征。

(3)描述马涧组 J_2m 砾岩层的岩性特征。

(4)绘制不整合关系示意图，并结合下官山剖面、灵栖景区至石林剖面，讨论不整合接触关系的地质意义，理解 J_2m 可以不整合地覆盖在不同时代的老地层之上。

5.14　路线十四　大慈岩

1．观察路线

由大慈岩入口东侧小路上山至半山索道，沿游客游步道上悬空寺，然后，经由水库至地藏王殿，最后从前山台阶道下山。

2．观察内容

(1)认识黄尖组火山碎屑岩的特征，以及沉积夹层。

(2)观察火山碎屑岩的风化现象。

(3)认识火山碎屑岩的地貌特征。

3．观察点

(1)在大慈岩入口处，观察火山集块岩、火山角砾岩的岩性特征。

(2)在半山索道口附近观察熔结凝灰岩的特征，以及风化剥离现象，并测量其产状。

(3)在栈道内观察沉凝灰岩的结构构造和岩性特征，对比正常火山碎屑岩，并测量其产状。

(4)在地藏王殿附近观察流失孔现象。

(5)在地藏王殿内，观察内壁岩层微向上拱的宽缓小背斜状，以及顶部一层 30～40cm 厚的薄层状凝灰岩夹层。正是这层夹层以下的岩块崩塌和被冲刷，形成了地藏王殿的洞穴空间，后经人为改造而形成现在的洞穴规模。

(6)在水库大坝上,观察天然立佛的特点,注意观察其与岩性特征的关系。

4．作业

(1)记录整理各观察点地质现象。
(2)描述火山集块岩、火山角砾岩的岩性与分布特征,勾绘火山集块岩的分布范围。
(3)描述沉凝灰岩的岩性与地质意义。
(4)分析大慈岩景观(天然立佛)的岩性及地质特征。
(5)分析地藏王殿洞厅的成因。
(6)绘制大慈岩路线剖面图,分析火山喷发旋回。

5.15　路线十五　石长城—赋溪石林

1．观察路线

由白沙镇经千岛湖大坝、石长城到赋溪石林。

2．观察内容

(1)在荷岭村北公路边观察中酸性岩浆侵入体(花岗闪长斑岩)及其中的矿化现象,认识侵入岩体的岩性特征、产状,识别多金属硫化物矿物、硅酸盐矿物和卤化物矿物组合。
(2)观察石长城的地貌特征,测量石长城的走向,分析其成因。
(3)观察石林的喀斯特岩溶现象。

3．观察点

(1)在富溪公路荷岭村北公路边观察侵入岩体。
(2)观察石长城的岩性、产状、地貌特征,并测量石长城产状。
(3)在赋溪石林景区观察岩性特征,古生物化石组合,辨别其地层层位。
(4)沿途测量各地层产状,讨论石林地貌成因。

4．作业

(1)记录整理各观察点地质现象。
(2)描述荷岭侵入岩体的岩性特征、矿化现象及矿物组合,并作素描图。
(3)测量石长城的产状,观察其地貌特征,辨别断层性质,并绘制平面和剖面示意图。
(4)描述赋溪石林的喀斯特现象、据其产状分析其构造部位,画出其地质剖面图。

5.16　路线十六　禅源寺—太子庵

1. 观察路线

从禅源寺经竹祥山庄到太子庵,进山门,最后返回禅源寺。

2. 观察内容

(1)观察奥陶系下统印渚埠组地层的产状、岩性特征,与下伏岩石地层的接触关系。
(2)观察后山门—大觉寺断裂伸展方向。
(3)观察森林植被类型:
1)柳杉林——天目山标志性人工栽培森林景观的结构特征。
2)禅源寺前常绿、落叶阔叶混交林的结构特征。
3)太子庵一带毛竹林半自然植被的结构特征。
4)观察禅源寺、太子庵历史文化建筑。

3. 观察点

(1)在太子庵下方公路旁观察奥陶系印渚埠组地层,禅源寺围墙外竹祥山庄下方步行道旁观察印渚埠组下伏地层岩性,测量其产状。
(2)沿途观察后山门—大觉寺断裂伸展方向及其地貌特征。
(3)沿途观察常见植物如银杏、柳杉、杉木、榧树、毛竹、麻栎、浙江楠、羊角槭、香果树、短叶罗汉松、夏蜡梅、绞股蓝、金银花、浙江蝎子草、野荞麦、野大豆等。
(4)在禅源寺前后观察柳杉林结构、常绿落叶阔叶混交林结构、寺院建筑、周恩来演讲旧址纪念碑、浙江大学西天目禅源寺办学遗址等。
(4)在太子庵观察"文选楼"古建筑、"太子井"、"洗眼池"等古迹。

4. 作业

(1)记录整理所观察地质现象。
(2)记录整理所观察常见植物及植被类型特征。
(3)分析评价禅源寺、太子庵的人文地理价值。

5.17　路线十七　禅源寺—南大门

1. 观察路线

禅源寺—横坞口—南大门—火焰山脚—禅源寺。

2. 观察内容

(1)观察红庙—南庵断裂西南段。

(2)观察南大门附近水稻土特征。

(3)观察森林植被类型:①杉木林结构特征;②马尾松林纯林、混交林结构特征;③常绿阔叶林结构特征。

(4)南大门一带土地利用类型。

3. 观察点

(1)在南庵一带,观察断裂伸展方向。

(2)在横坞、白虎山、火焰山一带,观察杉木林、常绿阔叶林、马尾松林结构特征。

(3)在南大门一带,观察耕地、林地、园地、住宅用地、公共管理与公共服务用地、水域等土地利用类型。

(4)沿途观察钙质土、酸性土指示植物,观察马尾松、杜仲、三尖杉、枫香、山核桃、化香、梧桐、檵木、棣棠、胡颓子、益母草、狼尾草、狗牙根、虎杖、天目地黄、葛藤、金银花、大血藤、爬山虎、络石等常见植物。

4. 作业

(1)记录整理所观察地质与地理地貌现象。

(2)记录整理所观察常见植物及植被类型特征。

(3)记录整理所观察土地利用类型及其配置特点。

5.18　路线十八　禅源寺—红庙

1. 观察路线

禅源寺—青龙山—忠烈祠—红庙—雨华亭—禅源寺

2. 观察内容

(1)观察寒武系西阳山组、华严寺组地层的岩性与产状特征。

(2)观察闪长玢岩侵入岩脉的岩性特征、矿物组成、结构构造,以及岩脉规模、延伸方向,与围岩间的差异风化现象;公路边坡塌方地质灾害遗迹。

(3)观察红庙—南庵断裂东北段直谷地貌。

(4)观察喀斯特漏斗——"落水洞"。

(5)观察华严洞化石遗迹点,分析华严洞的成因。

(6)沿途观察森林植被类型:柳杉林结构特征;柏木林结构特征;落叶阔叶林结构特征。

(7)观察朱陀岭古道、红庙、雨华亭、留椿屋、忠烈祠等人文景观;乡村旅游社区经营状况。

3. 观察点

(1)在公路边观察西阳山组地层的产状、岩性特征;观察闪长玢岩侵入岩脉、差异风化现象;观察公路边坡塌方地质灾害遗迹;观察留椿屋建筑景观。

(2)在朱陀岭观察断裂伸展方向、体验登山古道、吊访忠烈祠、观察柳杉林结构特征。

(3)在华严洞观察华严寺组地层的产状、岩性特征;观察洞穴特点;观察柏木林结构特征。

(4)在红庙附近观察喀斯特漏斗、考察红庙宗教建筑、观察森林防火带;访问朱陀岭乡村旅游社区。

(5)沿途观察常见植物有杉木、响叶杨、榧树、山核桃、泡桐、黄檀、八角枫、女贞、山茱萸、山合欢、牛鼻栓、鹅掌楸、披针叶茴香、化香、青钱柳、南天竹、绶草、虎耳草、金线草、透骨草、贯众、狗脊蕨、蜈蚣草、薜荔、刺葡萄、百部等。

4. 作业

(1)记录整理所观察地质地貌现象,分析红庙落水洞、华严洞的成因。

(2)记录整理所观察常见植物及植被类型特征。

(3)记录整理所观察人文地理现象。

(4)据华严洞化石遗迹,讨论第四纪以来全球气候变化的原因。

5.19 路线十九 红庙—西关水库—大境坞—宝剑石

1. 观察路线

红庙—西关水库—大境坞—宝剑石。

2. 观察内容

(1)观察西关峡谷地貌、西关水库。

(2)观察大境坞宽谷地貌、砾石堆积地貌。

(3)观察宝剑石奇石群。

3. 观察点

(1)在西关水库观察峡谷地貌、水库蓄水及利用状况。

(2)在大境坞观察宽谷地貌、砾石堆积地貌;考察乡村旅游及科普旅游状况。

(3)在宝剑石观察岩石节理及其形成的宝剑石等奇石。

4. 作业

(1)以西关水库为例,论述如何合理利用山区水资源。

(2)记录整理所观察地貌现象,并分析其形成原因。

5.20　路线二十　禅源寺—开山老殿—仙人顶

1. 观察路线

禅源寺—进山门—五里亭—开山老殿—罗盘松—仙人顶

2. 观察内容

(1)观察自然保护区功能分区状况。

(2)观察侏罗系黄尖组陆相火山岩及岩性组合特征。

(3)观察四面峰、倒挂莲花峰、猴子口、眠牛石、钟楼石、仙人锯板等奇峰异石地貌景观。

(4)观察溪涧、瀑布景观。

(5)观察山地植被垂直分带现象。

西天目山区,海拔 800m 以下沟谷地段的常绿阔叶林有不同类型,海拔 800～1100m 地段为常绿、落叶阔叶混交林,较有特色的有以天目木姜子、交让木为主的常绿、落叶阔叶混交林。落叶阔叶林分布于 1100～1380m 处。落叶矮林分布于海拔 1380m 以上,为山顶植被。因海拔高、气温低、风力大、雾霜多等因素,使原来的乔木树种树干弯曲,低矮丛生,偏冠,呈灌木状。主要有天目琼花、湖北海棠、三桠乌药和四照花占优势的高山落叶矮林群落。巨大的柳杉林是西天目山最具特色的植被,从海拔 330～1150m 处都有分布,在开山老殿一带古老大树集中连片,形成闻名中外的大树王国。七里亭至老殿(海拔 900～1100m),古树名木较集中,典型的有"大树王"(柳杉)、"五代同堂"(古银杏)、"冲天树"(金钱松)。

(6)观察山地森林气候特征。

(7)考察登山古道、开山老殿、幻住庵、仙人顶气象观测站等人文景观。

3. 观察点

(1)在进山门观察自然保护区核心区、缓冲区界线。

(2)在三里亭观察常绿阔叶林组成及结构特点,观察山地红壤特征,观察溪涧水文特征,观察林荫气候特征。

(3)在五里亭观察柳杉林、毛竹树木混交林、峻极塔等。

(4)在七里亭观察眠牛石等堆积地貌、消防水池设施。

(5)在伏虎瀑观察瀑布景观。

(6)在狮子口、四面峰、倒挂莲花峰,观察流纹斑岩垂直节理与奇峰陡崖岩石地貌、张公舍崩塌洞穴地貌。

(7)在开山老殿,观察大树王及柳杉古树群;观察"五世同堂"野生古银杏;观察"冲天树"金钱松;观察以天目木姜子、交让木为主的常绿、落叶阔叶混交林;观察林荫效应;观察山地黄壤;观察开山老殿、半月池、幻住庵、普同塔等宗教建筑景观。

(8)在罗盘松观察开山老殿凹地地貌;观察仙人锯板等岩石地貌;观察黄山松林、四照花、雷公鹅耳枥等构成的针阔混交林。

(9)在罗盘松观察第四纪冰川遗迹如 U 形谷等地貌景观。

(10)在仙人顶观察"天下奇观"等岩石地貌;观察山地棕黄壤;观察山顶落叶矮林植被;观察气象观测站;考察山顶"古天池"湿地。

4．作业

(1)查阅自然保护区条例,论述保护区功能分区的作用和意义。

(2)记录整理所观察地质地貌现象,论述其成因。

(3)查阅有关天目山"冰川"地貌争论的文献,综述其主要论点。

(4)描述分析从山麓到山顶气候、土壤、植被等自然地理要素的变化规律。

(5)综述天目山的植被特色与保护价值。

(6)记录整理所观察的人文地理现象,论述天目山在宗教历史上的地位和作用。

5.21 路线二十一 钱塘江—西湖—西溪湿地 —京杭大运河(杭州段)

1．观察路线

钱塘江—西湖—西溪湿地—京杭大运河(杭州段)。

2．观察内容

(1)观察钱江潮、钱塘江水文特征、钱塘江防洪堤、钱江大桥群。

(2)观察西湖世界文化遗产景观特色。

(3)观察西溪湿地基塘生态系统构成特征、"三堤十景"景观特色。

(4)观察京杭大运河(杭州段)历史文化廊道。

3．观察点

(1)钱塘江观察点:海宁大缺口、盐官、老盐仓,下沙大桥、萧山美女坝、七堡、钱江三桥、钱江一桥。

(2)西湖观察点:一山——孤山,二塔——雷峰塔、保俶塔,三岛——小瀛洲、湖心亭、阮公墩,三堤——苏堤、白堤、杨公堤。

(3)西溪湿地观察点:三堤——福堤、绿堤、寿堤,十景——秋芦飞雪、火柿映波、龙舟盛会、莲滩鹭影、洪园余韵、兼葭泛月、渔村烟雨、曲水寻梅、高庄宸迹、河渚听曲。

(4)大运河(杭州段)观察点:塘栖古镇水利通判厅遗址(含乾隆御碑)、拱宸桥洋关旧址、通益公纱厂旧址、拱墅运河历史街区、富义仓、凤山水城门遗址、萧山西兴过塘行及码头。

4．作业

(1)描述钱江潮的景观特色并论述其形成原因。

(2)描述西湖世界文化遗产景观特色,论述西湖景观的演变轨迹。

(3)论述西溪湿地的景观特色及生态服务功能。

(4)论述京杭大运河(杭州段)的历史文化遗产价值。

5.22　路线二十二　普陀山—朱家尖海岸地貌

1.观察路线

舟山普陀山(潮音洞—观音洞—磐陀石、二龟听法石—普济寺—百步沙、千步沙—法雨寺—慧济寺)—朱家尖(白山—大乌石塘—小乌石塘—十里金沙—情人岛—大青山)

2.观察内容

(1)海蚀地貌和海积地貌的特征与岩石类型的关系。

(2)砾滩、沙滩、礁滩的发育特点。

(3)砾滩中砾石的分选性、磨圆度、排列方向及其与海岸线的关系。

(4)海蚀地貌中的波切台、海蚀柱、海蚀凹槽、海蚀穴、海蚀洞;花岗岩地貌中的球状风化、花岗岩地貌景观与旅游资源。

(5)海天佛国人文景观。

3.观察点

(1)普陀山

1)千步沙和百步沙:观察海蚀、海积地貌。

2)潮音洞、梵音洞、西方庵:观察海蚀洞穴、海蚀巷道。

3)普济寺、法雨寺、慧济寺:考察佛教人文景观。

(2)朱家尖

1)白山景区:观察花岗岩岩性特征、矿物组成、原生节理、球状风化,花岗岩地貌景观与坠石堆积地貌。

2)大乌石塘、小乌石塘的砾滩:观察砾石的岩性、矿物组成、分选性、磨圆度、排列方向,砾滩的倾角与倾向。

3)大乌石塘、小乌石塘的基岩:寻找与砾石滩卵石相似的基岩。

4)十里金沙:观察沙滩砂的特点,如矿物组成、粒度、磨圆度、分选性;沙滩整体的外倾坡度;考察十里金沙基岩岬角的出露与分布状况与沙滩的地形。

5)情人岛、鸡冠礁、里沙沙滩:观察礁滩、崖、洞、穴的岬角和台地的发育特点。

4.作业

(1)描述内外力地质作用及相应地貌形式。

(2)论述海岸带的外动力作用方式和类型,以及形成的地貌景观特点。

(3)论述海岸地貌的自然景观与历史文化价值。

(4)参观海岸地貌景观,理解旅游资源保护的重要性。

第6章 野外地质工作的基本技能和方法

6.1 地质罗盘仪的使用

地质罗盘仪简称地质罗盘,是进行野外地质工作必不可少的一种工具,借助它可以定出方向,确定观察点的所在位置,测出任何一个观察面的空间位置(如岩层层面、褶皱轴面、断层面、节理面等构造面的空间位置),以及测定火成岩的各种构造要素、矿体的产状等,因此必须学会使用地质罗盘仪。

6.1.1 地质罗盘仪的结构

地质罗盘仪的式样很多,但结构基本是一致的,常用的是圆盘式地质罗盘仪。圆盘式地质罗盘仪由磁针刻度盘、测斜器、瞄准觇板、水准器等几部分组成,安装在一铜质或铝质的圆盘内(见图 6-1)。地质罗盘仪具有结构紧凑、体积小、携带方便、精度可靠、性能稳定的特点,被称为"微型经纬仪"。

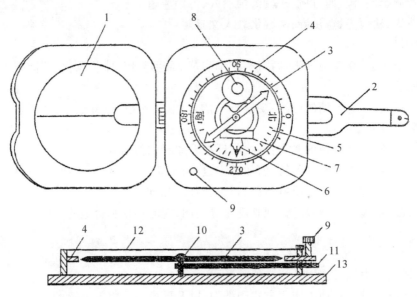

图 6-1 地质罗盘仪结构图

1.反光镜;2.瞄准觇板;3.磁针;4.水平刻度盘;5.垂直刻度盘;6.垂直刻度指示器
7.垂直水准器;8.底盘水准器;9.磁针固定螺旋;10.顶针;11.杠杆;12.玻璃盖;13.罗盘仪圆盒

（1）磁针

磁针一般为中间宽两边尖的菱形钢针，安装在底盘中央的顶针上，可自由转动，不用时应旋紧制动螺丝，将磁针抬起压在盖玻璃上，避免磁针帽与顶针尖的碰撞，以保护顶针尖，延长罗盘使用寿命。在进行测量时放松固定螺丝，使磁针自由摆动，最后静止时磁针的指向就是磁子午线方向。由于我国位于北半球，磁针两端所受磁力不等，会使磁针失去平衡，为了使磁针保持平衡状态，常在磁针南端绕上几圈铜丝，可据铜丝所在位置区分磁针的南北两端。

（2）水平刻度盘

水平刻度盘的刻度有两种标记方式：一种是从 0°开始按反时针方向每 10°一标记，连续刻至 360°，0°和 180°分别为 N 和 S，90°和 270°分别为 E 和 W。用这种方法标记的称方位角罗盘仪，利用它可以直接测得地面两点间直线的磁方位角，如图 6-2 所示。

另一种是把刻度盘分成四个象限，由相对的两个 0°开始，分别向左右两边记 10°，20°，…，90°，两个 0°分划线处分别标注 N 和 S。90°分划线处分别注为 W 和 E。这种方法刻记的称象限角罗盘仪。利用这种罗盘仪可测得地面方向的磁象限角（如图 6-3 所示）。两种刻度罗盘中东、西两位置的标记对调而与实际相反，这是为了便于测量能直接读得所求数。

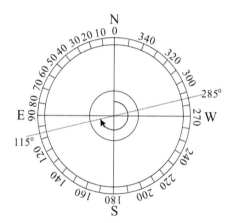

图 6-2　方位角罗盘仪的方位刻度

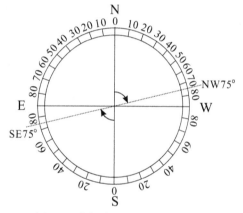

图 6-3　象限角罗盘仪的方位刻度

方位角与象限角的关系可按表 6.1 进行换算。

表 6.1　方位角与象限角的关系

象限	方位角度数	象限名称	方位角 A 与象限角 γ 之关系
Ⅰ	0°～90°	北东（NE）	$\gamma = A$
Ⅱ	90°～180°	南东（SE）	$\gamma = 180° - A$
Ⅲ	180°～270°	南西（SW）	$\gamma = A - 180°$
Ⅳ	270°～360°	北西（NW）	$\gamma = 360° - A$

（3）竖直刻度盘

竖直刻度盘专用来读倾角和坡角读数，以 E 和 W 位置为 0°，以 S 和 N 为 90°，每隔 10°标记相应数字。

（4）悬锥

悬锥是测斜器的重要组成部分，悬挂在磁针的轴下方，通过底盘处的扳手可使悬锥转动。悬锥中央的尖端所指刻度即为倾角或坡角的度数。

（5）水准器

通常有两个水准器，分别为装在圆形玻璃管中的长形水准器和固定在底盘上的圆形水准器，长形水准器固定在测斜器上，用于测定倾角。有的罗盘仪采用重力悬锥，则没有长形水准器；而圆形水准器则用于测定方位时使罗盘保持水平。

（6）瞄准器

瞄准器包括接物觇板和接目觇板，反光镜中间有细线，下部有透明小孔，使眼睛、细线、目的物三者成一线，作瞄准用。

6.1.2　地质罗盘仪的磁偏角校正

在使用前必须进行磁偏角的校正。因为地磁的南、北两极与地理的南、北极位置不完全重合，即磁子午线与地理子午线不重合，地球上任一点的磁北方向与该点的地理正北方向不一致，所以在地质罗盘仪使用前必须进行磁偏角的校正。磁子午线与地理子午线间的夹角叫磁偏角，图 6-4 中的 δ 角即为磁偏角。

地球上某点磁针北端指向偏于正北方向的东边叫做东偏，偏于西边称西偏。磁偏角与东偏为正（＋），西偏为负（－）。

地球上各地的磁偏角被定期计算并予公布，以备查用。若某点的磁偏角已知，则一条测线的磁方位角 $A_磁$ 和地理方位角 A 的关系为 $A = A_磁 \pm \delta$。

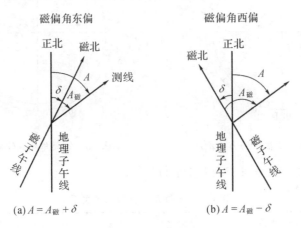

图 6-4　磁偏角示意图

应用这一原理可对罗盘进行磁偏角的校正。校正时可旋动罗盘的刻度螺旋，使水平刻度盘向左或向右转动（磁偏角东偏则向右，西偏则向左），使罗盘底盘北方向上的白色刻线与水平刻度盘间的夹角等于磁偏角值。经校正后的罗盘仪，测量时的读数就为真方位角。

目前杭州及其邻区（地理坐标 120.11°E,30.16°N）的磁偏角为西偏 5°45′，近年来以每年 6′ 的速率向西变化。

在杭州地区作磁偏角校正时，旋动刻度螺旋使水平刻度盘之 0° 分划线向左移动约 6° 即可。

全球各地的磁偏角值是每年在变化的。具体请查下列网站便可获知：http://www. ngdc. noaa. gov/geomag/calculators/magcalc. shtml♯declination。

我国若干城市的磁偏角见表 6.2。

表 6.2　我国若干城市的磁偏角(2020 年 12 月 10 日)

城市	经度/纬度	磁偏角
黑龙江佳木斯	130.35°E / 46.83°N	11° 44′W
上海	121.48°E / 31.22°N	6° 15′W
浙江杭州	120.11°E / 30.16°N	5° 45′W
浙江临安	119.72°E / 30.23°N	5° 42′W
浙江建德	119.27°E / 29.49°N	6° 27′W
陕西西安	108.95°E / 34.27°N	3° 59′W
北京	116.46°E / 39.92°N	7° 16′W
海南海口	110.35°E / 20.02°N	2° 12′W
甘肃酒泉	98.50°E / 39.71°N	1° 16′W
甘肃敦煌	94.71°E / 40.13°N	0° 0′36″E
乌鲁木齐	87.68°E / 43.77°N	2° 39′E
新疆喀什	75.94°E / 39.52°N	4° 2′E

6.1.3　目的物方位的测量

测定目的物与测者间的相对位置关系,也就是测定目的物的方位角(方位角是指从子午线顺时针方向到该测线的夹角,如图 6-5 所示。

测量时放松制动螺丝,使罗盘对物觇板对着目的物,反光镜盖板靠着自己,进行瞄准,使目的物、对物觇板小孔、盖玻璃上的细丝、对目觇板小孔等连在一直线上,同时使底盘水准器水泡居中,待磁针静止时指北针所指度数即为所测目的物的方位角。若指针一时静止不了,可读磁针摆动时最小度数的二分之一处。

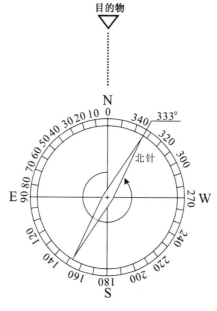

图 6-5　方位角测定

若用测量的对物觇板对着测量者(此时罗盘盖板对着目的物)进行瞄准时,指北针读数表示测量者位于被测物的什么方向,此时罗盘的指南针所示读数才是目的物位于测量者什么方向。与前者比较,这是因为两次用罗盘之南、北两端正好颠倒,故影响测量物与测量者的相对位置。

为了避免时而读指北针,时而读南针,产生混淆,故应以对物觇板指着所求方向恒读指北针,此时所得读数即所求被测物的方位角。

6.1.4　岩层产状要素的测量

岩层的空间位置决定于其产状要素,岩层产状要素包括岩层的走向、倾向和倾角。测量岩层产状是地质工作者最基本的工作方法之一,必须熟练掌握。

(1)岩层走向的测定

岩层走向是岩层层面与水平面交线的方向,也就是岩层任一高度上水平线的延伸方向。

测量时将罗盘长边与层面紧贴,然后转动罗盘,使底盘水准器的水泡居中,读出指针所指刻度即为岩层之走向(见图6-6)。

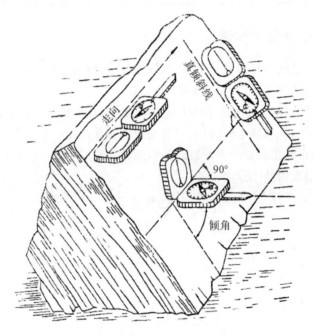

图 6-6　岩层产状及其测量方法

因为走向是代表一条直线的方向,它可以两边延伸,指南针或指北针所读数正是该直线之两端延伸方向,如 NE30°与 SW210°均可代表该岩层之走向。

(2)岩层倾向的测定

岩层倾向是指岩层向下最大倾斜方向线在水平面上的投影。岩层倾向总是与其走向垂直。

测量时,将罗盘仪的接物觇板指向岩层倾斜方向,罗盘盖板紧靠着层面并转动罗盘,使底盘水准器水泡居中,读指北针所指刻度即为岩层的倾向。

假若在岩层顶面上进行测量有困难,也可以在岩层底面上测量。如果对物觇板指向岩层倾斜方向,读指北针即可。假若测量底面时读指北针受障碍,则用罗盘盖板靠着岩层底面,读罗盘仪的指南针亦可。

(3)岩层倾角的测定

岩层倾角是岩层层面与假想水平面的最大夹角,即真倾角,它是沿着岩层的真倾斜方向测量得到的,沿其他方向所测得的倾角是视倾角。视倾角恒小于真倾角,也就是说岩层层面上的真倾斜线与水平面的夹角为真倾角,层面上视倾斜线与水平面之夹角为视倾角。野外分辨层面的真倾斜方向甚为重要。可用小石子在层面上滚动或滴水在层面上流动,石子滚动或水流动方向即为层面的真倾斜方向。

测量时将罗盘直立,并以长边靠着岩层的真倾斜线,沿着层面左右移动罗盘,并用中指扳动罗盘底部的测斜器活动扳手,使测斜水准器水泡居中,读出悬锥针尖所指最大读数,即为岩层的真倾角(见图 6-6)。

6.1.5　岩层产状的表示

岩层产状的表达方式通常有两种:

一种是方位角记录。如果测量出某一岩层走向为 310°,倾向为 220°,倾角 35°,则记录为 NW310°/SW∠35°或 220°∠35°。

另一种是象限角记录,需把方位角 310°转换为象限角,$r=360°-310°=50°$,记作 N50°W/SW∠35°。

测量岩层面的产状时,如果岩层凹凸不平,可把野外记录本平放在岩层上当作层面,以便于进行测量。

野外测量岩层产状时需要在岩层露头测量,不能在滚石上测量。因此要区分露头和滚石。要区别露头和滚石,主要是要多观察和追索,并要善于判断。

6.2　地形图的知识及其在地质工作中的应用

地形图是表示地形、地物的平面图件,是用测量仪器把实际地形测量出来,并用特定的方法按一定比例缩绘而成的。它是地面上地形和地物位置实际情况的反映。

地形图上表示地形的方法很多,最常用的是以等高线表示地形起伏,并用特定的符号表示地物。一般的地形图都是由等高线和地物符号所组成的。

地形图对地质工作具有十分重要意义,是地质工作者进行野外工作必不可少的工具之一。因为借助地形图可对一个地区的地形、地物、自然地理等情况有初步的了解,甚至能初步分析判断某些地质情况。地形图还可以帮助我们初步选择工作路线,制订工作计划。此外,地形图是地质图的底图,地学工作者是在地形图上描绘地质图的,没有地形图作底图的地质图是一个不完整的地质图,它不能提供地质构造的完整和清晰的概念。

因而每一个地学工作者都要懂得地形图,会使用地形图。

6.2.1 地形图的内容和表示方法

1. 比例尺

比例尺是实际的地形情况在图上缩小的程度。因为地面上地形与地物是不可能按实际大小在图上绘出的,必须按一定比例缩小,因此地形图上的比例尺也就是地面上的实际距离缩小到图上距离之比,可用公式表示:

$$比例尺 = \frac{图上单位距离}{实地水平单位距离}$$

比例尺一般有数字比例尺、直线比例尺和自然比例尺,往往标注在地形图图名下面或图框下方。

(1)数字比例尺用分数表示,分子为1,分母表示在图上缩小的倍数,如万分之一则写成1:10000,两万五千分之一写成1:25000。

(2)线条比例尺或称图示比例尺,标上一个基本单位长度来表示实地距离,如

0   200m

表示每一个基本单位线段代表实地200m。

(3)自然比例尺是把图上1cm相当实地距离多少直接标出,如1cm=200m。

此外,比例尺的精度也是一个重要的概念。

人们一般在图上能分辨出来的最小长度为0.1mm,所以在图上0.1mm长度按其比例尺相当于实地的水平距离称为比例尺的精度。例如比例尺为1:1000其0.1mm代表实地0.1m,故1:1000的地形图的精度为0.1m。比例尺1:1000000的精度为100m。

从比例尺的精度可以看出不同比例尺的地形图所反映的地势的精确程度是不同的。比例尺越大,所反映的地形特征越精确。

通常把地形图比例尺分成大、中、小三种。

1:50000、1:25000 或更大者称大比例尺;

1:200000、1:100000 称中比例尺;

1:1000000、1:500000 称小比例尺。

大比例尺地形图只能反映较小范围的地形情况,小比例尺地形图则能反映大范围的地形情况。在地质勘探和采矿工程中因涉及的范围不大而精度要求较高故多用大比例尺图。

2. 地形的符号

一般用等高线表示地形起伏变化。

(1)等高线的含意及其特征

等高线是地面同一高度相邻点的连线,如图6-7所示,表示某一高地被彼此相距同一距离的若干水平面所切割,这些水平面与地面的交线为闭合的曲线称为等高线。

从图6-7中可了解等高线的一些特点:

1)同线等高,即同一等高线上各点高度相同。

2)等高线自行封闭。各条等高线必自行成闭合的曲线,即使因图幅所限不在本幅闭合也必在邻幅闭合。

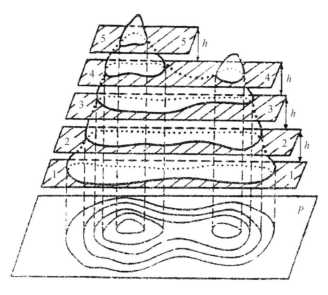

图 6-7   等高线来源

3)等高线不能分岔,不能合并,即一条等高线不能分岔成两条,两条等高线不能合并成一条(悬崖,峭壁例外)。

等高线是反映地形起伏的基本内容,从这一意义上说地形图也就是等高线的水平投影图(当然,还要附加一些内容)。黄海平均海平面是计算高程的起点,即等高线的零点。按此可算出任何地形的绝对高程。

等高距和等高线平距是表示地形起伏变化程度的两个重要概念。

等高距:切割地形的相邻两假想水平截面间的垂直距离。在一定比例尺的地形图中等高距是固定的,如在 1:50000 图中,$h=20m$;在 1:20000 图中,$h=10m$。

等高线平距:在地形图上相邻等高线间的水平距离,如图 6-8 所示,它的长短与地形有关。地形坡缓,等高线平距长,反之则短。

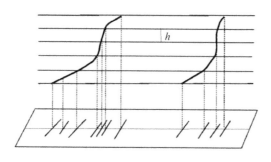

图 6-8   等高线的要素

(2)等高线的分类

等高线可分为首曲线、间曲线、助曲线和计曲线(见图 6-9)。

首曲线(主曲线)是每隔一定高差所绘之等高线,用实线表示。

间曲线和助曲线是辅助性的等高线。在地形起伏很平缓的地区,主曲线距离太大,反映

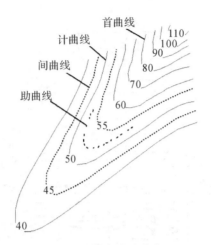

图 6-9　等高线的分类

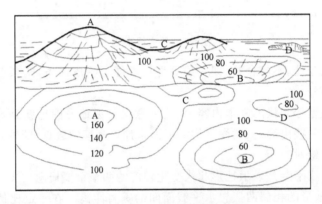

图 6-10　山头洼地的等高线特征

不出该处的地形起伏状况,这时可在两条首曲线间用内插法在二分之一间距处绘出间曲线,内插在四分之一位置者称为助曲线。间曲线和助曲线分别用虚线和点线表示。

计曲线是为了读阅方便每隔数根首曲线(通常用五根)所加的粗实线,主要是便于计算高程。

(3)各种地貌用等高线表示时的特征

1)山头与洼地

从图 6-10 中可见山头与洼地的等高线都是一圈套着一圈的闭合曲线。但可根据它们所注的高程来判别。封闭的等高线中,内圈高者为山峰如图 6-10 中 A 处,反之则为洼地如图 6-10 中 B 处。

两个相邻山头间的鞍部,在地形图中为两组表示山头的相同高度的等高线各自封闭,相邻并列,其中间处为鞍部如图 6-10 中 C 处。

两个相邻洼地间为分水岭,在图 6-10 上为两组表示凹陷的相同高度等高线各自封闭,相邻并列,其间为分水岭,如图 6-10 中 D 处。

2)山坡

山坡的断面一般可分为直线(坡度均匀)、凸出、凹入和阶梯状四种。其中等高线平距的稀密分布不同,如图 6-11 所示。

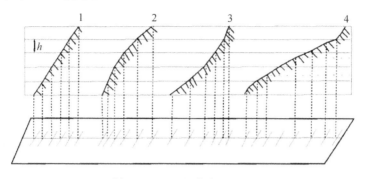

图 6-11　山坡的等高线特征

①均匀坡:相邻等高线平距相等。

②凸出坡:等高线平距下密上疏。

③凹入坡:等高线平距下疏上密。

④阶梯状坡:等高线疏密相同,各处平距不一。

3)悬崖、峭壁

当坡度很陡,成陡崖时等高线可重叠成一粗线,或等高线相交,但交点必成双出现。还可能在等高线重叠部分加绘特殊符号,如图 6-12 所示。

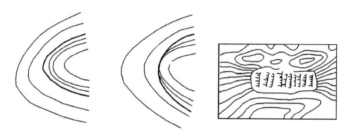

图 6-12　陡崖的等高线特征

4)山脊和山谷

如图 6-13 所示,山谷和山脊几乎具有同样的等高线形态,因而要从等高线的高程来区分,表示山脊的等高线是凸向山脊的低处,如图 6-13 中 A 处,表示山谷的等高线则凹向谷底的高处,如图 6-13 中 B 处。

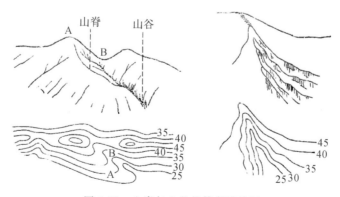

图 6-13　山脊与山谷的等高线特征

5）河流

当等高线经过河流时，不能垂直横过河流，必须沿着河岸绕向上游，然后越过河流再折向下游离开河岸，如图 6-14 所示。

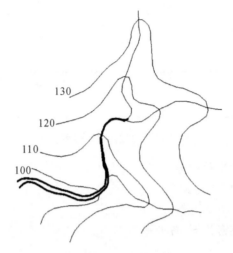

图 6-14　河流的等高线特征

图 6-15 表示了某个地区的地形素描图和它相应的地形图，从中可理解地形图与实际地形的对应关系。

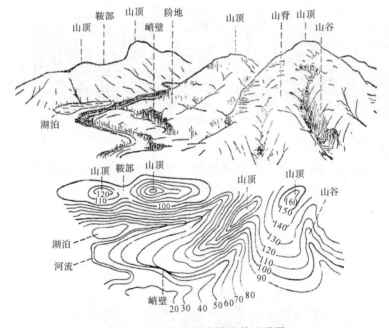

图 6-15　综合地形素描及其地形图

3. 地物符号

地形图中各种地物是以不同符号表示出来的，有以下三种：

（1）比例符号

比例符号是将实物按照图的比例尺直接缩绘在图上的相似图形，所以也称为轮廓符号。

（2）非比例符号

非比例符号是当地物实际面积非常小，以至于不能用测图比例尺把它缩绘在图纸上时，常用一些特定符号标注出它的位置。如三角点用 △ 表示，水准点用 ⊗ 表示，钻孔处用 ⊙ 表示，桥梁用 ⊃⊂ 表示。

（3）线性符号

线性符号是长度按比例、而宽窄不能按比例的符号，如成带状或狭长形的铁路、公路等，其长度可按测图比例尺缩绘，宽窄却不按比例尺。

以上三种类型符号并非绝对不变的，应采用那种符号取决于图的比例尺。

6.2.2　读地形图

阅读地形图的目的是了解和熟悉该区的地形情况，包括对地形与地貌的各个要素及其相互关系的认识。因而不仅仅要能识别图上的山、水、村庄、道路等地物、地貌现象，而且要能分析地形图，把地形图的各种符号和标记综合起来连成一个整体，以便利用地形图为野外地质与地理工作服务。

地形图的读图的步骤如下：

（1）读图名

图名通常是用图内最重要的地名来表示的，如杭州幅、建德幅、临安幅等，从图名上大致可判断地形图所在的范围。

（2）认识地形图的方向

除了一些图特别注明方向外，一般地形图上方为北，下方为南，右面为东，左面为西。有些地形图标有经纬度则可用经纬度定方向。

（3）认识地形图图幅所在位置

从图框上所标注的经纬度可以了解地形图的位置。图幅右上角有接合图表，从表中可以看出来相邻图幅的位置。

（4）了解比例尺

从比例尺可了解图幅面积的大小、地形图的精度以及等高线的等高距。

（5）结合等高线的特征读图

据等高线特征可了解图幅内山脉、丘陵、平原、山顶、山谷、陡坡、缓坡、悬崖等地形的分布及其特征。

（6）结合图例了解该区地物的位置

图例是表示地物的符号，对比图例，可了解如河流、湖泊、居民点等的分布情况，从而了解该区的自然地理及经济、文化等情况。

以杭州西湖山区地形地质图（见本书最后的附图）为例，可读出以下内容：

（1）从图名可知图内最大的城镇为杭州市，它位于图幅的东北面。

（2）图幅的方向

图幅内没有经纬度线亦无特殊的方向标记，故其方向是上方为北，下方为南，右面为东，左面为西。

（3）图幅范围

本图幅未标注经纬度,但可读出其大致范围是东起吴山、炮台山、凤凰山,西至留下镇、玉屏山、大湾山,南至九溪、贺村、钱塘江一线,北至浙大老和山、古荡一带。

（4）图幅面积该图比例尺为 1∶25000,即 1cm＝250m。用 cm 尺量出图幅长 37cm、宽 34cm,分别代表实地的 9.2km 及 8.6km,故其面积为 9.2km×8.6km＝79km²。

（5）图幅内地势情况

根据等高线的形态和高程分布,可判读地势。

本区山脉呈 SW—NE 向分布,总体趋势是南西高北东低。本区最高山峰为天竺山,海拔 412.5m,一般山高在 100～300m,相对标高为 50～150m,东面自北往南有吴山（63m）、紫阳山（98m）、凤凰山（157m）、将台山（202.6m）、玉皇山（239.0m）,高度逐渐增加;南面有大华山（254.5m）、五云山（266m）;西部有严家山（303m）、天竺山（412.5m）、龙门山（361cm）;由西北往北有美人峰（354.3m）、北高峰（314m）、锅子顶（208.5m）、灵峰山（163m）、老和山（156m）;东北部有葛岭山（125m）、宝石山（78m）。区内呈三面环山,北一东为低洼平地。杭州市区海拔约 10m 左右。杭州东北部海拔均为十几至几米高的低地,故本区属低山丘陵区。

（6）了解交通与其他情况。

区内有宁杭公路、沪杭、杭甬等公路贯穿,山地间亦有小路相联系,区内主要河流钱塘江位于南部绕城而往东流。有小溪、小河纵横分布,马蹄形分水岭内的水系汇聚于西湖。居民点众多,多分布在本区的北部、东北部、南部和中部的低地处,交通较方便。区内还有多处泉水出露。

6.2.3 绘制地形剖面图

地形剖面图是以假想的竖直平面与地形相截而得的断面图。截面与地面的交线称剖面线。

地学工作者经常要作地形剖面图,因为只有将地质或地理剖面与地形剖面结合在一起,才能更真实地反映地质、地理现象与空间的联系。地形剖面图可以根据地形图制作出来,也可在野外测绘。

1. 利用地形图制地形剖画图的步骤

（1）在地形图上选定所需要的地形剖面位置,如在图 6-16 上绘出 AB 剖面线。

（2）作基线。在方格纸上的中下部位画一直线作为基线 A′B′,定基线的海拔高度为 0m,亦可采用该剖面线上所经最低等高线之值,如图 6-16 中为 500m。

（3）作垂直比例尺。在基线的左边作垂线 A′C,令垂直比例尺与地形图比例尺一致,则做出的地形剖面与实际相符。如果是地形起伏很缓的地区,为了突出地形起伏变化,也可放大垂直比例尺,使地形变化显得明显些。

（4）垂直投影。将方格纸基线 A′B′ 与地形图 AB 相平行,将地形图上与 AB 线相交的各等高线点垂直投影到 A′B′ 基线上面各相应高程上,得出相应的地形点。剖面线的方向一般规定左方为北或西或北西（俗称"就北就西"）,而剖面的右方为南或东或南东（俗称"就东就南"）。

（5）连成曲线。将所得之地形点用圆滑曲线逐点依次连接而得地形轮廓线。

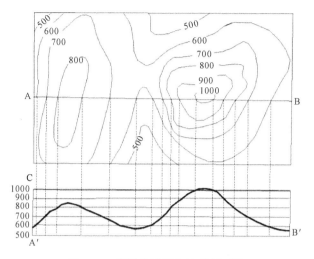

图 6-16　利用地形图作地形剖面图

（6）标注地物位置、图名、比例尺和方向，并加以整饰，使之美观。

2. 野外测绘地形剖面图

在做路线地质工作时常常要求能够在现场勾绘出地形剖面，以便在地形剖面图上反映路线地质或地理的情况。首先要确定剖面的起点、剖面方向、剖面长度，并根据精度要求确定剖面的比例尺。绘制步骤与前一方法相似。差别在于水平距和高差是靠现场观测来确定的。这时确定好水平距离和高差便成为画好地形剖面的关键。当剖面较短时，水平距离和高差可据直角三角形的勾股定理计算，也可以直接丈量或步测。剖面较长时只能用目估法或参考地形图来计算平距与高差，或根据气压计来实测并计算高程。

勾绘地形剖面一般分段进行，即观测一段距离后就勾绘一段。否则容易画错、失真。如果技巧熟练，且地形不复杂，也可一气呵成。

6.2.4　利用地形图在野外定点

在野外工作时，经常需要把一些观测点（如地质点，矿点，水文点、古遗迹点等）较准确地标绘在地形图中，区域地质测量工作中称此为定点。

利用地形图定点一般有两种方法：

（1）在精度要求不很高时（在小比例尺填图或草测时）可用目估法进行定点，也就是说根据观测点周围地形、地物的距离和方位的相互关系，来判断观测点在地形图上的位置。

用目估法定点时首先在观测点上利用罗盘使地形图定向，即将罗盘长边靠着地形图东边或西边图框，整体移动地形图和罗盘，使指北针对准刻度盘的 0 度位置，此时图框上方正北方向与观测点位置的正北方向一致，也就是说此时地形图的东南西北方向与实地的东南西北方向相符。这时一些线性地物如河流、公路的延长方向应与地形图上所标注的该河流或公路相平行。

在地形图定向后，注意找寻和观察观测点周围具有特征性的、在图上易于找到的地形地物，并估计它们与观测点的相对位置（如方向、距离等）关系，然后根据这种相互关系在地形图上找出观测点的位置,并标在图上。

(2)在比例尺稍大的野外工作中,精度要求较高则需用交会法来定点。

首先要使地形图定向(方法与目估法相同),然后在观测点附近找三个不在一条直线上且在地形图上已表示出来的已知点,如三角点、山顶、建筑物等,分别用罗盘测量观测点在它们的什么方向,此时罗盘的对物觇板对着观测者(因观测者所在位置是未知数),竖起觇板小孔板,通过小孔和反光镜的中线再瞄准所选的三角点或山头,当三点连成直线且水准泡居中时读出指北针所指读数,此即为该测线的方位,即观测点位于已知点的什么方向,记录这三条测线的方位。

在图上找到各已知点,用量角器作图,在地形图上分别绘出通过三个已知点的三条测线,三条测线的交点应为所求测点的位置这种方法称后方交会法(见图 6-17)。后方交会法是通过待定点上向至少三个已知点进行水平角观测,并根据三个已知点的坐标及两个水平角值计算待定点坐标的方法。图 6-17 中马儿山、玉皇山和将台山均为已知点位置。测点在图上的位置可以通过这三个已知点的方位角测定来确定。如果三条测线不相交于一点(因测量误差)而交成三角形(称为误差三角形),测点位置应取误差三角形的中点。

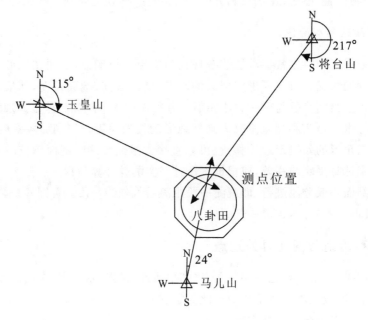

图 6-17　利用后方交会法定点

具体应用此法时应注意两点:

1)量测线方向时,罗盘觇板对着已知点瞄准,则指南针所指读数为以已知点为中心时我们所在的观察点的方位,指北针所指读数则是已知点位于此观测点的方向。为了避免混乱,一般采用当罗盘对物觇板对着被测目标时读指北针的方法。

2)用量角器将所测的测线方向画在图上时,应注意采用已知点的地理坐标,即已知点上的上北下南、左西右东方位,而不是按罗盘上所注的方位。

实际工作时往往将目估法和交会法同时并用,相互校正,使定点更为准确。例如用三点交会法画出误差三角形后,用目估法找出该点附近特殊的地形物和高程来校对点的位置。

6.3　野外地质的记录

进行野外地质观察时必须做好记录。野外地质记录是最宝贵的原始资料,是进行综合分析和进一步研究的基础,也是地质工作成果的表现之一。

进行野外地质记录时要求做到:

(1)详细,包括地质内容和具体地点两方面,即你看到的地质现象以及你的分析、判断和预测应该毫不遗漏地,不厌其烦地记录下来。同时要详细说明是在什么地点看到的,以便在隔了很长时间后也能根据记录找到该点。

(2)客观地反映实际情况,即看到什么记什么,如实反映,不能凭主观随意夸大或缩小或歪曲。但是,允许在记录上表示出你对地质现象的分析与判断,因为这有助于提高观察的预见性,促进对问题认识的深化。记录不是照相,不是机械地抄录,记录的过程也是地质工作者对客观事物规律的探索过程。不过,哪些内容是实际看到的,哪些内容是分析判断的,应分别开来,不能混淆,前者不能随意更改,后者可以根据认识的发展而修正。

(3)记录清晰、美观,文字通达,这是衡量记录好坏的一个标准。这就要求地质工作者有较高的语文水平。

(4)图文并茂。图是表达地质与地理现象的重要手段,许多现象仅用文字是难以说清楚的,必须辅以插图。尤其是一些重要的地质现象,包括原生沉积构造、断层、褶皱和节理等构造变形特征,火成岩的原生构造、地层与岩体相互接触关系、矿化特征以及其他内外动力地质现象,要尽可能地绘图表示。一幅好的图件的价值大大超过单纯的文字记录。

地质记录有两种类型和方式:

一种是专题研究的记录,专门观察研究某一地质问题,如研究某种地层、某些岩石、某一矿床,某种构造,某一沉积现象等。其记录方式应根据研究的内容而定,不受任何规格限制。

第二种是综合性地质观察的记录,要全面和系统,对应于某一地区的全面的、综合性地质调查。如进行区域地质测量,常采用观察点和观察线相结合的记录方法。观察点是观察的重点位置,是地质上具有关键性、代表性、特征性的地点,如地层的变化处、构造接触线上、岩体和矿化的出现位置及其他重要地质现象所在。观察线是连接观察点之间的连续路线,即沿途观察,达到将观察点之间的情况联系起来的目的,是观察和记录的对象。

现将观察点、线的记录内容和格式介绍如下,作为野外实习时参考使用。

(1)当天工作的日期与天气,如晴天或阴天等。

(2)工作地区的地名。

(3)从何处出发,经过何处到何处的路线。

(4)观察点编号,可从 01 开始依次为 02,03,…。

(5)观察点位置。应尽可能详细交代,在什么山、什么村庄的什么方向,距离多少米、是大道旁或公路上、是山坡上或沟谷里、是河谷的凹岸或凸岸等,还要记录观察点的标高,即海拔高度,可根据这一地区的地形图判读出来。现代观察常用 GPS 的经纬度和高程数据表示观察点的位置,并要在相应的地形图上标示出来。

(6)观察目的。说明在本观察点着重观察的对象是什么,如观察某时代的地层及接触关系、观察某种构造现象(如断层、褶皱⋯⋯)、观察岩石的特征、观察某种外动力地质现象等。

(7)观察内容。详细记录观察的现象,这是观察记录的实质部分。观察的重点不同,相应地有不同的记录内容。如果观察对象是层状地质体,则可按以下程序进行记录:

1)岩石名称,岩性特征,包括岩石的颜色、矿物组成,结构,构造等;

2)化石情况,有无化石,化石的多少,保存状况,化石名称;

3)岩层时代的确定;

4)岩层的垂直变化,相邻地层间的接触关系,要一一列出证据;

5)岩层产状,按象限角或方位角的格式进行记录;

6)岩层出露处的褶皱状况,岩层所在构造部位的判断,是褶皱的翼部或轴部等;

7)岩层中节理的发育状况,节理的性质,密集程度,节理的产状,尤其是节理的方向,岩层破碎与否,破碎程度,断层存在与否及其性质,断层的证据、断层产状等;

8)地貌、第四系、水文特征及其他外动力地质现象;

9)标本的编号,如果采集了标本、样品或进行了照相等,应做相应标明;

10)补充记录,上述内容尚未包括的现象,如自然地理、人文地理等。

如果为侵入体,除化石一项不记录外,其他项目都有相应的内容,如第 4)项应为侵入接触关系或沉积接触关系;第 5)项应为岩体,是岩脉、岩墙、岩床、岩株或岩基等侵入体产状;第 6)项应为岩体侵入的构造部位是褶皱轴部或翼部,是否沿断层或某种破裂面侵入等。

上述记录内容是全面的,实际工作时应根据观察点的性质而有所侧重。

(8)沿途观察,记录相邻观察点之间的各项地质现象,使点与点之间的关系连接起来。

(9)绘制各种素描图、剖面图,一般在记录簿的右页做文字记录,在左页绘图。

(10)路线小结,扼要说明当天工作的主要成果,尚存在哪些疑点或应注意之点。

以上记录项目应逐项分开,除日期与天气在同一格内之外,其余各项记录时均要另换新行,以清晰表示。

6.4　绘制地层剖面示意图

地层剖面图是表示地层在野外暴露的实际情况的概略性图件,用于路线地质工作之中,它是在勾绘出地形轮廓的剖面基础上进一步反映出某一或某些地层的产状、分层、岩性、化石产出部位、地层厚度以及接触关系等地层的特征。

地层剖面示意图的地形剖面形态与地层分层的厚度是目估的而非实际测量,这是它与地层实测剖面图的主要区别。

绘图步骤:

(1)确定剖面方向。一般要求与地层走向线垂直。

(2)选定比例尺。为使绘出的剖面图不至于过长或过短,同时又能满足表示各分层的需要,要先选定比例尺。如果实际剖面长、地层分层内容多而复杂,剖面图要绘得长一些,相反则短一些。一般来说,一张图尽量控制在记录簿的长度以内,这样对于绘图和阅读都比较方便。如果实际剖面长度是 30m,其分层厚度是数米以上时,则可用 1:200 或 1:300 的比例尺图。

（3）按选取的剖面方向和比例尺勾绘地形轮廓，地形的高低起伏要符合实际情况。

（4）将地层及其分层的界线按该地层的真倾角数值用直线画在地形剖面的相应点下方。这时从图上就可量出各地层及其分层的真厚度。应注意检查图上反映出的厚度与目估的实际厚度是否一致，如果不一致，须找出绘图中的问题所在，加以修正。

（5）用各种通用的花纹和代号表示各地层及分层的岩性、接触关系和时代，并标记出化石的产出部位及地层产状。

（6）标出图名、图例、比例尺、方向及剖面上地物的名称，参见图 1-21。

6.5　绘制路线地质剖面图

如果是横穿构造线走向进行综合地质观察，应绘制路线地质剖面图，它表示横过构造线方向上地质构造在地表以下的情况（图 6-18）。这是一种综合性的图件，既要表示出地层，又要表示出构造，还要表示火成岩和其他地质现象以及地形起伏、地物名称以及其他所需要表示的综合性内容。路线地质剖面图是在野外观察过程中绘制的，而不是在地质图上切绘下来的。绘好路线地质剖面图是地质工作者的一项重要基本功，必须掌握。

路线地质剖面图中的地形起伏轮廓是目估的，但要基本上反映实际情况。各种地质体间的相对距离也是目测的，应基本正确。各地质体的产状则是实测的，绘图时应力求准确。

图上内容应包括图名、方向、比例尺（一般要求水平比例尺和垂直比例尺一致）、地形的轮廓、地层的层序、位置、代号、产状、岩体符号、岩体出露位置、岩性和代号、断层位置、断层性质、产状和地物名称（见图 6-18）。

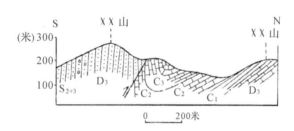

图 6-18　××山路线地质剖面图

绘图步骤如下：

（1）估计路线总长度。选择作图的比例尺，使剖面图的长度尽量控制在记录簿的长度以内。当然，如果路线长、地质内容复杂，剖面可以绘得长一些。

（2）绘地形剖面。目估水平距离和地形转折点的高差，准确判断山坡坡度、山体大小。初学者易犯的毛病是将山坡画陡了，一般山坡不超过 30°，更陡的山坡，人是难以顺利通过的。

（3）画地质体产状要素。在地形剖面的相应点上按实测的层面和断层面产状画出各地层分界面及断层面的位置和倾向与倾角，在相应的部位画出岩体的位置和形态。相应地层用线条连接以反映褶皱的存在和横剖面特征。

（4）标注地质信息，即标注岩体的岩性花纹、断层的运动方向、地层和岩体的代号、化石产地、取样位置等。

(5)修饰图件。写出图名、比例尺、标出方向、地物名称,绘制图例符号及其说明,如果为习惯用的图例可以省略。

路线地质剖面图是反映地质工作者对该剖面上地质构造的观测结果并且结合个人主观对该剖面地质构造在地下延展情况的分析与判断。绘好路线地质剖面图必须注意三个方面。第一是观测仔细无误,第二是分析判断正确。第三是作图技巧熟练。从作图技巧方面来说应注意三个准确。

(1)地形剖面画准确。要练习目测的能力,力求将水平距离与相对高差的关系反映正确,使地形起伏状况与实际情况相似 。

(2)标志层和重要地质界线的位置要准确,如断层位置、煤系地层位置、火成岩体位置等。

(3)岩层产状要画准确,尤其是倾向不能画反,倾角大小要符合实际情况。

此外,线条花纹要细致、均匀、美观、字体要工整,各项标注的布局要合理。

绘图技巧要在实践中反复练习。

当观察路线不能始终沿同一方向(一般都是垂直于构造线)连续进行时(如通行困难),可以沿走向平移。如果平移距离大,在图上可标示出向何方向平移多少米。当观察路线基本上是横穿构造线,仅有局部性的变化(因道路有转折)时,图上不必改变方向。

6.6　绘制路线地质平面图

路线地质平面图是表示观察路线上地表地质情况的综合性平面图件。它用于路线地质调查工作之中,尤其是当没有地形图时,通过这种图就能将路线上的地质情况如实表现出来。它一般不表示地形的起伏,如果用等高线同时表现地形,则是路线地形地质平面图。路线地质平面图的绘制完成遵循地质工作者所观察的路线进行,不论路线是弯曲的或是直线(这取决于通行的道路,道路常常是弯曲的),都可以绘出路线地质平面图来,而不受任何影响干扰。通过绘出的图件则能更清楚地看出地质构造的情况。前面说的路线地质剖面较长,只能反映主要是垂直构造线方向上的直线式的观察路线的地质情况,这是路线平面图的特点和优点。

作图步骤和方法:

(1)根据路线长度和作图精度的要求选定比例尺,使图件不致过长或过短,同时满足反映基本地质界线的需要。

(2)将图纸定向(即定出东南西北的方位)并在图纸的适当部位取路线开始点。这时要考虑到路线前进的总方向与图纸的定向协调配合。如路线主要是由北东向南西方向前进,则宜将图纸的左手方向定为北,右手方向定为南,上东、下西,同时将开始点放在图纸的左上角,这样便于绘图,这时全部路线在图纸上将是从左上角向右下角方向进行。

(3)确定观察路线的起始点,即第一点(根据工作需要确定),并定出路线上的第二个点。第二点应放在路线的转折点上,或放在地层或构造的分界线上(如果路线是爬山或下坡,则要考虑放在地形坡度的转折点上)。

（4）用罗盘量出由第一点到第二点的前进方位角，并用步测（兼用目估）两点间水平距离，如果路线是上坡或下坡，要将斜距换算成水平距（图6-19）。

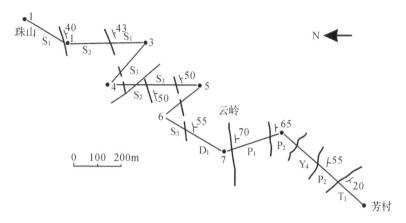

图 6-19　由珠山至芳村路线地质平面图（野外草图）

（5）以图纸上的起始点为第一点，用测定的方位角和水平距求出图上第二点的位置，按实际的弯曲情况将两点连成线，即路线平面图。

（6）将路线上地质体的界线点，如地层分界线、火成岩的出露线或断层线的位置按比例尺标在路线图的相应位置上，并按地层面或断层面的走向方向（如为火成岩界线则按其接触边缘的延展方向）标出其分界线的延展方向。

（7）标记出地层的代号、产状要素、断层的性质或火成岩体的代号（各种常见代号见第 7 章）。

（8）依次进行第三点、第四点……的观测和绘图工作，直至观察的终点。如果观察路线是封闭的曲线，则路线图理应封闭，以此可检查出作图时的误差。

（9）整饰工作，标记图名、图例、方向、比例尺、路线经过的地物名称等。不同年代的地层或地质体除用代号表示外，还可用岩性花纹加以修饰，使图件更清晰、美观。

路线中遇到较小范围的第四系松散层覆盖时可以忽略，在图上不表示。如果松散层范围较大，可圈定其界线，以地层代号 Q 表示。

6.7　绘制野外地质素描图

在野外所见到的典型地质现象，小的如一块标本或一个露头上的原生沉积构造、次生的构造变形（断层和褶皱）、剥蚀风化的现象，其规模小者数厘米，大者数百米范围内的地质构造特征或内外动力地质现象（如冰蚀地形、河谷阶地、火山口地貌等）均可用地质素描图表示。素描图就是绘画，不过地质素描要考虑重点突出地质的内容，反映出地质体的特征。

地质素描类似于照相，但照相是纯直观的反映，而地质素描则可突出地质的重点，可以有所取舍。照相需要条件，地质素描则可随时进行。因而地学工作者应当学习地质素描的方法，作为进行地质调查的手段。

图 6-20、图 6-21 和图 6-22 是不同类型的地质素描图，供学习参考。

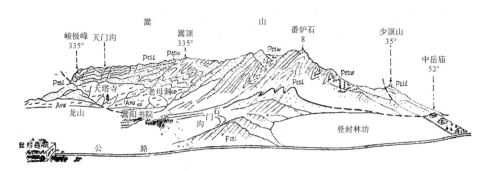

图 6-20　河南登封市构造素描图（据马杏垣）

图 6-21　从黄盖峰西望嵩山的元古界石英岩组成的倒转褶皱素描图

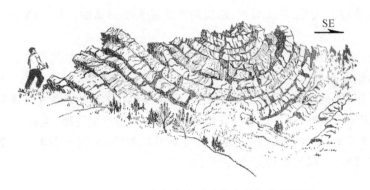

图 6-22　广东三水灰岩中形成的向斜构造素描图

6.8　标本的采集

　　野外工作的过程是收集地质资料的过程。地质资料除了文字的记录和各种图件以外，标本则是不可缺少的实际资料。有了各种标本就可以在室内作进一步的分析研究，使认识深化。因此，在野外必须注意采集标本。

　　根据用途有地层标本、岩石标本、化石标本、矿石标本以及专门用（薄片鉴定、同位素年龄测定、光谱分析、化学分析、构造定向等）的标本等。

　　常用的是地层标本和岩石标本，对标本的大小、形态有所要求，一般是近似长方形，规格是 3cm×6cm×9cm。应在采石场、矿坑等人工开采地点或有利的自然露头上采集新鲜(未风化)的样品,来进行加工与修饰。

化石标本力求化石完整。

矿石标本要求能反映矿石的特征。

薄片鉴定、化学分析、光谱分析等项标本不求形状,但求新鲜,有适当数量即可。

标本采集后要立即编号并用油漆或记号笔写在标本的边角上,使其不至于被磨掉。同时在剖面图或平面图上用相应的符号标出标本采集的位置和编号,并在标本登记簿上登记,填写标签并包装。

化石标本特别要用软质纸张包裹仔细包装,避免破损。

6.9　编写实习报告

地质实习报告是对实习中见到的各种地质现象加以综合、分析和概括,用简练流畅的文字表达出来。写实习报告是对实习内容的系统化巩固和提高的过程,是写地质报告的入门尝试,是进行地质思维的训练。报告要求以野外收集的地质素材为依据,要有鲜明的主题、确切的依据、严谨的逻辑性,报告要简明扼要,图文并茂。报告必须是通过自己的组织加工写出来的,切勿照抄书本。报告中文字要工整,图件要美观。报告应有封面、题目、写作人的专业、班级、姓名、写作日期等,并进行装订。

野外地质实习报告可采用如下章节:

第一章　绪言

介绍实习地区的交通位置和自然地理状况(附交通位置用)。阐明实习的任务、目的、要求,实习人员的组成及实习时间等。

第二章　地层

首先简述实习地区出露的地层及分布的特点,然后按地层时代自老至新进行地层描述。分段描述各时代地层时应包括分布和发育概况、岩性和所含化石、与下伏地层的接触关系、厚度等(附素描图或剖面图)。

第三章　岩石

描述各种岩体的岩石特征、产状、形态、规模、出露地点、所在构造部位以及含矿情况(附剖面图、素描图)。

第四章　构造

概述实习地区在大一级构造中的位置和总的构造特征,分别叙述实习区的褶皱和断裂。

褶皱:褶皱名称(如玉皇山向斜),组成褶皱核部地层时代及两翼地层时代、产状、褶皱轴向、褶皱横剖面及纵剖面特征(附素描图、剖面图)。

断层:断层名称,断层性质、上盘及下盘(或左盘右盘、东盘西盘)地层时代、断层面的产状、断层证据(附素描图、剖面图)。

阐述褶皱与断裂在空间分布上的特点。

第五章　地质发展阶段简述

根据地层的顺序、岩性特征、接触关系、构造运动情况、岩浆活动过程等说明实习区地质历史上有哪些阶段,每阶段有哪些事件和特征。

第六章　资源环境与区域地理

概述实习区矿产资源、土地资源、水资源、生物资源、旅游资源等自然资源构成与特色,评价实习区环境质量及保护状况,探讨实习区城乡规划管理的相关问题和外动力地质作用及其对区域地理的影响。

第七章　开放性专题

根据自身的学习兴趣,结合实习过程中观察到的某些现象,选择1～2个专题进行较详细和深入的研究,论述自己的观点。

第八章　后记

谈谈实习后的体会、感想、意见和要求。

第7章 若干备查资料

7.1 地质年代表

地球上的生物演化总是遵循由简单到复杂、由低级到高级的不可逆发展过程。生物界能十分灵敏地反映地球表层自然地理环境及其演变特征，它又与地球各圈层自身的运动机制以及相互间的联系制约有密切关系。因此，生物演化史能够有效地反映地球历史演化的客观规律。

地质年代表就是根据生物演化的阶段性，将地球46亿年的演化史按是否有大规模的生物出现，由老到新划分为两个最高级的地质年代单位——显生宙和隐生宙。在显生宙中，还可根据生物界的总体面貌差异，划分为三个二级地质年代——古生代、中生代和新生代。隐生宙中划分出三个二级地质年代——冥古宙、太古宙和元古宙。

在地质年代表中，最常用的地质年代单位是纪，每个纪的生物界面貌各有特色。例如，震旦纪时的特色为伊迪卡拉动物群的爆发演化与集群绝灭，泥盆纪的生物登陆，侏罗纪的恐龙、裸子植物高度繁荣，第四纪人类的出现与演化。早期的地质年代表虽然在19世纪末叶就已建立，但主要是依据生物演化的先后顺序来确定相对的年龄早晚，整个地球历史演化持续的绝对年龄长短无法知晓。一直到20世纪六七十年代随着同位素年代学和天文地质学的重大进展，人们才建立起地球已经存在46亿年历史的概念。

地球上的岩石形成某一地质年代。岩石的年代单位与地质年代单位的表示，有专门术语，二者可以一一对比（见表7.1）

表 7.1　地史单位表

国际性					地方性	
时间(年代)地层单位		地质(年代)时代单位			岩石地层单位	
宇　Eonthem		宙　Eon				
界　Erathem		代　Era			群　Group	
系　System		纪　Period				组　Formation
统 Series	上 Upper	世 Epoch	晚　Late			
	中 Middle		中　Middle		段　Member	
	下 Lower		早　Early			
阶　Stage		期　Age			层　Bed	
时带　Chronozone		时　Chron				

表7.2中标注了各个时代的绝对年龄值，其中的年龄数值随着测年技术的进步，还会不断地调整，更趋于准确。

表 7.2 地质年代表（Geological Time Scale）

宙(字)	代(界)	纪(系)	世(统)	时间间距	距今年龄	大阶段	阶段	动物	植物	中国主要地质、生物现象
Phanerozoic 显生宙(Ph)	新生代(Cz) Cenozoic	第四纪(Q) Quaternary	全新世(Q₄/Qₕ) Holocene	约2-3	0.012	联合古陆解体	喜马拉雅阶段 (新阿尔卑斯阶段)	人类出现	被子植物繁盛	冰川广布,黄土生成
			更新世(Q₁Q₂Q₃/Qₚ) Pleistocene		2.59			哺乳动物繁盛		西部造山运动,东部低平,湖泊广布
		新近纪(N) Neogene	上新世(N₂) Pliocene	2.82	5.33					哺乳类分化
			中新世(N₁) Miocene	18	23.03					
		古近纪(E) Paleogene	渐新世(E₃) Oligocene	13.2	33.9					蔬果繁盛,哺乳类急速发展
			始新世(E₂) Eocene	16.5	55.8					
			古新世(E₁) Palaeocene	12	65.5					我国古新世地层仅局部发现
	中生代(Mz) Mesozoic	白垩纪(K) Cretaceous	晚白垩世(K₂)	70			燕山阶段 (老阿尔卑斯阶段)	爬行动物繁盛	裸子植物繁盛	造山作用强烈,火成岩活动矿产生成
			早白垩世(K₁)		145.5					
		侏罗纪(J) Jurassic	晚侏罗世(J₃)							恐龙极盛,大陆煤田生成
			中侏罗世(J₂)	73						
			早侏罗世(J₁)		199.6					
		三叠纪(T) Triassic	晚三叠世(T₃)			联合古陆形成	印支阶段			中国南部最后一次海侵,恐龙、哺乳类发育
			中三叠世(T₂)	42						
			早三叠世(T₁)		251.0		印支-海西阶段			
	古生代(Pz) Palaeozoic	晚古生代(Pz₂)	二叠纪(P) Permian 晚二叠世(P₂)	40			海西阶段	两栖动物繁盛	蕨类植物繁盛	世界冰川广布,西南最大海侵,造山作用强烈
			早二叠世(P₁)		299.0					气候温热,煤田生成,爬行类昆虫发生,地形低平,珊瑚礁发育
			石炭纪(C) Carboniferous 晚石炭世(C₃)							
			中石炭世(C₂)	72						
			早石炭世(C₁)		359.2			鱼类繁盛	裸蕨植物繁盛	森林发育,腕足类鱼类极盛,两栖类发育
			泥盆纪(D) Devonian 晚泥盆世(D₃)							
			中泥盆世(D₂)	47						
			早泥盆世(D₁)		416.0					
		早古生代(Pz₁)	志留纪(S) Silurian 晚志留世(S₃)				加里东阶段	海生无脊椎动物繁盛	藻类及菌类繁盛	珊瑚礁发育,气候局部干燥,造山运动强烈
			中志留世(S₂)	30						
			早志留世(S₁)		443.7					
			奥陶纪(O) Ordovician 晚奥陶世(O₃)							地势低平,海水广布,无脊椎动物极繁,末期华北升起
			中奥陶世(O₂)	71				硬壳动物繁盛		
			早奥陶世(O₁)		488.3					
			寒武纪(∈) Cambrian 晚寒武世(∈₃)							浅海广布,生物开始大量发展
			中寒武世(∈₂)	60						
			早寒武世(∈₁)		542.0					
Precambrian 元古宙(PT)	元古代(Pt) Proterozoic	新元古代(Pt₃)	震旦纪(Z/Sn) Sinian	230	800	地台形成	普宁阶段	裸露动物繁盛	真核生物出现	地形不平,冰川广布,晚期海侵加广
			青白口纪	200	1000					沉积厚,造山变质强烈,火成岩活动,矿产生成
		中元古代(Pt₂)	蓟县纪	400	1400				(绿藻)	
			长城纪	400	1600		吕梁阶段			
		古元古代(Pt₁)		700	2500					
Precambrian 太古宙(PT)	太古代(Ar) Archaeocean	新太古代(Ar₂)		500	3000	陆核形成	2800	原核生物出现	原核生物出现	早期基性喷发,继以造山作用,变质强烈,花岗岩侵入
		古太古代(Ar₁)		800	4000			生命现象开始出现		
	冥古宙(HD)				4600					地壳局部变动,大陆开始形成

注:无脊椎动物继续演化发展（跨越显生宙各纪）

绝对年代数据来自于 International Commission on Stratigraphy, 2010. International Stratigraphic Chart. Sept. 2010。

注:1. 表中震旦纪、青白口纪、蓟县纪、长城纪,只限于国内使用。

7.2 岩石分类命名

7.2.1 碳酸盐岩的结构成因分类

碳酸盐岩主要由沉积的方解石和白云石组成,主要的岩石类型为石灰岩和白云岩,R. L.福克于 1959 年提出了碳酸岩的结构成因分类,他的分类根据是碳酸岩主要为碎屑及生物成因。他的分类能够较准确地反映岩石的特征。我们对福克的分类方案进行了修改,简化为适合野外在放大镜的帮助下的鉴定命名的分类图。这种分类方法的基本结构有四种:(1)异化颗粒;(2)微晶方解石;(3)亮晶方解石;(4)生物骨架。

1. 异化颗粒(可简称异化粒或颗粒)

异化颗粒是一种非正常化学沉淀的碳酸盐集合体,具有一定的结构特征,经过一定程度的搬运。异化粒有五种:(1)内碎屑,即盆内碎屑,是碳酸盐沉积物破碎而成,形状多具棱角次棱角,少数为圆状。按粒径大小可分为砾屑>2mm,及砂屑<2mm。(2)球粒,为粒径小于 0.25(或 0.3)mm 的圆球形、椭球形颗粒,它是凝聚作用形成的碳酸盐集合体。(3)团块,为大于 0.25(或 0.3)mm 到几厘米的圆球形,椭球形边缘圆滑的不规则颗粒,也是由凝聚作用形成的。(4)鲕粒,具有核心以同心圆或具放射状包壳所包覆的圆球形椭球形粒,其粒径小于 2mm;大于 2mm 的称豆粒。(5)生物碎屑,由各种动物的介壳、钙化的植物硬体碎屑等组成,是生物受破碎作用而形成的,完整的生物残体称"生物"。

2. 微晶方解石(简称微晶,或称泥晶)

由粒径为 0.001~0.005mm(1~5μm)的方解石晶粒或碳酸钙"尘屑"组成。肉眼观察为污浊状,致密状,其颜色可为白、灰、黄、蓝灰到黑色。由它组成的岩石相当于过去称为"石印灰岩"的岩石。白云石也可具微晶状。

3. 亮晶方解石(简称亮晶,或称淀晶)

亮晶方解石由 0.01mm(10μm)以上的透明方解石晶粒组成。它是以颗粒间的胶结物形式存在于岩石中,在标本上观察就是颗粒之间较为透明的不规则状晶粒,常见颗粒颜色稍深。

4. 生物骨架

生物骨架即原地生物结构,由原地生长的骨架生物的坚固骨—骼组成,它是生物礁的特有结构。在生物骨架之间常充填或黏结了微晶和颗粒,组成骨架之间的基质。

白云岩多为交代成因,标本上有时可见残余异化粒结构,结晶粒状白云岩也多为交代成因。当灰岩白云石化程度小于 80% 以下时,可称为白云石化灰岩,大于 80% 以上则称为残余灰岩结构白云岩。

根据上述结构组分,把碳酸盐岩分五大类,其分类命名见图 7-1 所示的碳酸盐岩分类图谱（简化）。若有混入物则可在岩石名称前加上混入物种类"×质"称之，如"砂质"、"泥质"、"硅质"等。

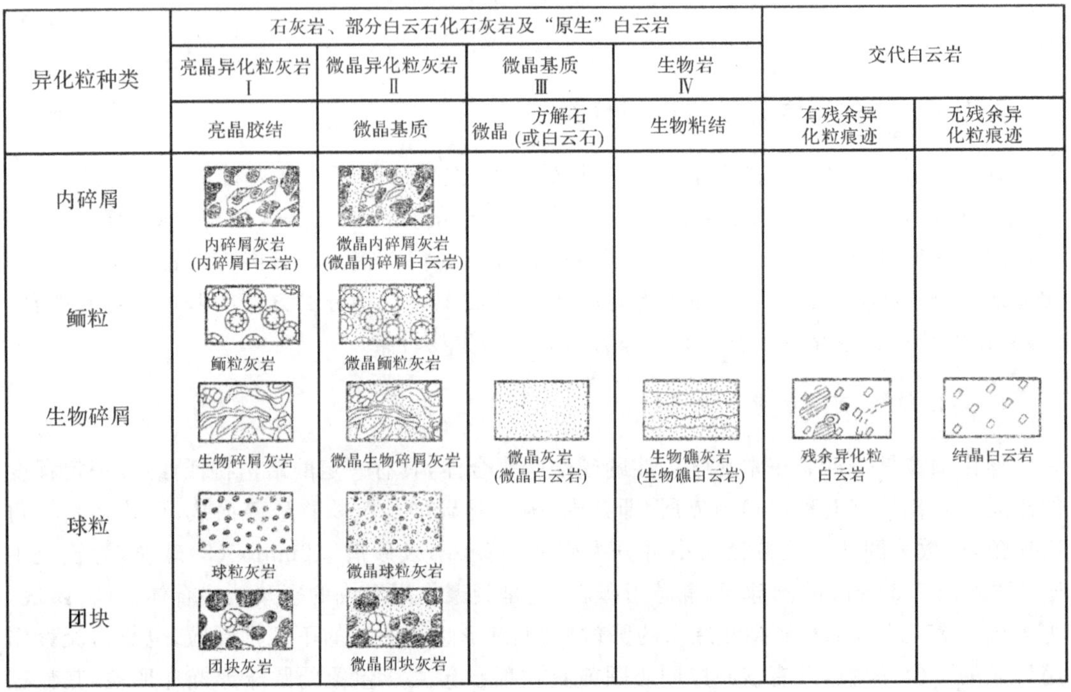

异化粒种类	石灰岩、部分白云石化石灰岩及"原生"白云岩				交代白云岩	
	亮晶异化粒灰岩 I	微晶异化粒灰岩 II	微晶基质 III	生物岩 IV		
	亮晶胶结	微晶基质	微晶 / 方解石(或白云石)	生物粘结	有残余异化粒痕迹	无残余异化粒痕迹
内碎屑	内碎屑灰岩(内碎屑白云岩)	微晶内碎屑灰岩(微晶内碎屑白云岩)				
鲕粒	鲕粒灰岩	微晶鲕粒灰岩				
生物碎屑	生物碎屑灰岩	微晶生物碎屑灰岩	微晶灰岩(微晶白云岩)	生物礁灰岩(生物礁白云岩)	残余异化粒白云岩	结晶白云岩
球粒	球粒灰岩	微晶球粒灰岩				
团块	团块灰岩	微晶团块灰岩				

图 7-1 碳酸盐岩分类图谱

7.2.2 火成岩肉眼鉴定表

表7.3为火成岩肉眼鉴定表。

7.2.3 若干岩石结构构造分类的一些规定

1. 岩层厚度分类表

＞2m	块状层
2～0.5m	厚层
0.5～0.1m	中层
0.1～0.01m	薄层
＜0.01m	微层

2. 火成岩粒度分类表（根据主要矿物）

＞5mm	粗粒
5～2mm	中粒
2～0.2mm	细粒
＜0.2mm	微粒

表 7.3　火成岩肉眼鉴定表

长石	无长石	斜长石为主			碱性长石与斜长石大致相等		碱性长石为主		
酸碱指示矿物	有橄榄石	无石英有时有橄榄石	有石英 <20	有石英 >20	无石英	有石英 <20%	有石英	无石英	有副长石
色率	>75	75~35	35~20	35~20	35~20	35~20	<20	35~20	<20
喷出岩（岩流、岩被、岩钟等）斑状或无斑隐晶质结构，气孔、杏仁构造	苦橄岩　玻基橄辉岩	玄武岩	安山岩	流纹英安岩	粗安岩	石英粗安岩	流纹岩	粗面岩	响岩
次火山岩及浅成岩（岩枝、岩墙、岩脉、岩盖、小岩株等）斑状或微晶质结构	金伯利岩	辉绿岩　微晶辉长岩	安山玢岩　闪长玢岩　微晶闪长岩	英安玢岩　石英闪长玢岩　微晶石英闪长岩	粗安斑岩　二长斑岩　微晶二长岩	石英粗安斑岩　石英二长斑岩　微晶石英二长岩	流纹斑岩　石英斑岩　花岗斑岩　微晶花岗岩　细晶岩　伟晶岩	粗面斑岩　正长斑岩　微晶正长岩	霞石斑岩　微晶霞石正长岩
深成岩（岩基、岩株、岩盆等）全晶质粒状或似斑状结构	纯橄榄岩　辉石岩　角闪岩	辉长岩	闪长岩	花岗闪长岩	二长岩	石英二长岩	花岗岩	正长岩	霞石正长岩

3. 正常碎屑岩粒级分类表(碎屑粒级含量＞50％)

    ＞2mm   砾岩、角砾岩

    0.1～2mm   砂岩

    0.01～0.1mm   粉砂岩

    ＜0.01mm   泥质岩

4. 火山碎屑岩粒级分类表

    ＞50mm(占 1/3 以上集块岩

    50～2mm(＞50)   火山角砾岩

    ＜2mm(＞50)   凝灰岩

7.2.4 不同岩石粒度划分对比

表 7.4 所示为不同岩石粒度划分对比。

表 7.4 不同岩石粒度划分对比 单位:mm

岩浆岩		火山碎屑岩		正常沉积碎屑岩			碳酸盐岩		变质岩	
颗粒类别	颗粒大小	颗粒类别	颗粒大小	颗粒类别	颗粒大小	颗粒类别	晶粒类别	晶粒大小	颗粒类别	颗粒大小
巨粒	＞10	粗集块	＞100	巨角砾	256 126 64 16	漂砾	砾晶	＞2	粗粒变晶	＞3
		细集块	100～50	粗角砾		卵 粗 细				
		粗火山角砾	50～10	中角砾		粗 中 砾				
粗粒	10～5									
中粒	5～2	细火山角砾	10～2	细角砾	8	细				
细粒	2～0.2				2 1	粗	极粗晶	2～1	中粒变晶	1～3
微粒	0.2～0.1	粗凝灰	2～0.5		0.5	中 砂	粗晶	1～0.5	细粒变晶	＜1
						细	中晶	0.5～0.25		
显微晶	0.1～0.05	细凝灰	0.5～0.05		0.25 0.125 0.063 0.032	微 粗 细 粉砂	细晶	0.25～0.05	显微变晶	
							粉晶	0.05～0.03		
显微晶	＜0.05	火山尘灰	＜0.05		0.0039	黏土	微晶	0.03～0.005		
							泥晶	＜0.005		

7.3 侵入岩年代符号(以花岗岩为例)

侵入岩年代符号如图 7-2 所示。

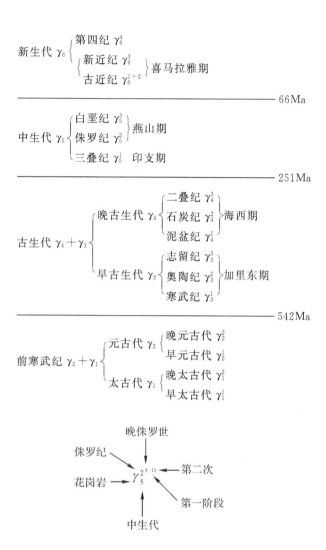

图 7-2 侵入岩年代符号

7.4 岩浆岩名称与常用符号

深成侵入岩符号、浅成侵入岩符号和喷出岩符号分别如表7.5至表7.7所示。

表 7.5 深成侵入岩符号

序号	符号	名称	序号	符号	名称	序号	符号	名称
1	φ	纯橄榄岩	10	δβ	黑云母闪长岩	19	η	二长岩
2	Ψ	辉相岩	11	ξδ	正长闪长岩	20	ηο	石英二长岩
3	φω	蛇纹岩	12	υδ	辉长闪长岩	21	γο	斜长花岗岩
4	υ	辉长岩	13	γ	花岗岩	22	χ	斑霞正长岩
5	συ	橄榄辉长岩	14	ηγ	二长花岗岩	23	χξ	碱性岩
6	υο	苏长岩	15	γι	白岗岩	24	ε	霞石正长岩
7	υσ	斜长岩	16	γδ	花岗闪长岩	25	ξ	正长岩
8	δ	闪长岩	17	γβ	黑云母花岗岩	26	γξ	花岗正长岩
9	δο	石英闪长岩	18	ξγ	钾长花岗岩	27	ξο	石英正长岩

表 7.6 浅成侵入岩符号

序号	符号	名称	序号	符号	名称	序号	符号	名称
1	ωμ	苦橄玢岩	8	γι	花岗细晶岩	15	λρ	花岗伟晶岩
2	υρ	辉长—伟晶岩	9	λπ	石英斑岩	16	χ	煌斑岩
3	υμ	辉长玢岩	10	λδπ	花岗闪长斑岩	17	δχ	斜长煌斑岩
4	βμ	辉绿岩	11	ηπ	二长斑岩	18	ξχ	云煌岩
5	δμ	闪长玢岩	12	ηλπ	二长花岗斑岩	19	εχ	霓霞岩
6	γπ	花岗斑岩	13	ξπ	正长斑岩	20	χδ	金伯利岩
7	ι	细晶质岩石	14	ρ	伟晶质岩石	21	χc	碳酸岩

表 7.7 喷出岩符号

序号	符号	名称	序号	符号	名称	序号	符号	名称
1	ω	苦橄岩	9	ζ	英安岩	17	ν	玻璃岩和隐晶岩
2	μβ	细碧岩	10	ζπ	英安斑岩	18	ζφ	变英安钠长斑岩
3	β	玄武岩粗玄岩	11	ζμ	英安玢岩	19	ν	响岩等
4	ωβ	苦橄玄武岩	12	χτ	角斑岩	20	τα	粗面安山岩
5	νβ	玄武质玻璃岩	13	λ	流纹岩	21	τπ	粗面斑岩
6	αβ	安山玄武岩	14	λπ	流纹斑岩	22	χτ	碱性粗面岩
7	α	安山岩	15	λχτ	石英角斑岩	23	χβ	碱性玄武岩
8	αμ	安山玢岩	16	νπ	霏细斑岩	24	νλ	浮岩、黑曜岩、流纹熔岩、珍珠岩、松脂岩

7.5　常见矿物的代号

常见矿物的代号如表7.8所示。

表7.8　常见矿物的代号

Ab	钠长石	En	顽火辉石	Ol	橄榄石
Act	阳起石	Ep	绿帘石	Op	蛋白石
Ad	红柱石	Fa	铁橄榄石	Opx	斜方辉石
Adl	冰长石	Fl	萤石	Or	正长石
Ads	中长石	Fo	镁橄榄石	Orp	雌黄
Ae	霓石	Fs	长石	Pe	条纹长石
Aga	玛瑙	Gn	方铅矿	Phl	金云母
Ah	硬石膏	Go	针铁矿	Pl	斜长石
Alf	碱性长石	Gph	石墨	Pre	葡萄石
Aln	明矾石	Gr	石榴子石	Prx	辉石
An	钙长石	Gt	海绿石	Py	黄铁矿
Ap	磷灰石	Gy	石膏	Pyl	叶蜡石
Ara	文石	Hb	角闪石	Pyp	镁铝榴石
Ars	毒砂	Hm	赤铁矿	Pyr	磁黄铁矿
Asb	石棉	Hy	紫苏辉石	Qz	石英
Aug	普通辉石	Id	伊丁石	Rar	雄黄
Az	蓝铜矿	Ih	石盐	Rhd	蔷薇辉石
Bar	重晶石	Il	钛铁矿	Rt	金红石
Ber	绿柱石	Is	冰洲石	Rub	红宝石
Bit	黑云母	Jd	硬玉	Sa	蓝宝石
Bn	斑铜矿	Js	碧玉	San	透长石
Bx	铝土矿	Kl	高岭石	Sd	菱铁矿
Cal	方解石	Kp	钾长石	Sep	蛇纹石
Chc	玉髓	Ky	蓝晶石	Ser	绢云母
Che	燧石	Ld	拉长石	Sp	尖晶石
Chl	绿泥石	Lm	褐铁矿	Sph	闪锌矿
Chm	铬铁矿	Mal	孔雀石	St	十字石
Ci	辰砂	Mi	微斜长石	Ste	硅镁石
Cln	斜绿泥石	Mot	辉钼矿	Sti	辉锑矿
Coa	煤	Mt	磁铁矿	Su	琥珀
Cor	堇青石	Mu	白云母	Tl	透闪石
Cov	铜蓝	Mz	独居石	Tou	电气石
Cp	黄铜矿	Nbi	自然铋	Tu	绿松石
Cpt	赤铜矿	Nc	自然铜	Tz	黄玉
Crd	刚玉	Ng	自然金	Vl	符山石
De	硅藻土	Ngs	天然气	Wf	黑钨矿
Di	透辉石	Nph	霞石	Wl	硅灰石
Dic	地开石	Npl	自然铂	Ze	沸石
Do	白云石	Ns	自然硫	Zi	锆石

7.6 常见沉积岩相符号

常见沉积岩相符号如表 7.9 所示。

表 7.9 常见沉积岩相符号

序号	符号	名称	序号	符号	名称	序号	符号	名称
1	M	海相	12	SL	坡积相	23	F	沼泽相
2	LI	滨海相	13	PM	山麓堆积相	24	DE	沙漠相
3	MS	浅海相	14	PL	洪积相	25	RD	石漠相
4	MB	次深海相	15	AL	河流冲积相	26	EOL	风成相
5	MA	深海相	16	RB	河床相	27	LS	盐水湖泊相
6	MC	海陆过渡相	17	FP	河漫滩相	28	GL	冰川相
7	LF	泻湖相	18	ML	牛轭湖相	29	GFL	冰水相
8	ES	三角港相	19	B	沙洲—沙坝相	30	LG	冰湖相
9	CD	陆上三角洲相	20	BD	水下三角洲相	31	GD	冰碛相
10	C	陆相	21	L	湖泊相	32	CV	陆上火山沉积相
11	EL	残积相	22	FL	淡水湖泊相			

7.7 第四纪堆积物成因类型符号

第四纪堆积物成因类型符号如表 7.10 所示。

表 7.10 第四纪堆积物成因类型符号

序号	符号	名称	序号	符号	名称	序号	符号	名称
1	Q^{al}	冲积	8	Q^{del}	地滑堆积	15	Q^{eol}	风积
2	Q^{pl}	洪积	9	Q^{l}	湖积	16	Q^{m}	海积
3	Q^{pal}	洪冲积	10	Q^{f}	沼泽堆积	17	Q^{mc}	海陆交互堆积
4	Q^{el}	残积	11	Q^{fl}	湖沼堆积	18	Q^{b}	生物堆积
5	Q^{sl}	坡积	12	Q^{gl}	冰川堆积	19	Q^{ch}	化学堆积
6	Q^{esl}	残坡积	13	Q^{gfl}	冰水堆积	20	Q^{s}	人工堆积
7	Q^{cl}	崩积	14	Q^{vl}	火山堆积	21	Q^{ca}	洞穴堆积

7.8 第四纪沉积相花纹

第四纪沉积相花纹如表 7.11 所示。

表 7.11　第四纪沉积相花纹

编号	符号	名称	编号	符号	名称
1		冲积	8		冰碛
2		洪积	9		冰水堆积
3		冲积洪积	10		湖积
4		坡积	11		海积
5		残积	12		沼泽堆积
6		风积（砂）	13		化学堆积
7		黄土	14		火山堆积

7.9　常用地质构造符号

表 7.12　常用地质构造符号

常用地质构造符号如表 7.12 所示。

编号	符号	名称	编号	符号	名称
1		实测整合岩层界线	2		推测整合岩层界线
3		实测不整合界线（点在新地层一侧，下同）	4		推测不整合界线
5		实测平行不整合界线	6		推测平行不整合界线
7		构造不整合	8		火山喷出不整合
9		侵入接触界线及产状	10		正常/倒转 岩层产状
11		向斜轴线	12		背斜轴线

续表

编号	符号	名称	编号	符号	名称
13		复式向斜	14		复式背斜
15		实测逆断层	16		实测正断层
17		区域性大断层	18		实测平推断层
19		盾状火山	20		航、卫片解译断层
21		锥状火山	22		穹状火山
23		露天开采场	24		火山喷发带界线
25		标本采点及编号	26		废矿堆
27		泉(左为编号,右为涌水量)	28		钻孔及编号

7.10　常见䗴科化石

　　䗴是古生物有孔虫亚纲的一个已绝灭的目,一般认为是浅海底栖生活,少数种类可能营浮生活。䗴壳小,一般长 3～6cm,小者不及 1mm,最大者可达 60mm,形态多样,有透镜形、球形、椭圆形、圆柱形和纺锤形,以纺锤形最为常见(孙跃武等,2006)。䗴生存于早石炭世晚期至二叠纪,其演化迅速,地理分布广泛,是石炭纪和二叠纪的重要标准化石之一。

　　䗴科结构复杂,需切制薄片在显微镜下研究。通常以轴切面为主,横向切面和弦切面为辅。表 7.13 所示为䗴科化石的三种切面。

表 7.13　䗴科化石的三种切面

鏇轴切面	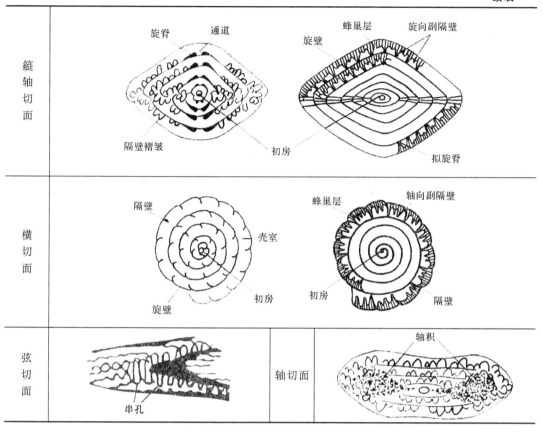
横切面	
弦切面 轴切面	

表 7.14 所示为常见鏇科化石。

表 7.14　常见鏇科化石

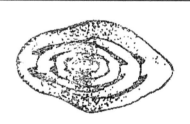	始史塔夫鏇　*Eostaffella* 壳小，呈透镜形，壳缘圆，旋壁不分化或由致密层及内、外疏松层组成；隔壁平直；旋脊小而清楚。 石炭纪，以早石炭世最为常见。
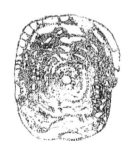	假始史塔夫鏇　*Pseudostaffella sphaeroidea* 壳小，呈球形或近球形，壳缘钝圆；内圈旋轴与外圈旋轴以较大角度相交；旋壁由致密层及内、外疏松层组成；隔壁平；旋脊发育。 晚石炭世早期

续表

南京鏇　*Nankinella orbicularia*

壳中等,呈凸镜形,壳缘窄;旋壁大都矿化,似由致密层、透明层及内疏松层组成,隔壁平,旋脊小。

二叠纪

苏伯特鏇　*Schubertella magna*

壳小,呈纺锤状,两极钝圆;内圈的旋轴与外圈的旋轴斜交或正交;旋壁由单一致密层构成;隔壁平直;旋脊显著。

晚石炭世早期至早二叠世

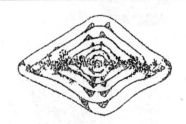

太子河鏇　*Taizehoella taitzehoensis*

壳小,呈菱角状,中部凸起,侧坡下凹,两栖 极伸出;内圈的旋轴与外圈的旋轴斜交;旋壁薄,由致密层及内疏松层组成;隔壁平;旋脊发育;初房微小。

晚石炭世早期

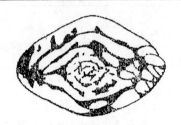

原小纺锤鏇　*Profusulinella rhamboides*

壳小,呈纺锤形至椭圆形;旋壁由致密层及内、外疏松层组成;隔壁平或在极部微皱褶;旋脊粗大。

晚石炭世早期

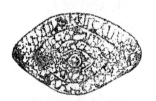

古纺锤鏇 *Palaeofusulina sinensis*

壳小,呈厚纺锤形,壳圈包卷较松;旋壁薄,由致密层及透明层组成;隔壁褶强烈而规则;无旋脊。

晚二叠世晚期。

小纺锤鏇 *Fusulinella bocki*

壳小至中等,呈纺锤形;旋壁由致密层、透明层及内、外疏松层组成;隔壁平直或具轻微皱纹;旋脊粗大。

晚石炭世早期

	纺锤𧈢 *Fusulina pseudokonnoi* 壳小至大,呈纺锤形至长纺锤形;旋壁由致密层、透明层及内疏松层组成;隔壁褶皱强烈;旋脊小。 晚石炭世早期
	麦粒𧈢 *Triticites chinensis* 壳呈纺锤状至长纺锤形;旋壁致密层及蜂巢层组成;隔壁褶皱常发育于两极,有时可达侧坡;旋脊显著。 晚石炭世晚期
	似纺锤𧈢 *Quasifusulina longisima* 壳中等到大,呈柱形;旋壁很薄,由致密层及不甚清晰的蜂巢层组成;隔壁褶皱强烈而较规则;轴积发育;初房大,无旋脊。 晚石炭世晚期
	拟纺锤𧈢 *Parafusulina cincta* 壳大到巨大,呈长纺锤形至近柱形;旋壁由致密层及蜂巢层组成;隔壁褶皱强烈而规则;串孔发育;无旋脊;初房大。 早二叠世
	苏门答腊𧈢 *Sumatrina longissima* 壳中等到大,呈长纺锤形至长纺锤形;旋壁薄,由单一致密层构成;隔壁平;副隔壁具轴向及旋向两组,每组又有第一和第二隔壁之分,其上部薄,下端膨大呈钟摆状;拟旋脊发育;列孔多,初房大。 早二叠世晚期
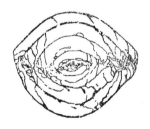	假希瓦格𧈢 *Pseudoschwagerina borealis* 壳中等到大,呈厚纺锤形至近球形;内圈包卷紧,外圈骤然放松,最后一圈又收紧;旋壁由致密层及蜂巢层组成;隔壁微褶;旋脊小,常见于内圈;初房大。 晚石炭世晚期。

续表

希瓦格鏈 *Schwagerina cf. regularis*

壳呈纺锤形至长纺锤形,内圈包卷较紧,向外逐渐放松;旋壁由致密层及蜂巢层组成;隔壁褶皱强烈而规则;旋脊无或仅见于内圈。

晚石炭世晚期至早二叠世

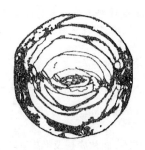

球希瓦格鏈 *Sphaeroschwagerina sphaerica*

壳呈球形,脐部微凹;内圈包卷紧,外圈放松;旋壁在内圈很薄,向外增厚,由致密层及蜂巢层组成;隔壁平或两极微皱;旋脊发育不好或缺失。初房微小。

晚石炭世晚期

费伯克鏈 *Verbeekina crassispira*

壳大,呈圆球形;壳圈包卷紧密;旋壁由致密层、细蜂巢层及内疏松层组成;隔壁平;拟旋脊不连续,常见于内部及外部壳圈;具列孔;初房极小。

早二叠世

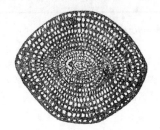

新希瓦格鏈 *Neoschwagerina cf.*

壳中等到大,呈厚纺锤形;旋壁由致密层及蜂巢层组成;副隔壁有轴向及旋向两组,每组又分第一和第二副隔壁;拟旋脊宽而低,常与第一副隔壁相连;列孔多。

早二叠世晚期

米斯鏈 *Misellina ovalis*

壳小,呈椭圆形;旋壁由致密层及蜂巢层组成;隔壁平;拟旋脊发育,低而宽;列孔多。

早二叠世早期

7.11　土地利用现状分类

土地利用现状分类如表 7.15 所示。

表 7.15　土地利用现状分类　　　　　　　　引自 GB/T 21010—2007

一级类		二级类		含　义	三大类
类别编码	类别名称	类别编码	类别名称		
01	耕地			指种植农作物的土地,包括熟地、新开发、复垦、整理地,休闲地(轮歇地、轮作地);以种植农作物(含蔬菜)为主,间有零星果树、桑树或其他树木的土地;平均每年能保证收获一季的已垦滩地和海涂。耕地中还包括南方宽度〈1.0 米、北方宽度〈2.0 米固定的沟、渠、路和地坎(埂);临时种植药材、草皮、花卉、苗木等的耕地,以及其他临时改变用途的耕地	农用地
		011	水田	指用于种植水稻、莲藕等水生农作物的耕地。包括实行水生、旱生农作物轮种的耕地	
		012	水浇地	指有水源保证和灌溉设施,在一般年景能正常灌溉,种植旱生农作物的耕地。包括种植蔬菜等的非工厂化的大棚用地	
		013	旱地	指无灌溉设施,主要靠天然降水种植旱生家作物的耕地,包括没有灌溉设施,仅靠引洪淤灌的耕地	
02	园地			指种植以采集果、叶、根、茎、枝、汁等为主的集约经营的多年生木本和草本作物,覆盖度大于 50% 或每亩株数大于合理株数 70% 的土地。包括用于育苗的土地	
		021	果园	指种植果树的园地	
		022	茶园	指种植茶树的园地	
		023	其他园地	指种植桑树、橡胶、可可、咖啡、油棕、胡椒、药材等其他多年生作物的园地	
03	林地			指生长乔木、竹类、灌木的土地,及沿海生长红树林的土地。包括迹地,不包括居民点内部的绿化林木用地,以及铁路、公路、征地范围内的林木,以及河流、沟渠的护堤林	
		031	有林地	指树木郁闭度≥0.2 的乔木林地,包括红树林地和竹林地	
		032	灌木林地	指灌木覆盖度≥40% 的林地	
		033	其他林地	包括疏林地(指树木郁闭度≥0.1、<0.2 的林地)、未成林地、迹地、苗圃等林地	
04	草地			指生长草本植物为主的土地	
		041	天然牧草地	指以天然草本植物为主,用于放牧或割草的草地	
		042	人工牧草地	指人工种牧草的草地	
		043	其他草地	指树林郁闭度<0.1,表层为土质,生长草本植物为主,不用于畜牧业的草地	未利用地

续表

一级类		二级类		含　义	三大类
类别编码	类别名称	类别编码	类别名称		
05	商服用地			指主要用于商业、服务业的土地	建设用地
		051	批发零售用地	指主要用于商品批发、零售的用地。包括商场、商店、超市、各类批发(零售)市场,加油站等及其附属的小型仓库、车间、工场等的用地	
		052	住宿餐饮用地	指主要用于提供住宿、餐饮服务的用地。包括宾馆、酒店、饭店、旅馆、招待所、度假村、餐厅、酒吧等	
		053	商务金融用地	指企业、服务业等办公用地,以及经营性的办公场所用地。包括写字楼、商业性办公场所、金融活动场所和企业厂区外独立的办公场所等用地	
		054	其他商服用地	指上述用地以外的其他商业、服务业用地。包括洗车场、洗染店、废旧物资回收站、维修网点、照相馆、理发美容店、洗浴场所等用地	
06	工矿仓储用地			指主要用于工业生产、物资存放场所的土地	
		061	工业用地	指工业生产及直接为工业生产服务的附属设施用地	
		062	采矿用地	指采矿、采石、采砂(沙)场,盐田,砖瓦窑等地面生产用地及尾矿堆放地	
		063	仓储用地	指用于物资储备、中转的场所用地	
07	住宅用地			指主要用于人们生活居住的房基地及其附属设施的土地	
		071	城镇住宅用地	指城镇用于居住的各类房屋用地及其附属设施用地。包括普通住宅、公寓、别墅等用地	
		072	农村宅基地	指农村用于生活居住的宅基地	
08	公共管理与公共服务用地			指用于机关团体、新闻出版、科教文卫、风景名胜、公共设施等的土地	
		081	机关团体用地	指用于党政机关、社会团体、群众自治组织等的用地	
		082	新闻出版用地	指用于广播电台、电视台、电影厂、报社、杂志社、通讯社、出版社等的用地	
		083	科教用地	指用于各类教育,独立的科研、勘测、设计、技术推广、科普等的用地	
		084	医卫慈善用地	指用于医疗保健、卫生防疫、急救康复、医检药检、福利救助等的用地	
		085	文体娱乐用地	指用于各类文化、体育、娱乐及公共广场等的用地	
		086	公共设施用地	指用于城乡基础设施的用地。包括给排水、供电、供热、供气、邮政、电信、消防、环卫、公用设施维修等用地	
		087	公园与绿地	指城镇、村庄内部的公园、动物园、植物园、街心花园和用于休憩及美化环境的绿化用地	
		088	风景名胜设施用地	指风景名胜(包括名胜古迹、旅游景点、革命遗址等)景点及管理机构的建筑用地。景区内的其他用地按现状归入相应地类	

续表

一级类		二级类		含　义	三大类
类别编码	类别名称	类别编码	类别名称		
09	特殊用地			指用于军事设施、涉外、宗教、监教、殡葬等的土地	
		091	军事设施用地	指直接用于军事目的的设施用地	
		092	使领馆用地	指用于外国政府及国际组织驻华使领馆、办事处等的用地	
		093	监教场所用地	指用于监狱、看守所、劳改场、劳教所、戒毒所等的建筑用地	
		094	宗教用地	指专门用于宗教活动的庙宇、寺院、道观、教堂等宗教自用地	
		095	殡葬用地	指陵园、墓地、殡葬场所用地。	
10	交通运输用地			指用于运输通行的地面线路、场站等的土地。包括民用机场、港口、码头、地面运输管道和各种道路用地	
		101	铁路用地	指用于铁道线路、轻轨、场站的用地。包括设计内的路堤、路堑、道沟、桥梁、林木等用地	
		102	公路用地	指用于国道、省道、县道和乡道的用地。包括设计内的路堤、路堑、道沟、桥梁、汽车停靠站、林木及直接为其服务的附属用地	
		103	街巷用地	指用于城镇、村庄内部公用道路(含立交桥)及行道树的用地。包括公共停车场,汽车客货运输站点及停车场等用地	
		104	农村道路	指公路用地以外的南方宽度≥1.0m,北方宽度≥2.0m的村间、田间道路(含机耕道)	农用地
		105	机场用地	指用于民用机场的用地	
		106	港口码头用地	指用于人工修建的客运、货运、捕捞及工作船舶停靠的场所及其附属建筑物的用地,不包括常水位以下部分	建设用地
		107	管道运输用地	指用于运输煤炭、石油、天然气等管道及其相应附属设施的地上部分用地	

续表

一级类		二级类		含　义	三大类
类别编码	类别名称	类别编码	类别名称		
11	水域及水利设施用地			指陆地水域,海涂,沟渠、水工建筑物等用地。不包括滞洪区和已垦滩涂中的耕地、园地、林地、居民点、道路等用地	
		111	河流水面	指天然形成或人工开挖河流常水位岸线之间的水面,不包括被堤坝拦截后形成的水库水面	未利用地
		112	湖泊水面	指天然形成的积水区常水位岸线所围成的水面	
		113	水库水面	指人工拦截汇积而成的总库容≥10万 m^3 的水库正常蓄水位岸线所围成的水面	建设用地
		114	坑塘水面	指人工开挖或天然形成的蓄水量<10万 m^3 的坑塘常水位岸线所围成的水面	农用地
		115	沿海滩涂	指沿海大潮高潮位与低潮位之间的潮侵地带。包括海岛的沿海滩涂。不包括已利用的滩涂	建设用地
		116	内陆滩涂	指河流、湖泊常水位至洪水位间的滩地;时令湖、河洪水位以下的滩地;水库、坑塘的正常蓄水位与洪水位间的滩地。包括海岛的内陆滩涂。不包括已利用的滩地	
		117	沟渠	指人工修建,南方宽度≥1.0m,北方宽度≥2.0m用于引、排、灌的渠道,包括渠槽、渠堤、取土坑、护堤林	农用地
		118	水工建筑用地	指人工修建的闸、坝、堤路林、水电厂房、扬水站等常水位岸线以上的建筑物用地	建设用地
		119	冰川及永久积雪	指表层被冰雪常年覆盖的土地	未利用地
12	其他土地			指上述地类以外的其他类型的土地	
		121	空闲地	指城镇、村庄、工矿内部尚未利用的土地	建设用地
		122	设施农业用地	指直接用于经营性养殖的畜禽舍、工厂化作物栽培或水产养殖的生产设施用地及其相应附属用地,农村宅基地以外的晾晒场等农业设施用地	农用地
		123	田坎	主要指耕地中南方宽度≥1.0m、北方宽度≥2.0m的地坎	
		124	盐碱地	指表层盐碱聚集,生长天然耐盐植物的土地	未利用地
		125	沼泽地	指经常积水或渍水,一般生长沼生、湿生植物的土地	
		126	沙地	指表层为沙覆盖,基本无植被的土地。不包括滩涂中的沙漠	
		127	裸地	指表层为土质,基本无植被覆盖的土地;或表层为岩石、石砾,其覆盖面积≥70%的土地	

7.12　城镇村及工矿用地

城镇村及工矿田地城镇村及工矿田地如表 7.16 所示。

表 7.16　城镇村及工矿田地

一级		二级		含　　义
编码	名称	编码	名称	
20	城镇村及工矿用地			指城乡居民点、独立居民点以及居民点以外的工矿、国防、名胜古迹等企事业单位用地,包括其内部交通、绿化用地
		201	城市	指城市居民点,以及与城市连片的和区政府、县级市政府所在地镇级辖区内的商服、住宅、工业、仓储、机关、学校等单位用地
		202	建制镇	指建制镇居民点,以及辖区内的商服、住宅、工业、仓储、学校等企事业单位用地
		203	村庄	指农村居民点,以及所属的商服、住宅、工矿、工业、仓储、学校等用地
		204	采矿用地	指采矿、采石、采砂(沙)场,盐田,砖瓦窑等地面生产用地及尾矿堆放地
		205	风景名胜及特殊用地	指城镇村用地以外用于军事设施、涉外、宗教、监教、殡葬等的土地,以及风景名胜(包括名胜古迹、旅游景点、革命遗址等)景点及管理机构的建筑用地

注:开展农村土地调查时,对《土地利用现状分类》中 05、06、07、08、09 一级类和 103、121 二级类按本表进行归并。

7.13　旅游资源分类、调查与评价

旅游资源是构成旅游业发展的基础。我国旅游资源非常丰富,具有广阔的开发前景,在旅游研究、区域开发、资源保护等各方面得到广泛的应用,越来越受到重视。旅游界对旅游资源的涵义、价值、应用等许多理论和实用问题进行了多方面的研究,对旅游资源的类型划分、调查、评价的实用技术和方法进行了较深层次的探讨,目的是为了更加适用于旅游资源开发与保护、旅游规划与项目建设、旅游行业管理与旅游法规建设、旅游资源信息管理与开发利用等方面的工作。下面是按国标 GB/T 18972—2017 进行的旅游资源分类与评价。

7.13.1 旅游资源分类表

旅游资源分类表如表 7.17 所示。

表 7.17　旅游资源分类表

主类	亚类	基本类型	简要说明
A 地文景观	AA 自然景观综观体	AAA 山丘型景现	由地丘夜内可供观光游览的整体景观或个别景观
		AAB 台地型景观	山地边缘或由间台我可供观光醉览的热体景观或个别景观
		AAC 沟谷多景观	沟谷内可供观光游览的经体景骸或个体景观
		AAD 滩地型景观	缓平滩地内可供现光游览的整体景观或个别景观
	AB 地质与构造形态	ABA 撕裂景观	地层断裂在地表面形成的景观
		ABB 褶曲景观	地层在各种内力作用下彩的扭曲变形
		ABC 地层剖面	地层中具有科学意义的典型剖面
		ABD 生物化石点	保存在抢层中的地质时期的生物速体、遗骸及活动遗迹的发掘地点
	AC 地表形态	ACA 台丘状短景	台地和丘酸形状的地貌景观
		ACB 峰柱状地最	在山地、丘陵或平垣上关起的蜂状石体
		ACC 教岗状地景	构选形连的控制下长期受溶读作用形季的岩洛地晚
		ACD 沟童与制穴	由内营力想造或外营力侵蚀形成的沟谷、劣地,以及位于基岩内和岩石表面的天然洞穴
		ACE 奇特与象形出石	形状奇异、拟人状物的山体或石体
		ACF 岩土同灾变遗迹	岩石圈自然灾害变动所留下的表面痕迹
	AD 自然标记与自然现象	ADA 奇异自然现象	发生在地表一般还没有合理解释的自然界奇特现象
		ADB 自然标志地	标志特殊地理、自然区域的地点
		ADC 垂直自然带	山地自然景观及其自然要索(主要是地、气候,植被、土壁)随海技呈递变规律的现象
B 水域景观	BA 河系	BAA 游憩河段	可供观光游览的河流段落
		BAB 瀑布	河水在流经断层、凹陷等地区时重直从高空跌落的跌水
		BAC 古河道段落	已经清失的历史河道现存段落
	BB 湖沼	BBA 游憩湖区	湖泊水体的观光游览区与段落
		BBB 潭池	四周有岸的小片水域
		BBC 湿地	天然或人工形成的沼泽地等带有静止或流动水体的成片浅水区
	BC 地下水	BCA 泉	地下水的天然露头
		CB 埋藏水体	埋藏于地下的温度适宜,具有矿物元素的地下热水,热气
	BD 冰雪地	BDA 积雪地	长时间不融化的降雪堆积面
		BDB 现代冰川	现代冰川存留区城

续表

主类	亚类	基本类型	简要说明
B 水域景观	BE 海面	BEA 游憩海域	可供观光游憩的海上区域
		BEB 涌潮与击浪现象	海水大潮时潮水涌进景象，以及海浪推进时的击岸现象
		BEC 小型岛礁	出现在江海中的小型明礁或暗礁
C 生物景观	CA 植被景现	CAA 林地	生长在一起的大片树本组成的植物群体
		CAB 独树与丛树	单林成生长在一起的小片树林红成的植物群体
		CAC 草地	以多年生草本植物或小半灌木组成的植物群落构版的地区
		CAD 花卉地	一种或多种花卉组成的群体
	CB 野生动物栖息地	CBA 水生动物栖息地	一种或多种水生动物常年或季节性栖息的地方
		CCB 陆地动物栖息地	一种暖多种陆地野生辅乳动物、两栖动物、爬行动物等常年或季
		动物栖息地	
		CBC 鸟类栖息地	一种或多种鸟类常年或季节性栖息的地方
		CBD 碟类栖息地	一种或多种碟类常年或季节性栖息的地方
D 天象与气候景观	DA 天象景观	DAA 太空景象观赏地	观察各种日、月、星版、极光等太空现象的地方
		DAB 地表光现象	发生在地面上的天然或人工光现象
	DB 天气与气候现象	DBA 云雾多发区	云雾及雾淞、雨淞出现顾率较高的地方
		DBB 极端与特殊气候显示地	易出现极端与特殊气候的地区或地点，如风区、雨区、热区、寒区、旱区等典型地点
		DBC 物候现象	各种植物的发芽、展叶、开花、结实、叶变色、落叶等季变现象
E 建筑与设施	EA 人文景观综合体	EAA 社会与商贸活动场所	进行社会交往活动，商业贸易活动的场所
		EAB 军事遗址与古战场	古时用于战事的场所、建筑物和设施遗存
		EAC 教学科研实验场所	各类学校和教育单位、开展科学研究的机构和从事工程技术试验场所的观光、研究、实习的地方
		EAD 建设工程与生产地	经济开发工程和实体单位，如工厂、矿区，农田、牧场、林场、茶园、养殖场、加工企业以及各发生产部门的生产区域和生产线
		EAE 文化活动场所	进行文化活动、展览、科学技术普及的场所
		EAF 康体游乐休闲度假地	具有康乐、健身、休闲、疗养、度假条件的地方
		EAG 宗教与祭祀活动场所	进行宗教、祭祀、礼仪活动场所的地方
		EAH 交通运输场站	用于运输通行的地面场站等
		EAI 纪念地与纪念活动场所	为纪念故人或开展各种宗教祭祀，礼仪活动的馆室或场地

续表

主类	亚类	基本类型	简要说明
E 建筑与设施	EB 实用建筑与核心设施	EBA 特色街区	反映某一时代建筑风貌,或经营专门特色窝品和商业展务的街道
		EBB 特性屋舍	具有观赏游览功能的房屋
		EBC 独立厅、室、馆	具有观赏游览功能的景观建筑
		EBD 独立场、所	具有观赏游览功能的文化、体育场馆等空间场所
		EBE 桥梁	跨越河流、山谷、障碍物或其他交通线而修建的架空通道
		EBF 渠道、运河段落	正在运行的人工开凿的水道段落
		EBG 堤坝段落	防水、挡水的构筑物段落
		EBH 港口、渡口与码头	位于江、河、湖、海沿岸进行航运、过渡、商贸、渔业活动的地方
		EBI 洞窟	由水的溶蚀、侵蚀和风蚀作用形成的可进入的地下空洞
		EHJ 陵墓	帝王、诸侯陵寝及领袖先烈的坟墓
		EBK 景观农田	具有一定观赏游览功能的农田
		EBL 景观牧场	具有一定观贫游览功能的牧场
		EBM 景观林场	具有一定观贫游览功能的林场
		EBN 最观养殖场	具有一定观贫游览功能的养殖场
		EBO 特色店铺	具有一定观光游览功能的店铺
		EBP 特色市场	具有一定观光游览功能的市场
	EC 景观与小品建筑	ECA 形象标志物	能反映某处旅游形象的标志物
		ECB 观景点	用于景观观赏的场所
		ECC 亭、台、楼、阁	供游客休息、乘凉或观景用的建筑
		ECD 书画作	具有一定知名度的书画作品
		ECE 雕塑	用于美化或纪念而雕刻塑造,具有一定寓章、象征或象形的观赏物和纪念物
		ECF 碑碣、碑林、经幢	理刻记录文字,经文的群体慰石或多角形石柱
		ECG 牌坊牌楼.影壁	为表彰功勋、科第、德政以及忠孝节义所立的建筑物,以及中国传统建筑中用于遮挡视线的岩壁
		ECH 门廊、廊道	门头廊形装饰物,不同于两侧基质的狭长地带
		ECI 塔形建筑	具有纪念、镇物、标明风水和某些实用目的的直立建筑物
		ECJ 景观步道、甬路	用于观光游览行走而砌成的小路
		ECK 花草坪	天然或人造的种满花草的地面
		ECL 水井	用于生活、灌溉用的取水设备
		ECM 喷泉	人造的由地下喷射水至地面的喷水设备
		ECN 堆石	由石头堆砌或填筑形成的景观

主类	亚类	基本类型	简要说明
F 历史遗迹	FA 物质类文化遗存	FAA 建筑遗迹	具有地方风格和历史色彩的历史建筑遗存
		FAB 可移动文物	历史上各时代重要实物、艺术品、文献、手编、国书资料、代表性实物等,分为珍贵文物和一般文物
	FB 非物质类文化遗存	FBA 民间文学艺术	民间对社会生活进行形象的概况而创作的文学艺术作品
		FBB 地方习俗	社会文化中长期形成的风尚、礼节、习惯及禁忌等
		FBC 传统服饰装饰	具有地方和民族特色的衣饰
		FBD 传统演艺	民间各种传统表演方式
		FBE 传统医药	当地传统留存的医药制品和治疗方式
	GA 农业成品	GAA 种植业产品及制品	具有跨地区声望的当地生产的种植业产品及制品
		GAB 林业产品与制品	具有跨地区声望的当地生产的林业产品及制品
		GAC 畜牧业产品与制品	具有跨地区声望的当地生产的畜牧产品及制品
		GAD 水产品及制品	具有跨地区声望的当地生产的水产品及制品
		GAE 养殖业产品与制品	具有跨地区声望的当地生产的养殖业产品及制品
	GB 工业产品	GBA 日用工业品	具有跨地区声望的当地生产的日用工业品
		GBB 旅游装备产品	具有跨地区声望的当地生产的户外旅游装备和物品
	GC 手工工艺品	GCA 文房用品	文房书斋的主要文具
		GCB 织品、染织	纺织及用染色印花织物
		GCC 家具	生活、工作或社会实践中供人们坐、卧或支撑与贮存物品的器具
		GCD 陶瓷	由瓷石,高岭土,石英石、莫来石等烧制而成.外表施有玻璃质釉或彩绘的物器
		GCE 金石雕刻、雕塑制品	用金属、石料或木头等材料雕刻的工艺品
		GCF 金石器	用金属、石料制成的具有观赏价值的器物
		GCG 纸艺与灯艺	以纸材质和灯饰材料为主要材料制成的早面或立体的艺术品
		GCH 画作	具有一定观赏价值的手工画成作品当地历史和现代名人

续表

主类	亚类	基本类型	简要说明
H 人文活动	HA 人事活动记录	HAA 地方人物	当地历史和现代名人
		HAB 地方事件	当地发生过的历史和现代事件
	HB 岁时节令	HBA 宗教活动与庙会	宗教信徒举办的礼仪活动,以及节日或规定日子里在寺庙附近或既定地点举行的聚会
		HBB 农时节日	当地与农业生产息息相关的传统节日
		HBC 现代节庆	当地定期或不定期的文化、商贸、体育活动等
8	23	110	

注:如果发现本分类没有包括的基本类型时,使用者可自行增加。增加的基本类型可归入相应亚类,置于最后,最多可增加 2 个。编号方式为:增加第 1 个基本类型时,该亚类 2 位汉语拼音字母+Z,,增加第 2 个基本类型时,该亚类 2 位汉语拼音字母+Y

7.13.2 旅游资源评价赋分标准

旅游资源评价赋分标准如表 7.18 所示。

表 7.18 旅游资源评价赋分标准

评价项目	评价因子	评价依据	赋值
资源要素价值(85 分)	观赏游憩使用价值(30 分)	全部或其中一项具有极高的观赏价值、游憩价值、使用价值。	30~22
		全部或其中一项具有很高的观赏价值、游憩价值、使用价值。	21~13
		全部或其中一项具有较高的观赏价值、游憩价值、使用价值。	12~6
		全部或其中一项具有一般观赏价值、游憩价值、使用价值。	5~1
	历史文化科学艺术价值(25 分)	同时或其中一项有世界意义的历史价值、文化价值、科学价值、艺术价值。	25~20
		同时或其中一项有全国意义的历史价值、文化价值、科学价值、艺术价值。	19~13
		同时或其中一项有省级意义的历史价值、文化价值、科学价值、艺术价值。	12~6
		历史价值,或文化价值,或科学价值,或艺术价值具有地区意义。	5~1
	珍稀奇特程度(15 分)	有大量珍稀物种,或景观异常奇特,或此类现象在其他地区罕见。	15~13
		有较多珍稀物种,或景观奇特,或此类现象在其他地区很少见。	12~9
		有少量珍稀物种,或景观突出,或此类现象在其他地区少见。	8~4
		有个别珍稀物种,或景观比较突出,或此类现象在其他地区较多见。	3~1
	规模、丰度与几率(10 分)	独立型旅游资源单体规模、体量巨大;集合型旅游资源单体结构完美、疏密度优良级;自然景象和人文活动周期性发生或频率极高。	10~8
		独立型旅游资源单体规模、体量较大;集合型旅游资源单体结构很和谐、疏密度良好;自然景象和人文活动周期性发生或频率很高。	7~5
		独立型旅游资源单体规模、体量中等;集合型旅游资源单体结构和谐、疏密度较好;自然景象和人文活动周期性发生或频率较高。	4~3
		独立型旅游资源单体规模、体量较小;集合型旅游资源单体结构较和谐、疏密度一般;自然景象和人文活动周期性发生或频率较小。	2~1

评价项目	评价因子	评价依据	赋值
资源要素 价值 （85分）	完整性 （5分）	形态与结构保持完整。	5～4
		形态与结构有少量变化，但不明显。	3
		形态与结构有明显变化。	2
		形态与结构有重大变化。	1
资源 影响力 （15分）	知名度和 影响力 （10分）	在世界范围内知名，或构成世界承认的名牌。	10～8
		在全国范围内知名，或构成全国性的名牌。	7～5
		在本省范围内知名，或构成省内的名牌。	4～3
		在本地区范围内知名，或构成本地区名牌。	2～1
	适游期或 使用范围 （5分）	适宜游览的日期每年超过300天，或适宜于所有游客使用和参与。	5～4
		适宜游览的日期每年超过250天，或适宜于80%左右游客使用和参与。	3
		适宜游览的日期超过150天，或适宜于60%左右游客使用和参与。	2
		适宜游览的日期每年超过100天，或适宜于40%左右游客使用和参与。	1
附加值	环境保护 与环境 安全	已受到严重污染，或存在严重安全隐患。	-5
		已受到中度污染，或存在明显安全隐患。	-4
		已受到轻度污染，或存在一定安全隐患。	-3
		已有工程保护措施，环境安全得到保证。	3

依据旅游资源单体评价总分，将其分为五级，从高级到低级为

五级旅游资源，得分值域≥90分；

四级旅游资源，得分值域≥75～89分；

三级旅游资源，得分值域≥60～74分；

二级旅游资源，得分值域≥45～59分；

一级旅游资源，得分值域≥30～44分。

此外还有：

未获等级旅游资源，得分≤29分。

其中：

五级旅游资源称为"特品级旅游资源"；

五级、四级、三级旅游资源被通称为"优良级旅游资源"；

二级、一级旅游资源被通称为"普通级旅游资源"。

7.13.3　旅游资源图图例

旅游资源图例如表7.19所示。

表7.19　旅游资源图例

旅游资源等级	图例	使用说明
五级旅游资源	■	
四级旅游资源	●	1.图例大小根据图面大小而定，形状不变。
三级旅游资源	◆	2.自然旅游资源（旅游资源分类表中主类A、B、C、D）使用蓝色图例；人文旅
二级旅游资源	□	游资源（旅游资源分类表中主类E、F、G、H）使用红色图例。
一级旅游资源	○	

参考文献

蔡依萍,陈平.富阳碧云洞岩溶地貌成因分析及沉积环境保护对策[J].浙江教育学院学报,
　　2007,25(3):70-74.

陈谅闻.虎跑泉的成因、水质及其与龙井茶的关系[J].科技通报,1993,9(1):31-40.

程海.浙西北晚元古代早期碰撞造山带的初步研究[J].地质论评,1991,37(3):203-213.

国家技术监督局.中华人民共和国标准 GB/T 18972-2003:旅游资源分类、调查与评价
　　[S].2003.

国家技术监督局.中华人民共和国标准 GB 958-89:1:5 万区域地质图图例[S].1989.

杭州地方志编纂委员会.杭州市志(第一卷)[M].北京:中华书局,1995.

杭州地方志编纂委员会.杭州市志(第一卷)[M].北京:中华书局,1995.

杭州良渚遗址管理区管理委员会.文物价值[EB/OL].http://www.lzsite.gov.cn/wwjz.asp.

杭州市规划局、杭州市统计局,杭州市第一次地理国情普查领导小组办公室.杭州市第一次
　　地理国情普查公报,2018.

杭州市规划局.杭州市城市总体规划[EB/OL].http://www.hzplanning.gov.cn/index.
　　aspx? tabid=6886ef23-0b70-4b43-b78d-eca6c1090742.

杭州市土地志编纂委员会.杭州市土地志[M].北京:中华书局,2002.

杭州市土壤普查办公室.杭州土壤[M].杭州:浙江科学技术出版社,1991.

黄定安主编.普通地质学[M].北京:高等教育出版社,2006.

李平,钱俊峰.田黄的宝石学特征研究[J].科技通报,2010,26(6):901-903,907.

李平.独石与田黄鉴别的探讨[J].中国宝玉石,2010,3:118-120.

李平.田黄鉴伪[M].杭州:浙江大学出版社,2011.

柳志青,沈忠悦,施加农等.跨湖桥文化先民发明了陶轮和制盐[J].浙江国土资源,2006
　　(3):58-60.

柳志青,沈忠悦,杨春茂.宝石学和玉石学[M].杭州:浙江大学出版社,1999.

柳志青.良渚文化玉璧断代特征[J].浙江国土资源,2005(7):58-59.

潘圣明.山水探秘——浙江大地精品游[M].杭州:浙江人民出版社,2006.

邵水松.杭州虎跑泉群氡水的形成机理及水资源合理开发[J].勘察科学技术,1991,9(6):
　　7-10.

沈耀庭.杭州地壳演变历程[M].杭州历史丛编.杭州:浙江人民出版社,1990:27-39.

慎佳鸿.西湖风景名胜区森林植被多样性及人为干扰的影响(D).浙江大学硕士学位论
　　文,2006.

石井八万次郎.浙江杭州附近地质调查概报[J].东京地质学杂志,1909,XVI(185).

孙跃武,刘鹏举.古生物学导论[M].北京:地质出版社,2006.

天目山自然保护区管理局.天目山自然保护区自然资源综合考察报告[M].杭州:浙江科学技术出版社,1991.

汪庆华,唐根年,李睿.浙江省特色农产品立地地质背景研究[M].北京:地质出版社,2007.

王爱军,高抒,杨旸.浙江朱家尖砾石海滩沉积物分布及形态特征[J].南京大学学报,2004,40(6):747-759.

王宗涛,顾嗣亮,吴静波等.西湖的成因,发育及年龄[M].杭州历史丛编.杭州:浙江人民出版社,1990:213-225.

韦恭隆.杭州山水的由来[M].北京:商务印书馆,1971.

夏帮栋.南京及其邻近地区地质认识实习指南[M].南京大学地质系,1984.

张秉坚,尹海燕,沈忠悦,卢唤明.2001.草酸钙生物矿化膜的形成机理与化学仿制———一种新型石质文物表面防护材料的开发研究[J].矿物学报,21(3):319-322.

张福祥.杭州的山水[M].北京:地质出版社,1982.

章鸿钊.杭州西湖成因一解[J].中国地质学会志,1924(1):21-28.

浙江省地质调查院.杭州幅区域地质调查成果报告.2004.

浙江省地质调查院.杭州市幅区域地质调查成果报告(1:250000).2004.

浙江省地质局.区域地质调查报告:1:20万杭州幅.1973.

浙江省地质局.区域地质调查报告:1:20万建德幅.1965.

浙江省地质局.区域地质调查报告:1:20万临安幅.1967.

浙江省地质矿产局.1:5万杭州市幅地质矿产图说明书.1987.

浙江省地质矿产局.1:5万于潜昌幅地质图说明书.1985.

浙江省地质矿产局.杭州地质图.1984.

浙江省地质矿产局.浙江省区域地质志[M].北京:地质出版社,1989.

浙江省地质矿产局编著.浙江省省岩石地层[M].武汉:中国地质大学出版社,1996.

浙江省第一地质大队区调分队.1:5万寿昌幅地质图说明书.1987.

浙江省林业局.浙江林业自然资源(森林卷)[M].北京:中国农业科学出版社,2002.

浙江省区域地质测量大队.中华人民共和国区域地质调查报告(杭州幅).1973.

浙江省土壤普查办公室.浙江土壤[M].杭州:浙江科学技术出版社,1994.

浙江省文物局.文博地图[EB/OL].http://www.zjww.gov.cn/.

中国地理标志产品保护网.浙江地理标志保护产品名录[EB/OL].http://www.chinapgi.org/ SiteNewView.asp? ID=3963&SortID=94.

舟山地理:朱家尖"好石"[EB/OL].http://www.zslook.com/thread-3194-1-1.html.

周宣森.浙江瑶琳洞及其洞穴堆积[J].杭州大学学报,1981,8(1):91-100.

竺可桢.杭州西湖生成的原因[J].科学,1921,614:18-20.